네일미용사

이현숙 | 현) 서경대학교 예술종합평생교육원 미용학과
박경옥 | 알롱제실용전문학교
이양희 | 서경대학교 미용예술학과
김여정 | 건국대학교 미래지식 교육원 뷰티디자인학과
조선아 | 한성대학교 예술대학원 뷰티예술학과
종서우 | 현) 서경대학교 예술종합평생교육원 미용학과
김은숙 | 현) 서경대학교 예술종합평생교육원 미용학과
박서영 | 올가 코스메틱 기술이사

네일미용사

초판 1쇄 발행 2017년 3월 8일
지은이 | 이현숙, 박경옥, 이양희, 김여정, 조선아, 종서우, 김은숙, 박서영
펴낸이 | 위북스
펴낸곳 | 위북스
출판등록 | 제406-2013-000011호
주　소 | 경기도 고양시 일산동구 무궁화로 43-15 한강세이프빌 301-11
홈페이지 | www.webooks.co.kr
전화번호 | 031-955-5130
이메일 | we_books@naver.com
ⓒ webooks, 2016
ISBN 979-11-88150-00-7
값 25,000원

---

* 이 책은 저작권법에 따라 보호받는 저작물이므로 무단 전재와 무단 복제를 금지하며,
  이 책의 내용의 전부 또는 일부를 이용하려면 반드시 위북스 담당자의 서면동의를 받아야 합니다.

네일미용사

이현숙 | 박경옥 | 이양희 | 김여정
조선아 | 종서우 | 김은숙 | 박서영

NAIL TECHNICIAN

WEbooks

출제기준(필기)

직무분야	이용·숙박·여행·오락·스포츠	중직무분야	이용·미용	자격종목	미용사(네일)	적용기간	2016. 7. 1. ~ 2020. 12. 31.

• 직무내용 : 네일에 관한 이론과 기술을 바탕으로 고객의 건강하고 아름다운 네일을 유지·보호하고 다양한 기능과 아트기법을 수행하여 고객에게 서비스를 제공하는 직무 수행

필기검정방법	객관식	문제수	60	시험시간	1시간

필기과목명	문제수	주요항목	세부항목	세세항목
네일개론, 공중위생관리학, 네일미용기술	60	1. 네일개론	1. 네일미용의 역사	1. 한국의 네일미용 2. 외국의 네일미용
			2. 네일미용 개론	1. 네일 미용의 위생 및 안전 2. 네일 미용인의 자세 3. 네일의 구조와 이해 4. 네일의 특성과 형태 5. 네일의 병변 6. 고객응대 및 상담
			3. 손·발의 구조와 기능	1. 뼈(골)의 형태 및 발생 2. 손과 발의 뼈대(골격) 구조·기능 3. 손과 발의 근육의 형태 및 기능 4. 손·발의 신경 조직과 기능
		2. 피부학	1. 피부와 피부 부속 기관	1. 피부구조 및 기능 2. 피부 부속기관의 구조 및 기능
			2. 피부유형분석	1. 정상피부의 성상 및 특징 2. 건성피부의 성상 및 특징 3. 지성피부의 성상 및 특징 4. 민감성피부의 성상 및 특징 5. 복합성피부의 성상 및 특징 6. 노화피부의 성상 및 특징
			3. 피부와 영양	1. 3대 영양소, 비타민, 무기질 2. 피부와 영양 3. 체형과 영양
			4. 피부장애와 질환	1. 원발진과 속발진 2. 피부질환

네일개론, 공중위생관리학, 네일미용기술	60		5. 피부와 광선	1. 자외선이 미치는 영향 2. 적외선이 미치는 영향
			6. 피부면역	1. 면역의 종류와 작용
			7. 피부노화	1. 피부노화의 원인 2. 피부노화현상
		3. 공중위생 관리학	1. 공중보건학	1. 공중보건학 총론 2. 질병관리 3. 가족 및 노인보건 4. 환경보건 5. 식품위생과 영양 6. 보건행정
			2. 소독학	1. 소독의 정의 및 분류 2. 미생물 총론 3. 병원성 미생물 4. 소독방법 5. 분야별 위생·소독
			3. 공중위생관리법규 (법, 시행령, 시행규칙)	1. 목적 및 정의 2. 영업의 신고 및 폐업 3. 영업자준수사항 4. 면허 5. 업무 6. 행정지도감독 7. 업소 위생등급 8. 위생교육 9. 벌칙 10. 시행령 및 시행규칙 관련사항
		4. 화장품학	1. 화장품학 개론	1. 화장품의 정의 2. 화장품의 분류
			2. 화장품 제조	1. 화장품의 원료 2. 화장품의 기술 3. 화장품의 특성
			3. 화장품의 종류와 기능	1. 기초 화장품 2. 메이크업 화장품 3. 모발 화장품 4. 바디(body)관리 화장품

네일개론, 공중위생관리학, 네일미용기술	60				5. 네일 화장품 6. 방향 화장품 7. 에센셜(아로마)오일 및 캐리어오일 8. 기능성 화장품
		5. 네일미용 기술	1. 손톱, 발톱 관리	1. 재료와 도구의 활용 2. 매니큐어 3. 매니큐어 컬러링 4. 페디큐어 5. 페디큐어 컬러링
			2. 인조 네일관리	1. 재료와 도구의 활용 2. 네일 팁 3. 네일 랩 4. 아크릴릭 네일 5. 젤 네일 6. 인조네일(손, 발톱)의 보수와 제거
			3. 네일제품의 이해	1. 용제의 종류와 특성 2. 네일 트리트먼트의 종류와 특성 3. 네일폴리시의 종류와 특성 4. 인조네일 재료의 종류와 특성 5. 네일기기의 종류와 특성

출제기준(실기)

직무 분야	이용·숙박· 여행·오락· 스포츠	중직무 분야	이용·미용	자격 종목	미용사(네일)	적용 기간	2016. 7. 1. ~ 2020. 12. 31.

- 직무내용 : 네일에 관한 이론과 기술을 바탕으로 고객의 건강하고 아름다운 네일을 유지·보호하고 다양한 기능과 아트기법을 수행하여 고객에게 서비스를 제공하는 직무 수행
- 수행준거 : 1. 네일샵 위생관리 및 손톱, 발톱관리의 기본을 알고 시술할 수 있다.
  2. 컬러링의 기본을 알고 시술할 수 있다.
  3. 스컬프처의 기본을 알고 시술할 수 있다.
  4. 팁 네일의 기본을 알고 시술할 수 있다.
  5. 인조손톱을 제거할 수 있다.

필기검정방법	객관식	문제수	60	시험시간	1시간

실기과목명	주요항목	세부항목	세세항목
네일미용실무	1. 네일샵 위생	1. 미용 기구 소독하기	1. 기구유형에 따라 효율적인 소독방법을 결정할 수 있다. 2. 소독방법에 따라 네일 미용 기기를 소독할 수 있다. 3. 소독방법에 따라 네일 시술용 도구를 소독할 수 있다. 4. 소독방법에 따라 네일 미용 용품을 소독할 수 있다. 5. 위생점검표에 따라 소독상태를 점검할 수 있다. 6. 위생점검표에 따라 기기를 정리정돈 할 수 있다.
		2. 손·발 소독하기	1. 위생지침에 따라 소독 절차를 파악할 수 있다. 2. 소독제품의 특성에 따라 소독방법을 선정할 수 있다. 3. 소독방법에 따라 시술자의 손·발을 소독할 수 있다. 4. 소독방법에 따라 고객의 손·발을 소독할 수 있다.

실기과목명	주요항목	세부항목	세세항목
	2. 네일 화장물 제거	1. 파일 사용하기	1. 고객의 시술유형을 파악할 수 있다. 2. 기 시술된 화장물의 유형에 따라 파일을 선택할 수 있다. 3. 고객의 네일 상태에 따라 파일의 사용방법을 결정할 수 있다. 4. 화장물의 제거 상태에 따라 파일을 재 선택할 수 있다.
		2. 용매제 사용하기	1. 고객관리대장에 따라 고객의 시술유형을 파악할 수 있다. 2. 기 시술된 화장물의 유형에 따라 용매제를 선택할 수 있다. 3. 화장물의 용해정도에 따라 제거 상태를 확인할 수 있다. 4. 화장물의 용해정도에 따라 적합한 제거용 도구를 선택할 수 있다.
		3. 제거 마무리하기	1. 작업 상황에 따라 화장물의 완전 제거 상태를 확인할 수 있다. 2. 고객의 요구에 따라 모양과 길이에 맞게 마무리할 수 있다. 3. 고객의 요구에 따라 네일 표면을 매끄럽게 정리할 수 있다. 4. 고객의 네일 상태에 따라 네일 강화제를 도포할 수 있다. 5. 화장물 처리 매뉴얼에 따라 제거 시 배출된 잔여물들을 처리할 수 있다.
	3. 네일 기본 관리	1. 프리엣지 모양 만들기	1. 시술 매뉴얼에 따라 네일 파일을 사용할 수 있다. 2. 고객의 요구에 따라 프리엣지 모양을 만들 수 있다. 3. 네일 상태에 따라 표면을 정리할 수 있다. 4. 프리엣지 밑 거스러미를 제거할 수 있다.
		2. 큐티클 정리하기	1. 시술 매뉴얼에 따라 핑거볼에 손 담그기를 할 수 있다. 2. 시술 매뉴얼에 따라 족욕기에 발 담그기를 할 수 있다.

실기과목명	주요항목	세부항목	세세항목
			3. 고객의 큐티클 상태에 따라 유연제를 선택하여 사용할 수 있다. 4. 시술 순서에 따라 도구를 선택할 수 있다. 5. 고객의 큐티클의 상태에 따라 큐티클을 정리할 수 있다.
		3. 컬러링하기	1. 고객의 요구에 따라 폴리시 색상의 침착을 막기 위한 베이스코트를 아주 얇게 도포할 수 있다. 2. 고객의 요구에 따라 컬러링 방법을 선정하고 폴리시를 도포할 수 있다. 3. 시술 매뉴얼에 따라 폴리시를 얼룩 없이 균일하게 도포할 수 있다. 4. 시술 매뉴얼에 따라 젤 폴리시를 얼룩 없이 균일하게 도포할 수 있다. 5. 시술 매뉴얼에 따라 젤 폴리시 시술 시 UV 램프를 사용할 수 있다. 6. 시술 매뉴얼에 따라 폴리시 도포 후 컬러 보호와 광택 부여를 위한 탑코트를 바를 수 있다.
		4. 마무리하기	1. 계절에 따라 냉·온 타월로 손·발의 유분기를 제거할 수 있다. 2. 시술 방법에 따라 네일과 네일 주변의 유분기를 제거할 수 있다. 3. 보습제의 선택 기준에 따라 제품을 선택하여 손·발에 보습제를 도포할 수 있다. 4. 사용한 제품의 정리정돈을 할 수 있다.
	4. 네일 팁	1. 네일 전 처리하기	1. 시술 매뉴얼에 따라 시술에 적합한 네일 길이 및 모양을 만들 수 있다. 2. 네일 상태에 따라 표면정리를 통하여 제품의 밀착력을 높일 수 있다. 3. 시술 매뉴얼에 따라 네일과 네일 주변의 각질·거스러미를 정리할 수 있다. 4. 시술 매뉴얼에 따라 접착력을 높이기 위하여 전 처리제를 도포할 수 있다.
		2. 네일 팁 접착하기	1. 고객 네일 크기에 따라 정확한 팁 크기를 선택할 수 있다.

실기과목명	주요항목	세부항목	세세항목
			2. 시술 매뉴얼에 따라 공기가 들어가지 않도록 팁을 접착할 수 있다. 3. 고객의 손 모양에 따라 팁의 방향이 비틀어지지 않게 접착할 수 있다. 4. 고객에 요구에 따라 팁을 적당한 길이로 자를 수 있다.
		3. 네일 팁 표면 정리하기	1. 시술 매뉴얼에 따라 네일의 손상 없이 내추럴 팁 턱을 정리할 수 있다. 2. 시술 매뉴얼에 따라 컬러 팁 표면을 정리할 수 있다. 3. 접착된 팁의 종류에 따라 파일링 방법을 선택할 수 있다. 4. 네일 주변의 잔여물을 정리할 수 있다. 5. 굴곡진 표면을 매끄럽게 채울 수 있다.
		4. 오버레이하기	1. 랩을 사용하여 오버레이를 할 수 있다. 2. 아크릴릭 네일 제품을 사용하여 오버레이를 할 수 있다. 3. 젤을 사용하여 오버레이를 할 수 있다. 4. 제품의 종류에 따라 오버레이 방법을 활용할 수 있다. 5. 경화 방법에 따라 적정한 경화 유형을 선택할 수 있다.
		5. 마무리하기	1. 시술 매뉴얼에 따라 인조 네일 표면을 인조 네일 구조에 맞추어 파일링 할 수 있다. 2. 고객의 요구에 따라 모양과 길이에 맞게 마무리할 수 있다. 3. 시술 매뉴얼에 따라 인조 네일 표면을 매끄럽게 파일링할 수 있다. 4. 시술 매뉴얼에 따라 마무리를 위해 큐티클 오일을 바를 수 있다. 5. 시술 매뉴얼에 따라 광택으로 마무리할 수 있다. 6. 시술 매뉴얼에 따라 광택 후 컬러링으로 마무리할 수 있다.
	5. 네일 랩	1. 네일 전 처리하기	1. 시술 매뉴얼에 따라 시술에 적합한 네일 길이 및 모양을 만들 수 있다.

실기과목명	주요항목	세부항목	세세항목
			2. 네일 상태에 따라 표면정리를 통하여 제품의 밀착력을 높일 수 있다. 3. 네일 랩의 접착력을 높이기 위해 전 처리제를 도포할 수 있다.
		2. 네일 랩핑하기	1. 고객 네일 크기에 따라 정확하게 랩을 재단할 수 있다. 2. 시술 매뉴얼에 따라 공기가 들어가지 않도록 랩을 접착할 수 있다. 3. 네일 상태에 따라 보강제를 선택하여 도포할 수 있다. 4. 시술 매뉴얼에 따라 표면정리를 할 수 있다.
		3. 네일 연장하기	1. 고객 네일 크기에 따라 정확하게 랩을 재단할 수 있다. 2. 시술 매뉴얼에 따라 공기가 들어가지 않도록 랩을 접착할 수 있다. 3. 네일 상태에 따라 보강제를 선택하여 도포할 수 있다. 4. 고객의 요구에 따라 네일의 길이를 연장할 수 있다. 5. 고객의 요구에 따라 프리엣지의 모양을 만들 수 있다. 6. 시술 매뉴얼에 따라 표면정리를 할 수 있다.
		4. 마무리하기	1. 시술 매뉴얼에 따라 인조 네일 표면을 인조 네일 구조에 맞추어 파일링할 수 있다. 2. 고객의 요구에 따라 프리엣지의 모양과 길이를 맞게 마무리할 수 있다. 3. 시술 매뉴얼에 따라 인조 네일 표면을 매끄럽게 파일링할 수 있다. 4. 시술 매뉴얼에 따라 마무리를 위해 큐티클 오일을 바를 수 있다. 5. 시술 매뉴얼에 따라 광택으로 마무리할 수 있다. 6. 시술 매뉴얼에 따라 광택 후 컬러링으로 마무리할 수 있다.
	6. 젤 네일	1. 네일 전 처리하기	1. 시술 매뉴얼에 따라 시술에 적합한 네일 길이 및 모양을 만들 수 있다.

실기과목명	주요항목	세부항목	세세항목
			2. 네일 상태에 따라 표면정리를 통하여 제품의 밀착력을 높일 수 있다. 3. 시술 매뉴얼에 따라 네일과 네일 주변의 거스러미를 정리할 수 있다. 4. 시술 매뉴얼에 따라 접높이기 위하여 전 처리제를 도포착력을 할 수 있다.
		2. 네일 폼 적용하기	1. 시술 매뉴얼에 따라 네일과 폼 사이에 틈이 없도록 폼을 끼울 수 있다. 2. 고객의 손 상태에 따라 손 전체의 균형과 방향을 고려하여 폼을 끼울 수 있다. 3. 시술 매뉴얼에 따라 수평이 되도록 정확하게 폼을 끼울 수 있다 4. 조형된 인조 네일의 손상 없이 네일 폼을 제거할 수 있다.
		3. 젤 적용하기	1. 제품 설명서에 따라 젤 제품 전체의 사용법을 파악할 수 있다. 2. 제품 사용법에 따라 젤 시술을 수행할 수 있다. 3. 고객의 손톱 상태에 따라서 젤 시술 방법을 선택할 수 있다. 4. 고객의 요청에 나라 네일 위에 보강히기나 원톤 스캅춰, 프렌치 스캅춰, 디자인 스캅춰를 시술할 수 있다. 5. 시술 매뉴얼에 따라 젤을 적절하게 적용할 수 있다. 6. 시술 매뉴얼에 따라 정확한 각도와 방법으로 젤 브러시를 사용할 수 있다. 7. 고객의 네일 형태에 따라 인조 네일의 모양을 보정할 수 있다. 8. 젤 램프 기기를 이용하여 인조 네일을 경화할 수 있다.
		4. 마무리하기	1. 시술 매뉴얼에 따라 미경화된 잔류 젤을 젤 클렌저를 사용하여 제거할 수 있다. 2. 시술 매뉴얼에 따라 인조 네일 표면을 인조 네일 구조에 맞추어 파일링할 수 있다.

실기과목명	주요항목	세부항목	세세항목
			3. 고객의 요구에 따라 모양과 길이에 맞게 마무리할 수 있다. 4. 시술 매뉴얼에 따라 인조 네일 표면을 매끄럽게 파일링할 수 있다. 5. 시술 매뉴얼에 따라 마무리를 위해 탑젤을 도포할 수 있다. 6. 시술 매뉴얼에 따라 마무리를 위해 큐티클 오일을 바를 수 있다.
	7. 아크릴릭 네일	1. 네일 전 처리하기	1. 시술 매뉴얼에 따라 시술에 적합한 네일 길이 및 모양을 만들 수 있다. 2. 네일 상태에 따라 표면정리를 통하여 제품의 밀착력을 높일 수 있다. 3. 시술 매뉴얼에 따라 네일과 네일 주변의 각질·거스러미를 정리할 수 있다. 4. 시술 매뉴얼에 따라 접착력을 높이기 위하여 전 처리제를 도포할 수 있다.
		2. 네일 폼 적용하기	1. 시술 매뉴얼에 따라 네일과 폼 사이에 틈이 없도록 폼을 끼울 수 있다. 2. 고객의 손 상태에 따라 손 전체의 균형과 방향을 고려하여 폼을 끼울 수 있다. 3. 시술 매뉴얼에 따라 수평이 되도록 정확하게 폼을 끼울 수 있다. 4. 조형된 인조 네일의 손상 없이 네일 폼을 제거할 수 있다.
		3. 아크릴릭 적용하기	1. 제품설명서에 따라 아크릴릭 제품 전체의 사용법을 파악할 수 있다. 2. 제품 사용법에 따라 아크릴릭 시술을 수행할 수 있다. 3. 시술 매뉴얼에 따라 모노머와 폴리머를 적절하게 혼합할 수 있다. 4. 시술 매뉴얼에 따라 정확한 각도와 방법으로 아크릴 브러시를 사용할 수 있다. 5. 고객의 손톱 상태에 따라서 시술 방법을 선택할 수 있다. 6. 고객의 요청에 따라 네일 위에 보강하거나 원톤 스캅춰, 내추럴 스캅춰, 프렌치 스캅춰, 디자인 스캅춰를 선택하여 시술할 수 있다.

실기과목명	주요항목	세부항목	세세항목
			7. 고객의 네일 형태에 따라 인조 네일의 모양을 보정할 수 있다.
		4. 마무리하기	1. 시술 매뉴얼에 따라 인조 네일 표면을 네일 구조에 맞추어 파일링할 수 있다. 2. 고객의 요구에 따라 모양과 길이에 맞게 마무리할 수 있다. 3. 시술 매뉴얼에 따라 인조 네일 표면을 매끄럽게 파일링할 수 있다. 4. 시술 매뉴얼에 따라 마무리를 위해 큐티클 오일을 바를 수 있다. 5. 시술 매뉴얼에 따라 광택으로 마무리할 수 있다.
	8. 평면 네일아트	1. 평면 액세서리 활용하기	1. 디자인에 따라 다양한 평면접착 액세서리를 사용할 수 있다. 2. 필름을 접착제를 사용하여 원하는 위치에 부착할 수 있다. 3. 필름을 네일 전체 또는 부분적으로 디자인할 수 있다. 4. 스티커의 접착력을 이용하여 원하는 위치에 디자인할 수 있다. 5. 다양한 종류의 스티커를 혼합하여 디자인할 수 있다. 6. 탑코트를 사용하여 스티커아트의 지속성을 높여줄 수 있다.
		2. 폴리시 아트 하기	1. 폴리시의 화학적 성질을 사용하여 디자인할 수 있다. 2. 네일 미용 도구를 사용하여 다양한 색상의 폴리시를 혼합하여 시술할 수 있다. 3. 페인팅 브러시를 사용하여 다양한 색상의 폴리시를 조화롭게 디자인 할 수 있다. 4. 폴리시성분이 물과 분리되는 성질을 이용하여 워터마블 기법을 시행할 수 있다. 5. 탑코트를 사용하여 폴리시 아트의 지속성을 높일 수 있다.

목차 | contents

출제기준(필기) • 5
출제기준(실기) • 8

네일개론

PART 1 >> 네일미용의 역사
    1. 한국의 네일미용 • 23
    2. 외국의 네일미용 • 24

PART 2 >> 네일미용 개론
    1. 네일 미용의 위생 및 안전 • 28
    2. 네일 미용인의 자세 • 31
    3. 네일의 구조와 이해 • 31
    4. 네일의 특성과 형태 • 35
    5. 네일의 병변 • 41
    6. 고객응대 및 상담 • 47

PART 3 >> 손 · 발의 구조와 기능
    1. 뼈(골)의 형태 및 발생 • 49
    2. 손과 발의 뼈대(골격) 구조 · 기능 • 51
    3. 손과 발의 근육의 형태 및 기능 • 53
    4. 손·발의 신경 조직과 기능 • 58

피부학

PART 1 >> 피부와 피부 부속 기관
1. 피부구조 및 기능 • 62
2. 피부 부속기관의 구조 및 기능 • 68

PART 2 >> 피부유형분석
1. 정상피부의 성상 및 특징 • 73
2. 건성피부의 성상 및 특징 • 73
3. 지성피부의 성상 및 특징 • 75
4. 민감성피부의 성상 및 특징 • 77
5. 복합성피부의 성상 및 특징 • 78
6. 노화피부의 성상 및 특징 • 78

PART 3 >> 피부와 영양
1. 3대 영양소, 비타민, 무기질 • 79
2. 피부와 영양 • 84
3. 체형과 영양 • 84

PART 4 >> 피부장애와 질환
1. 원발진과 속발진 • 87
2. 피부질환 • 89

PART 5 >> 피부와 광선
1. 자외선이 미치는 영향 • 93
2. 적외선이 미치는 영향 • 96

PART 6 >> 피부면역
1. 면역의 종류와 작용 • 97

PART 7 >> 피부노화
1. 피부노화의 원인 • 99
2. 피부노화현상 • 100

공중위생관리학

PART 1 >> 공중보건학
1. 공중보건학 총론 • 104
2. 질병관리 • 107
3. 가족 및 노인보건 • 111
4. 환경보건 • 116
5. 식품위생과 영양 • 126
6. 보건행정 • 130

PART 2 >> 소독학
1. 소독의 정의 및 분류 • 135
2. 미생물 총론 • 138
3. 병원성 미생물 • 140
4. 소독방법 • 146
5. 분야별 위생·소독 • 156

PART 3 >> 공중위생관리법규(법, 시행령, 시행규칙)
1. 목적 및 정의 • 157
2. 영업의 신고 및 폐업 • 158
3. 영업자 준수사항 • 161
4. 면허 • 162
5. 업무 • 163
6. 행정지도감독 • 165
7. 업소 위생등급 • 167
8. 위생교육 • 169
9. 벌칙 • 170
10. 시행령 및 시행규칙 관련사항 • 175

화장품학

PART 1 >> 화장품학 개론
1. 화장품의 정의 • 178
2. 화장품의 분류 • 178

PART 2 >> 화장품 제조
1. 화장품의 원료 • 180
2. 화장품의 기술 • 189
3. 화장품의 특성 • 191

PART 3 >> 화장품의 종류와 기능
1. 기초 화장품 • 193
2. 메이크업 화장품 • 201
3. 모발 화장품 • 202
4. 바디(body)관리 화장품 • 204
5. 네일 화장품 • 205
6. 방향 화장품 • 206
7. 에센셜(아로마)오일 및 캐리어오일 • 207
8. 기능성 화장품 • 212

네일 미용기술

PART 1 >> 손톱, 발톱 관리
1. 재료와 도구의 활용 • 216
2. 매니큐어 • 239
3. 매니큐어 컬러링 • 240
4. 페디큐어 • 243
5. 페디큐어 컬러링 • 244

PART 2 >> 인조 네일관리
1. 재료와 도구의 활용 • 246
2. 네일 팁 • 249

3. 네일 랩 • 250
　　　4. 아크릴 네일 • 253
　　　5. 젤 네일 • 255
　　　6. 인조네일(손, 발톱)의 보수와 제거 • 256

PART 3 >> 네일제품의 이해
　　　1. 용제의 종류와 특성 • 259
　　　2. 네일 트리트먼트의 종류와 특성 • 261
　　　3. 네일폴리시의 종류와 특성 • 261
　　　4. 인조네일 재료의 종류와 특성 • 261
　　　5. 네일기기의 종류와 특성 • 262

네일미용 실기시험

PART 1 >> 사전 심사 • 266

PART 2 >> 제1과제(60분) 매니큐어 및 패디큐어 • 268

PART 3 >> 제 2과제(35분) 젤 매니큐어 • 274

PART 4 >> 제 3과제(40분) 인조네일 • 279

PART 5 >> 제 4과제(15분) 인조네일제거 • 291

기출문제 • 295

네일개론

네일 관리(Nail Art)란 네일의 모양, 큐티클 정리, 컬러링, 마사지, 굳은살 제거, 인조 네일 시술 등 손톱과 발톱에 관한 관리에 대한 모든 것을 의미한다.

매니큐어(manicure)란? 손이라는 의미를 가진 라틴어 마누스(Manus)와 관리의 의미를 가진 큐라(Cura)라는 단어에서 유래된 합성어로써 손과 손톱을 건강하고 아름답게 가꾸는 미용 관리에 관한 전체적인 것을 의미한다.

패디큐어(pedicure)란? 발의 의미를 가진 라틴어 페디스(Pedis)와 관리의 의미를 가진 큐라(Cura)라는 말에서 유래된 합성어로써 발과 발톱을 건강하고 아름답게 가꾸는 미용 관리에 관한 전체적인 것을 의미한다.

네일 관리의 목적은 자극으로부터 네일을 보호하는 목적, 네일의 결함과 단점을 보완하고 아름답게 장식하는 심미적 목적, 개인의 개성을 살리고 손·발톱을 아름답게 표현하려는 장식적 목적, 의사 전달과 사회적 관습, 예의적인 표현, 직업을 표현하는 사회적 목적으로 나눌 수 있으며 네일을 관리함으로써 건강하고 아름답게 네일을 유지하고 미적 욕구를 충족하는 데에 있다.

네일 미용의 역사

1. 한국의 네일 미용

한국의 네일미용은 1980년대 이후부터 네일 산업이 하나의 업종으로 인식되기 시작하였다.

① 1988년 : 우리나라의 최초 네일아트 샵인 그리피스가 이태원에 오픈함.
② 1996년 : 압구정 백화점에 네일 코너가 입점되어 대중에게 알려지기 시작함.
③ 1997년 : 인기스타들이 네일 미용을 하면서 네일 미용의 대중화가 시작되었으며, 여러 개의 재료 납품 업체들이 등장하였다.
④ 1998년 : 민간 자격시험제도가 도입·시행되었고, 네일에 관련된 협회들이 결성되어 네일 전문 학원, 미용학교, 대학에서의 네일 관리학 수업이 신설되었다.
⑤ 2002년 : 네일 산업의 호황기를 맞이한다.
⑥ 2004년 : 경기 침체로 인한 네일 산업의 구조 조정기를 겪는다.
⑦ 2010년 : 현재 전국의 백화점, 미용실, 사우나, 쇼핑몰 등 어디서나 성행한다.
⑧ 2013년 : 국가 자격 실시를 위해 미용 분야 민간자격등록제 폐지되었다.
⑨ 2014년 : 4월 국가자격 미용사(네일) 면허 시험신설, 제1회 국가자격 미용(네일) 시험시행 되었다.

2. 외국의 네일 미용

1) 서양의 네일 미용

(1) 이집트(Egypt) (BC 3000년)
파라오의 무덤에서 금으로 만든 매니큐어 세트가 발견되었고 미라의 손톱에 빨간색(건강의 의미)을 입히거나 태양신에 바치는 제사에도 사용하였다. 헤나(henna)라는 관목에서 붉은색과 오렌지색을 추출하여 손톱의 색을 입혔는데, 신분별 차이를 두어 상류층은 짙은 색을 사용하고 하류층은 옅은 색만을 허용하였다.

(2) 중세 시대
영국에서는 식사 전에 장미수로 손을 씻었으며 이탈리아에서는 섬세하고 긴 손톱이 아름다운 여성의 기준이 되었다.
주술적인 의미로 전쟁터에 나가는 군사들에게 입술과 네일에 같은 색을 칠해 승리를 기원함으로써 남성의 네일관리가 시작되었다.

(3) 르네상스(Renaissance) 시대
손톱의 색상이 붉은색이며 손과 손가락이 희고 긴 것이 미의 기준에 해당했다. 프랑스의 왕비였던 카트린 드 메디시스(Catherine de Médicis)는 손을 보호하기 위해 잠자리에 들기 전에 장갑을 착용하였다.

(4) 바로크 시대
프랑스에서는 베르사유 궁전 한쪽 손의 손톱을 길러 문을 긁도록 하였는데 이는 노크가 예의에 어긋난 행위라고 보았기 때문이다.

(5) 로코코 시대

네일 제품이 개발되어 대중화가 된 시기이다.

(6) 근대

① 1800년 : 아몬드 형의 네일 모양이 유행하며 네일 아트의 대중화가 시작되고, 향이 있는 붉은색 기름을 바르고 샤미스(Chamois, 염소나 양의 부드러운 가죽)로 광택을 내었다.
② 1830년 : 유럽의 발 전문의사인 사인 시트(Sits)에 의해 오렌지 우드스틱이 고안 되어서 네일 관리에 사용되었다.
③ 1880년 : 네일 관리가 대중화되었으며 포인트 형태(pointed type)의 모양이 유행하였다.
④ 1885년 : 니트로셀룰로오스(네일 폴리쉬의 필름 형성제)를 개발하였다.
⑤ 1892년 : 발 전문의인 사인 시트(Sits)의 조카에 의해 네일 미용사가 새로운 직업으로써 미국에 도입되었다.

(7) 현대

① 1900년 : 메탈 파일이나 메탈 가위가 이용되었으며, 에나멜을 도포할 때에는 낙타의 털로 만든 붓을 사용하였고, 광택을 내기 위하여 크림이나 가루를 사용하였고 유럽에 네일 관리가 본격화되었다.
② 1910년 : 미국의 매니큐어 제조회사 플라워리(Flowery)가 설립, 금속 파일과 사포로 된 파일이 제작되었다.
③ 1917년 : 보그 잡지에 Dr.코로니(Coroni)의 네일 홈케어 제품이 소개되어 도구와 기구를 사용하지 않고도 관리가 가능해졌다.
④ 1919년 : 최초의 특허 제품인 연분홍색의 에나멜이 제조되었다.
⑤ 1925년 : 네일 에나멜의 산업이 본격화되면서 일반 상점에서 에나멜 구입이 가능해졌고, 달 매니큐어(Moon Manicure)가 유행하였다.
⑥ 1927년 : 큐티클 크림, 큐티클 리무버, 프렌치 매니큐어 전용 흰색 에나멜이 제조되었다.
⑦ 1930년 : 제나(Gena) 연구팀에서 큐티클 오일, 에나멜 리무버, 워머 로션 등이 개발되었으며

다양한 계통의 붉은색 에나멜이 생산되고 다양한 계통의 빨간색이 출시되었다.

⑧ 1932년 : 레블론(Revlon)사에서 최초로 립스틱과 잘 어울리는 색상의 네일 팔리쉬를 출시하였다.

⑨ 1935년 : 인조 네일이 개발되었다.

⑩ 1940년 : 리타 헤이워스(Rita Heyworth)에 의해 풀 코트 기법 및 빨간색 네일이 유행하였으며 이발소에서 남성들이 기본적인 손톱관리를 받기 시작하였다.

⑪ 1948년 : 노린 레호(Noreen Reho)가 매니큐어 시술 시 기구를 사용하기 시작하였다.

⑫ 1956년 : 헬렌 걸리(Helen Gouley)에 의해 미용학교 교육과정에 네일이 포함되었고. 네일 팁의 사용이 증가하였다.

⑬ 1957년 : 호일을 사용한 아크릴릭 네일이 최초로 시행되었으며 패디큐어가 등장했다.

⑭ 1960년 : 실크나 린넨을 이용하여 약한 네일을 보강하였다.

⑮ 1967년 : 손과 발에 트리트먼트를 시작하였다.

⑯ 1970년 : 네일 팁과 아크릴릭 네일이 본격적으로 사용되고, 치과에서 사용하는 재료 중 현재 사용 중인 아크릴릭 네일 제품이 개발되었다.

⑰ 1973년 : 네일 회사(IBD)가 처음으로 네일 접착제와 접착식 인조 손톱을 개발하였다.

⑱ 1975년 : 미국 식약청(FDA-Food and Drug Administration)이 메틸메타아크릴릭레이트(MMA)의 사용을 금지하였다.

⑲ 1976년 : 네일은 스퀘어 모양이 유행하였으며, 동시에 화이버 랩이 등장. 미국에서는 네일아트가 정착하였다.

⑳ 1981년 : 에씨(Essie), 오피아이(OPI), 스타(star) 등의 회사에서 네일전문 제품이 출시되었으며 네일 액세서리가 등장하였다.

㉑ 1982년 : 미국의 타미 테일러(Tammy Taylor)에 의해 파우더(폴리머), 프라이머, 리퀴드(모노모) 등의 아크릴릭 네일 제품이 개발되었다.

㉒ 1989년 : 세계경쟁성장과 더불어 네일산업의 급성장기로 들어섰다.

㉓ 1992년 : 인기스타들에 의해 대중화가 된 시기로 NIA(the Nail Industry Associaion)이 창립되고 네일산업이 더욱 본격화되면서 정착하였다.

㉔ 1994년 : 독일에서 라이트 큐어드 젤 시스템(Light Cured Gel System)이 등장하였고 뉴욕에서 처음으로 네일 테크니션의 면허 제도를 도입하였다.
㉕ 2000년대 이후 : 2D, 3D 등 입체 디자인, 핸드페인팅, 에어브러시 등 다양한 아트 기법이 등장하였다.

2) 동양의 네일 미용

(1) 고대(BC 3000년~300년)
중국에서 조홍이라 하여 홍화를 손톱에 바르기 시작하였다. 에나멜로 알려진 최초의 페인트인 달걀흰자(난백)와 아라비아산 고무나무 수액, 벌꿀 등을 혼합하여 만들어 사용했으며, 특히 BC 600년경 귀족들은 금색과 은색을 사용하였다.

(2) 15세기
명 왕조 때 상류층의 귀족들은 신분 과시하기 위해 흑색과 적색을 사용하여 특권층의 신분을 표시 하였다.

(3) 17세기 · 19세기
중국의 상류층은 역사상 가장 긴 손톱을 사용하였다. 남녀 모두 5인치 정도 길렀으며 보석이나 대나무 등으로 장식하여 손톱을 보호하며 이는 부의 상징이었다.
인도에서는 신분 표시를 위해 문신 바늘을 사용하여 네일 매트릭스(조모)에 문신 바늘을 이용하여 색소를 주입하였다.
19세기 중국 서태후의 미용법 기술, 초록색 수정의 긴 손톱을 중지와 소지에 사용하였다.

part 2

네일미용 개론

1. 네일 미용의 위생 및 안전

1) 네일살롱의 안전관리

(1) 화학물질 안전관리

① 글루, 젤, 아크릴 리퀴드(모노머), 솔벤트 등의 화학제품은 피부를 건조시키고 껍질이 벗겨지게 하거나 상처를 통해 침입하므로 사용 시 주의해야 한다.

② 솔벤트나 프라이머 아세톤은 눈에 들어가면 부상을 입을 수 있으므로 사용 시 주의해야한다.

③ 화학제품의 과다 사용은 자연 네일을 약하고 부서지게 하므로 적당하게 사용한다.

④ 모든 재료는 사용 후에 뚜껑을 덮는다.

⑤ 네일 폴리쉬와 글루 드라이어는 인화성이 강하므로 사용 시 난로를 멀리하고 흡연을 금한다.

⑥ 소독제 사용 시 설명서에 따라 적정농도로 사용한다.

⑦ 시술 시 화학약품이 눈에 들어가면 응급 처치 후 병원으로 간다.

⑧ 시술할 때 제품이 피부에 닿지 않게 주의한다.

⑨ 모든 용기에는 내용물에 대한 표기를 하여야 하고 어떤 화학물질인지 모르는 것은 폐기한다.

> **화학물질의 과다노출 발생 가능한 증상**
> - 피부발진 및 염증, 가벼운 두통, 불면증, 콧물과 눈물, 갈증이 나고, 몸이 피곤하고 나른함, 발가락이 따끔 거리는 증상이 나타날 수 있다.
> - 화학물질 중 산성 물질에 노출 되었을 경우에는 흐르는 물로 닦아주고 알칼리수로 중화시켜 준다.

> **MSDS(재료 안전 자료표 / Material Safety Data Sheet)**
> - 제품을 사용하는 사람들이 제품에 필요한 모든 정보를 볼 수 있게 제조회사가 수록해 놓은 것
> - 위험 첨가물에 대한 정보 및 물리적 위험성, 보건위험, 화학물질의 발암 위험성, 주의사항과 취급방법, 보호나 예방 조치, 긴급 및 응급절차, 보관 및 처리방법에 대한 정보 등이 있다.

(2) 전기안전관리

① 젖은 손으로 전기기구 및 장치를 만지지 않도록 한다.
② 안전기에 반드시 정격퓨즈를 사용하여 한다.
③ 전기장치를 끌 때는 전원의 스위치를 먼저 끄고 플러그를 뽑는다.
④ 한 개의 콘센트에 많은 전기기구를 사용하지 않는다.
⑤ 화재의 위험이 있으므로 불량 전기기구를 사용하지 않는다.
⑥ 손상된 코드나 전기선은 빨리 교체한다.
⑦ 전기제품을 사용하지 않을 때는 전원을 뽑아놓는다.
⑧ 전기 기기 사용법, 전류 종류, 전기 형태와 특성, 전기 사용 안전수칙, 주의사항을 정확히 숙지한다.

2) 네일 미용인의 안전관리

① 파일링 시 먼지의 흡입 방지를 위해 마스크를 착용하여 호흡기를 보호하고 1회용 위생장갑을 착용한다.
② 살롱의 실내는 통풍이 잘되어야 하므로 환기는 자주하도록 한다.
③ 작업 시에는 눈을 보호하기 위해 보호안경을 착용한다.
④ 화학물질 재료가 많아 화재 위험성이 있으므로 실내에서는 흡연을 피한다.
⑤ 화학물질이 공중에 분산되지 않도록 한다.
⑥ 살롱에서 음식을 먹거나 마시는 음식물 섭취를 금지한다.
⑦ 모든 용기에 라벨을 붙여서 제품을 혼동하지 않도록 하고 철제기구 속에 보관한다.
⑧ 사용한 페이퍼 타올이나 폴리시를 지운 솜은 즉시 폐기하고 폐기용품은 뚜껑이 있는 쓰레기통을 사용한다.
⑨ 화학제품은 사용 방법과 주의 사항을 숙지하고 반드시 뚜껑이 있는 용기에 보관하고 사용한 후 즉시 폐기한다.
⑩ 법규에 의한 안전 작업 및 보관 장소를 확보하고 응급 상황 시 연락방법을 잘 보이는 곳에 비치한다.

3) 고객 안전관리

① 발 각질 제거용(콘커터) 면도날은 매 고객마다 새것으로 사용하여 감염을 방지한다.
② 네일 팁은 조상(네일 베드) 길이의 반을 넘지 않도록 붙인다.
③ 메탈도구나 화학약품의 사용으로 알레르기가 생기는 경우 시술을 중단하고 피부과 치료를 권유한다.
④ 글루의 과다사용 시에는 자연네일을 약하고 부서지게 하므로 적당량을 사용한다.
⑤ 큐티클을 너무 세게 밀거나 바짝 자르면 상처로 인한 감염의 위험이 있으므로 큐티클을 0.1mm 정도 남기고 정리한다.

2. 네일 미용인의 자세

① 스케줄을 미리 점검하고 예약시간을 엄수하여 고객의 신뢰도를 높인다.
② 고객을 맞이하기 전에 필요한 도구 및 장비 등을 청소·소독하고 청결한 상태로 관리한다.
③ 친절하고 예의바른 태도로 고객을 맞이한다.
④ 단정하고 위생적인 옷차림으로 고객을 맞이한다.
⑤ 전문인으로서의 자신감과 긍지를 가지고 고객을 대한다.
⑥ 고객에 대한 불평을 하지 않으며 고객의 사생활을 보호하고 고객과 말다툼을 하지 않는다.
⑦ 고객이 편안함을 느낄 수 있도록 분위기를 만들며 부드럽고 상냥한 말투와 밝은 표정을 지닌다.
⑧ 고객에 필요에 따른 최고의 기술 제공하고 고객의 요구와 필요에 맞춰 기술을 향상한다.
⑨ 고객의 요구사항을 경청하고 업무에 반영한다.

3. 네일의 구조와 이해

1) 네일의 형성과 성장

(1) 네일의 형성

네일은 태아가 자궁에서 형성될 때 나타나기 시작해 임신 8~9주경 손톱의 끝마디 뼈 윗부분부터 피부가 휘어지기 시작하여 네일이 형성되고 임신 10주 후 부터는 손가락 끝에 손톱이 형성되어 자라기 시작한다. 네일 성장부위는 임신 12~13주까지 완성된다. 약 14주에는 손톱이 자라나는 모습을 확인 할 수 있고 임신 17~20주 까지는 완전히 형성되어 자라나는 시기이다. 태아의 발톱은 손톱보다 대략 10일 정도 늦게 형성된다.

네일의 주성분인 케라틴은 탄소 51.9%, 산소 22.39%, 질소 16.09%, 황 2.80%, 수소 0.82%로 구성된 섬유 단백질이다.

(2) 네일의 성장

네일의 성장은 네일 루트(조근)에서 시작되며 가운데 손가락 네일이 가장 빠르며 엄지손가락이 제일 느리다. 나이, 생활습관, 건강상태, 주위환경 등에 따라 차이가 있고 예를 들면 사용을 많이 하는 손(왼손잡이는 왼손의 손톱이 빠르게 성장)의 네일이 더 빨리 자라고 겨울보다 여름이 더 빨리 자란다.

네일의 케라틴은 피부나 모발보다 딱딱하고 하루에 약 0.14~0.4mm 정도 자라며 한 달에 약 3~5mm정도 성장하고 완전히 자라는데 걸리는 시간은 대략 4~6개월 정도이다. 발톱은 한달에 약 1mm로 손톱보다 2~3배 천천히 자란다. 10~14세가 가장 빠르게 성장하고 20세 이후 저하된다.

네일은 평균 0.5~0.75mm의 두께이며 개체가 사망하면 네일의 성장도 정지한다.

2) 네일의 구조

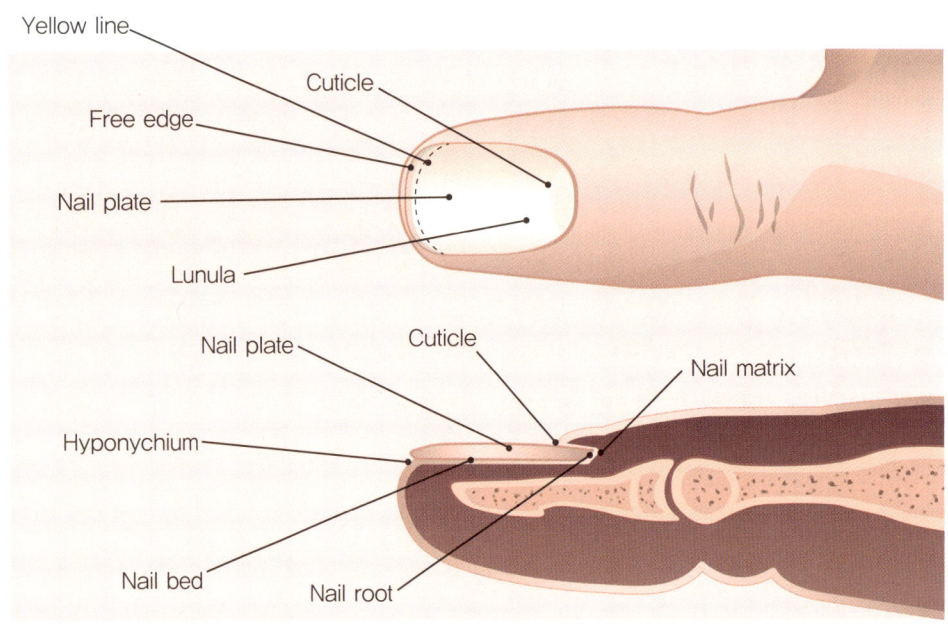

(1) 네일의 외부구조(네일 자체)

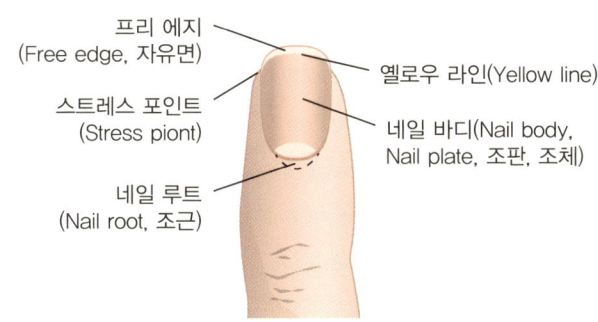

① 네일 바디(Nail body/Nail plate, 조체, 조판) : 손톱의 본체로서 네일 베드(Nail Bed)를 보호하는 역할을 하며 여러 개의 얇은 층으로 아랫부분은 연약하고 윗부분으로 갈수록 강하다. 죽은 단백질로 구성되어 있고 혈관과 신경이 없으며 산소를 필요로 하지 않는다.

② 네일 루트(Nail root, 조근) : 손톱 아래에 묻혀있는(5mm깊이) 얇고 부드러운 조직으로 손톱이 자라나기 시작하는 곳이다. 손톱의 뿌리로서 손톱 세포를 형성하여 오래되고 딱딱해진 세포들을 밀어낸다. 네일 베드의 모세혈관으로부터 산소를 공급받는다.

③ 프리 엣지(Free edge, 자유연) : 손톱의 끝부분으로 네일 베드 없이 손톱만 자라나 잘라내는 부분이다.

④ 스트레스 포인트(Stress point) : 네일 플레이트(Nail plate)가 네일 베드에서 떨어져 나가기 시작하는 양단의 포인트로 가장 부러지기 쉽고, 금가기 쉬운 부분이다. 외부 충격을 가장 많이 받는 부분으로 인조 네일 시술 시 덮어주어 보호해 줄 수 있다.

⑤ 옐로우 라인, 스마일 라인(Yellow line) : 네일 바디가 네일 베드에서 분리되어 피부가 시작되는 부분에 위치하는 경계선으로 노란 띠처럼 보이는 곳을 말한다.

(2) 네일의 내부구조(네일 밑)

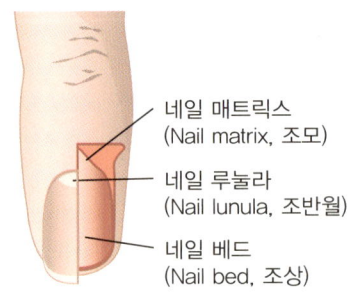

① 네일 베드(Nail bed, 조상) : 손톱 밑에 위치하며 조체를 받쳐주는 역할을 한다. 혈관, 감각, 멜라닌 세포, 지각신경조직이 있다. 모세혈관은 손톱이 핑크빛을 내도록 도와주고 신진대사와 수분공급 역할을 한다.

② 네일 매트릭스(Nail matrix, 조모) : 조근 바로 밑에 있으며 손톱 각질 세포(케라틴 세포)의 생산과 성장을 조절하고 혈관, 신경조직, 림프관이 분포한다. 조모가 손상되면 손톱이 더 이상 자라지 않거나 기형으로 자랄 수 있다.

③ 네일 루눌라(Nail lunula, 조반월) : 유백색의 반달 모양으로 네일 베드(조상)와 매트릭스(조모), 네일 루트(조근)를 연결해 주는 케라틴화 되지 않은 손톱이다. 손톱이 자라면서 공기층이 생겨 백색을 띤다.

(3) 네일 주변의 피부

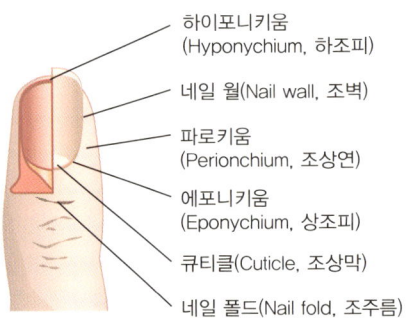

① 큐티클(Cuticle, 조상막, 조소피) : 손톱 주위를 덮고 있는 피부로 네일의 각질세포 생산과 성장 조절에 관여하며 미생물 등 병균의 침입으로부터 손톱을 보호하는 역할을 한다. 에포니키움(상조피)의 각질화과정에서 에포니키움과 네일 사이에 형성된 색이 없는 얇은 각질 막으로 매트릭스를 보호하는 역할을 한다.

② 에포니키움(Eponychium, 상조피) : 네일 바디의 시작점에서 자라나는 피부로 가는 선을 말하며 매트릭스와 반월(lunula)을 부분적으로 덮고 있다. 푸셔로 심하게 밀거나 잘못된 큐티클 정리로 상처가 생기면 감염되기 쉽다.

③ 하이포니키움(Hyponychium, 하조피) : 자유연(프리 엣지) 밑 부분으로 돌출된 피부로 세균이나 이물질의 침입으로부터 손톱을 보호하는 역할을 한다.

④ 네일 그루브(Nail Groove, 외측조구) : 조상(네일 베드)의 양쪽 측면에 좁게 패인 부분이다.

⑤ 네일 월(Nail wall, 조벽) : 손톱 양 측면을 지지하고 둘러싸인 피부, 네일 그루부와 겹치는 부분을 말한다. 파로니키움(조상연) 감염을 예방 한다.

⑥ 네일 폴드(Nail fold, 조주름, 조피) : '네일멘틀'이라고도 하며 네일 루트가 시작되는 곳에서 네일 바디에 맞추어 형성되며 손톱 주위에 있는 깊은 피부주름을 말한다.

⑦ 파로니키움(Perionychium, 조상연) : 손톱 전체를 둘러싼 피부 가장자리를 말한다.

4. 네일의 특성과 형태

1) 네일의 기능

네일의 기능은 물건을 잡거나 들어 올리고, 긁을 때 사용하고, 외부의 자극으로부터 손끝, 발끝의 피부를 보호하며 건강상태 확인 및 네일을 아름답게 가꾸는 미적·장식적 기능과 공격과 방어의 기능이 있다.

2) 네일의 특성

손톱의 의학적 용어는 오닉스(Onyx)이며, 조모(매트릭스)에서 형성되며 3개의 층으로 형성되어 있다.

네일은 신경, 혈관이 없는 반투명 각질판으로 되어 있으며, 땀이 배출되지는 않으나 약 12~18%의 수분을 함유하고 있다. 케라틴이라는 섬유 단백질로 구성되어 있고 케라틴에는 다량의 아미노산과 시스테인이 포함되어 있다.

네일의 경도는 조갑(네일바디)에 함유된 수분의 양이나 케라틴의 조성에 따라 변하며, 네일의 단백질 성분은 비타민이나 미네랄 등이 부족하게 되면 이상 현상이 생긴다.

3) 건강한 네일

건강한 네일은 네일(네일바디)이 네일 베드에 강하게 부착되어 있어야 하고 연한 핑크색을 띠며 매끄럽고 윤기가 있어야 한다. 네일의 모양은 둥근 아치형을 가지고 있으며 유연하고 탄력이 있어야 하고 약 12~18%의 적당한 수분을 함유해야 하며 갈라짐이 없고 세균에 감염이 되어있지 않은 상태이어야 한다.

4) 건강한 네일 관리 방법

건강한 네일 관리 방법으로 세제의 사용빈도를 줄이고 보호도구(고무장갑, 위생장갑 등) 착용하고 일을 하고 네일 끝을 사용하기보다는 손가락 마지막 마디를 사용하거나 적당한 도구를 사용한다. 또 핸드크림을 발라 손에 수분과 유분을 공급하며 약한 네일에는 네일 강화제 또는 영양제를 사용하고 네일전용 폴리시와 리무버를 사용하며 핸즈케어와 네일케어를 정기적으로 해준다.

5) 네일의 형태

(1) 네일의 모양

네일케어 서비스 시 손톱의 형태는 고객과 사전상담 후에 결정하여야 하며, 고객의 손가락 굵기 및 길이, 피부 색, 고객의 직업, 생활양식, 고객의 취향 등과 네일아트 트렌드를 적용시켜 네일의 모양을 결정해야 한다.

① 스퀘어 네일(Square shape nail)

사각형 네일은 네일 바디와 프리엣지가 긴 손톱에 어울리는 내구성이 강한 손톱의 형태로 파일의 각도가 90°로 고객들이 일반적으로 많이 선호하는 스타일이다. 컴퓨터를 많이 다루는 사무직에 종사하거나, 손끝을 많이 사용하는 직업을 갖은 고객들에게 적당하며 활동적이며 트렌디한 이미지를 준다.

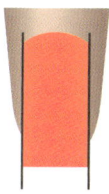

② 라운드 스퀘어 네일(Round shape nail, Square off nail)

라운드 네일은 파일의 각도가 양 측면 모서리는 45°, 중앙은 90°로 사각형 손톱의 양 사이드를 둥근 곡선을 형성하도록 파일링한 스타일로 스퀘어 네일보다는 부드러운 이미지를 형성하여 세련되고 실용적이다.

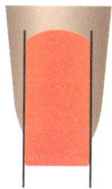

③ 라운드 네일(Round shape)

라운드 네일은 큐티클 라인의 커브를 기준으로 하는 완만한 커브 모양으로 파일의 각도가 45°로 가장 기본적인 스타일이며 손톱이 약해 잘 부러지거나 손톱의 끝부분인 프리엣지 층이 분리 약한 손톱에 적합하며 손톱이 짧은 경우나 남성이 선호하는 모양이다.

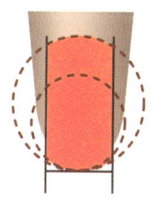

④ 오발 네일(Oval nail)

오발 네일은 손톱의 사이드에서 중앙으로 파일의 각도가 15~30°로 손가락이 길고 보이는 효과가 있으며 여성적이고 우아한 스타일이다. 라운드 보다 경사진 타원형으로 손의 모양이 길고 예뻐보이지만 손톱의 스트레스 포인트 부분이 잘 찢어질 수 있으므로 얇고 약한 손톱에는 적합하지 않다.

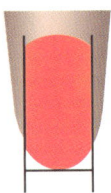

⑤ 포인트 네일(Point nail, Almond nail)

포인트 네일은 손톱의 사이드에서 중앙으로 파일의 각도가 0~10°로 손가락이 길고 가늘어 보이며 손톱의 폭이 좁아 보이는 효과가 있어 섹시하고 도발적인 여성미를 강조하는 스타일이다. 손톱의 양쪽 모서리를 뾰족하게 갈아 끝이 좁아지고 가늘어져 외부충격에 대한 내구성이 약해 잘 부러지기 쉽다.

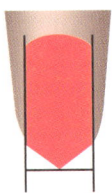

(2) 네일의 모양에 따른 파일링

네일의 형태를 잡기위한 파일링 방법은 네일 서비스의 기술 작업에 있어 가장 기본적인 단계이다. 손톱의 구조상 끝 부분의 층간이 분리되지 않도록 주의하여 시술하여야 하며 파일링 작업 시에는 정확하게 잡고 손목의 힘을 빼고 파일을 부드럽게 잡고 시술해야 한다.

① 스퀘어 네일 파일링

㉠ 우드파일을 직각인 90° 각도로 세워 한쪽 방향에서 반대쪽 방향으로 파일링한다.

㉡ 우드파일을 사이드 쪽 스트레스 포인트 부분에 평행이 되도록 놓고 손톱 측면에서 직선이 되도록 파일링을 한쪽 방향으로 한다.

㉢ 우드파일을 네일 그루브에 일자가 되도록 얹고 위에서 아래로 파일링을 직선방향으로 한다.

[그림 1] 스퀘어 네일 파일링

② 라운드 스퀘어 네일 파일링

㉠ 우드파일로 스퀘어 모양으로 파일링한다.

㉡ 우드파일을 45° 각도로 뉘어서 양쪽 모서리를 사이드에서 중앙으로 둥글게 파일링한다.

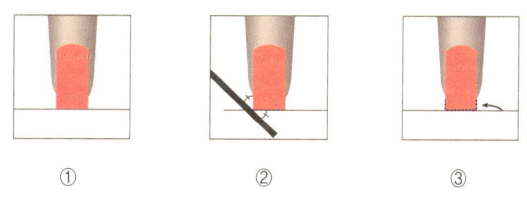

[그림 2] 라운드 스퀘어 네일 파일링

③ 라운드 네일 파일링

㉠ 우드파일을 45° 각도로 뉘어서 한쪽 사이드부터 중앙으로 둥글게 라운드 모양으로 2/3지점까지 파일링한다.

㉡ 반대쪽 사이드도 파일의 각도가 45°로 유지되도록 한 후 같은 방법으로 파일링해준다.

㉢ 라운드 된 손톱의 형태가 좌우대칭을 이루어 완만한 라운드 형태를 이루도록 파일링으로 조

정해준다.

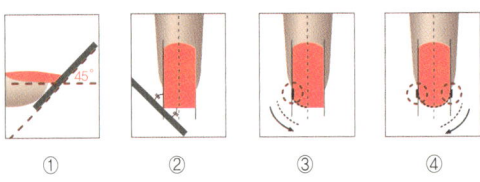

[그림 3] 라운드 네일 파일링

④ 오발 네일 파일링

㉠ 우드파일을 15°각도로 뉘어서 손톱 한쪽 사이드의 대략 스트레스 포인트 부분부터 중앙 부분까지 둥굴게 오발 모양으로 파일링한다.

㉡ 반대쪽 사이드 대략 스트레스 포인트 부분부터 파일이 각도가 15°되도록 유지한 뒤 ㉠번과 동일한 방법으로 파일링해준다.

㉢ 오발 모양이 된 손톱의 좌우대칭이 맞도록 파일링으로 조정해준다.

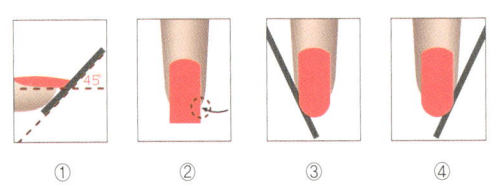

[그림 4] 오발 네일 파일링

⑤ 포인트 네일 파일링

㉠ 우드파일을 0~10°각도로 뉘어서 손톱 한쪽 사이드의 스트레스 포인트 부분부터 중앙 부분까지 포인트 모양으로 파일링한다.

㉡ 반대쪽 사이드 스트레스 포인트 부분부터 파일이 각도가 0~10°되도록 유지한 뒤 ㉠번과 동일한 방법으로 파일링해준다.

ⓒ 포인트 모양이 된 손톱의 좌우대칭이 맞도록 파일링으로 조정해준다.

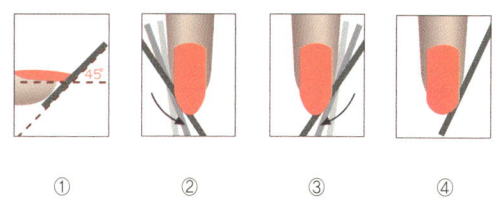

①   ②   ③   ④

[그림 5] 포인트 네일 파일링

5. 네일의 병변

오닉스(Onyx)는 네일을 지칭하는 의학적 용어로 손톱과 관련된 뜻을 가진 그리스어 오니코(Onycho)에서 기인한 것을 말한다. 비정상적인 손톱의 상태는 대부분 그리스 어원에서 비롯되는 오니코(Onycho)로 시작하거나 끝나는 경우가 많다.

네일 미용인은 네일의 비정상적인 상태에 대한 지식을 가지고 있어야 하며, 네일의 상태를 보고 경우에 따라서는 의사에게 갈 것을 권유해야 하고, 네일 관리가 가능한지 할 수 없는지를 판별할 수 있어야 한다.

1) 비정상적인 네일 상태 : 네일 미용사가 시술 가능한 손톱
(1) 거스러미 손톱(Hang nail, 행네일)

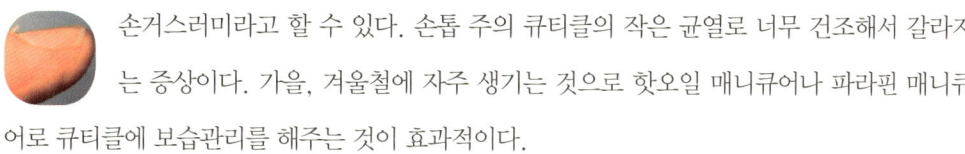

손거스러미라고 할 수 있다. 손톱 주의 큐티클의 작은 균열로 너무 건조해서 갈라지는 증상이다. 가을, 겨울철에 자주 생기는 것으로 핫오일 매니큐어나 파라핀 매니큐어로 큐티클에 보습관리를 해주는 것이 효과적이다.

(2) 멍든 손톱, 혈종(Bruised nail / Hematoma, 헤마토마)
외부의 충격 등으로 조상의 혈액이 응고되어 전체가 시커멓게 변하거나 네일 바디에 푸른 멍이

반점처럼 나타나는 증상이다. 매트릭스가 다치지 않았다면 약 1개월 후 새로운 네일이 자라게 된다.

네일이 잘 고정되어 있는 상태라면 폴리쉬를 바르거나 인조 네일 서비스를 행할 수 있다.

(3) 변색된 손톱(Discolord nail)

컬러링 시술시 베이스코트를 바르지 않고 유색 폴리쉬를 바르는 경우나 혈액순환이 원활하지 않을 경우 네일 바디는 푸른빛을 띠며, 빈혈이나 영양 결핍이 있을 때는 창백한 하얀색이 나타난다. 또한 곰팡이 균의 감염으로 변색이 있을 수 있다.

(4) 고랑파진 손톱(Furrow, Corrugations, 퍼로우, 커러제이션)

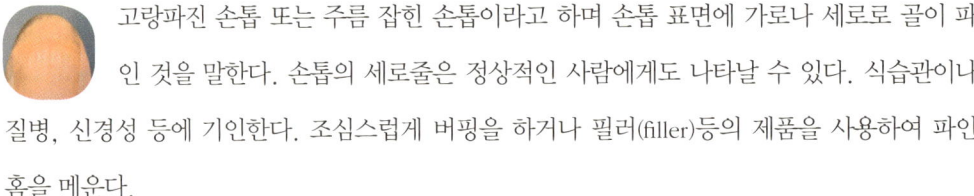고랑파진 손톱 또는 주름 잡힌 손톱이라고 하며 손톱 표면에 가로나 세로로 골이 파인 것을 말한다. 손톱의 세로줄은 정상적인 사람에게도 나타날 수 있다. 식습관이나 질병, 신경성 등에 기인한다. 조심스럽게 버핑을 하거나 필러(filler)등의 제품을 사용하여 파인 홈을 메운다.

(5) 조갑 연화증(Eggshell nail / Onychomalacia, 에그 셸 네일, 오니코말라시아)

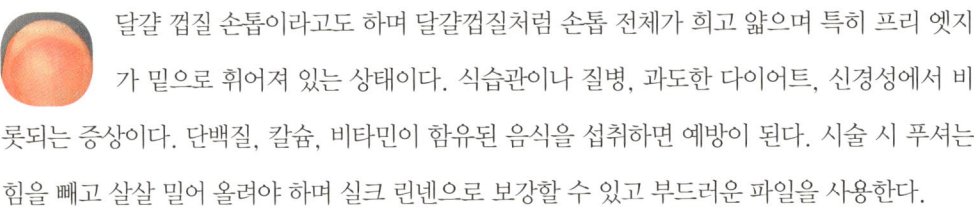달걀 껍질 손톱이라고도 하며 달걀껍질처럼 손톱 전체가 희고 얇으며 특히 프리 엣지가 밑으로 휘어져 있는 상태이다. 식습관이나 질병, 과도한 다이어트, 신경성에서 비롯되는 증상이다. 단백질, 칼슘, 비타민이 함유된 음식을 섭취하면 예방이 된다. 시술 시 푸셔는 힘을 빼고 살살 밀어 올려야 하며 실크 린넨으로 보강할 수 있고 부드러운 파일을 사용한다.

(6) 조내생증, 내성발톱, 감입손발톱(Onychocryptosis/Ingrown nail, 오니코크립토시스)

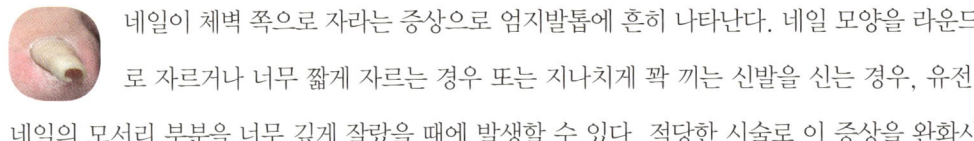네일이 체벽 쪽으로 자라는 증상으로 엄지발톱에 흔히 나타난다. 네일 모양을 라운드로 자르거나 너무 짧게 자르는 경우 또는 지나치게 꽉 끼는 신발을 신는 경우, 유전, 네일의 모서리 부분을 너무 깊게 잘랐을 때에 발생할 수 있다. 적당한 시술로 이 증상을 완화시

킬 수 있으나 심할 경우 의사에게 가도록 한다.

(7) 조백반증, 백색반점(Leuconychia, 루코니키아)

조상과 조모사이에 공기가 들어가 기포형성되어 손톱에 하얀 반점이 생기는 경우로 손톱이 자라면 잘라내고 팔리쉬를 바르면 커버된다.

(8) 모반점, 검은 반점(Nevus, 니버스)

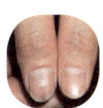
손톱 표면에 멜라닌색소 침착으로 밤색이나 검은색으로 얼룩이 나타나는 현상이며 네일 폴리시로 커버 할 수 있고 손톱이 자라면서 없어진다.

(9) 조갑위축증(Onychatrophia, 오니케트로피아)

손톱이 축소되는 증상이며 주로 새끼발톱에 발생하고 광택과 윤기가 없고, 오므라들면서 부서져 떨어지는 현상이다. 조모손상, 내과적 질환, 강한 푸셔 작업으로 인해 발생하기도 한다. 화학제품의 사용을 금지하고 부드러운 파일로 파일링해야 한다.

(10) 교조증, 조체증(Onychophagy, 오니코파지)

습관이나 스트레스로 손톱을 물어뜯는 현상으로 손톱이 뜯겨져 니기기나 크기가 자아지고 울퉁불퉁해져 있다. 매니큐어 시술이나 인조 네일 시술로 교정될 수 있다.

(11) 조갑청맥증(Onychocyanosis, 오니코사이아노시스)

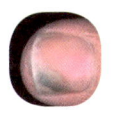
혈액순환이 제대로 이루어지지 않아 손톱 표면의 색이 푸르스름하게 변한 증상이다. 네일관리를 정기적으로 할 수는 있으나 근본적인 원인 제거를 위해 의사와 상의할 것을 권한다.

(12) 조갑비대증(Onychauxis, 오니콕시스)

유전이나 질병, 손톱 내부의 상처, 감염 꽉끼는 신발 등에 의하여 손톱의 끝이 과잉 성장으로 두

껍게 자라나고 비정상적으로 두꺼워 지고 변색된 현상이다. 파일링 시 부드러운 파일을 사용한다.

(13) 조갑종렬증(Onychorrehexis, 오니코렉시스)

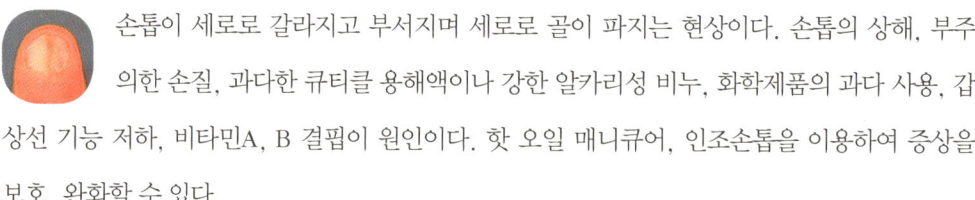손톱이 세로로 갈라지고 부서지며 세로로 골이 파지는 현상이다. 손톱의 상해, 부주의한 손질, 과다한 큐티클 용해액이나 강한 알카리성 비누, 화학제품의 과다 사용, 갑상선 기능 저하, 비타민A, B 결핍이 원인이다. 핫 오일 매니큐어, 인조손톱을 이용하여 증상을 보호, 완화할 수 있다.

(14) 조갑경화증(Secleronychia, 세크로니키아)

손톱 표면의 증상으로 네일이 두껍고 건조하며 샐러리 줄기처럼 줄이 가 있는 상태로 질병이나 상해를 통해 유발된다. 이는 버핑을 통해 다듬어질 수 있다.

(15) 조갑익상증/표피조막증(Pterygium, 테리지움)

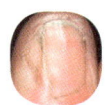큐티클이 과잉 성장하여 손톱 표면을 덮는 상태로서 지속적인 관리와 핫 로션(오일)매니큐어로 교정할 수 있다.

(16) 무조증(anonychia, 아노니키아)

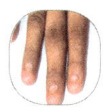스티븐 존슨증후군 – 몇몇 피부병이 악화된 형태로 피부의 박탈을 초래하는 전신성 질환이다. 화상과 유사한 방법으로 치료하며 희귀질병으로 매년 100만 명당 1명이 발병한다.
선천적 발육부전증이나 심한 감염 등에서 나타나며 스티븐 존슨증후군으로도 영구적인 조갑탈락이 발생하기도 한다.

(17)숟가락손발톱(Spoon shaped nail / Koilonychia, 코일로니키아)

손톱 사이드부분이 바깥쪽으로 벌어지면서 가운데가 움푹 패이는 증상으로 철분결핍, 유전적 요인, 갑상선 질환 등이 원인이다. 인조네일로 외부 환경으로부터 손톱을 보호하고 심한 경우 병원 치료를 권유한다.

2) 비정상적인 네일 상태 : 네일 미용사가 시술 불가능한 손톱

네일 질환을 가진 고객에게는 먼저 의사에게 갈 것을 권유하고 완전히 치유된 후에 서비스를 제공해야 한다.

(1) 조갑사상균증(Nail mold, 네일 몰드)

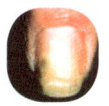
인조 손톱과 자연 손톱 사이로 사상균(일종의 진균염)이 서식하면서 습기가 스며들어 생기는 염증이다. 처음에는 누런색으로 시작하여 점차 검은색으로 변하고 손톱이 약해 지면서 악취가 나고 결국 떨어져 나간다. 곰팡이를 발견한 즉시 인조 네일을 제거하고 약을 바르면 회복된다.

(2) 무좀(Tinea pedis, 티니아 페디스)

진균에 의한 감염으로 발바닥 전체나 발가락 사이에 붉은 색의 물집이 잡히거나 여러 군데에 붉은색 점들이 생긴다. 방치하면 물집이 생겨 가렵고 피부가 갈라지는 증상으로 발전한다. 특히 이 질병은 발가락 주변에 심하게 나타나며 매우 전염성이 높은 질환이다.

(3) 조갑주위염(Paronychia, 파로니키아)

손톱 주위의 조직이 박테리아에 감염되어 발생하는 질환으로 붉은 염증과 고름이 생기는 급성 화농성 염증이다. 비위생적인 도구를 사용하거나 큐티클을 많이 잘라낼 때 손톱 주위 조직에 상처의 감염으로 발생하기도 한다.

(4) 조갑염(Onychia, 오니키아)

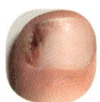
조주름(네일 폴드)가 감염되어 염증이 생겨서 붉어지거나 고름이 생기는 현상으로 소독하지 않은 비위생적인 도구를 사용했을 때 발생한다.

(5) 조갑구만증(Onychogryphosis, 오니코그리포시스)

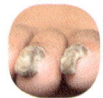
네일의 만곡 상태가 심해지는 현상으로 네일이 심하게 두꺼워지면서 구부러지고 때로는 손가락이나 발가락 밖으로 확장된다. 이 증상의 원인은 아직 알려져 있지 않다.

(6) 조갑진균증, 백선(Onychomycosis, 오니코마이코시스, 손톱 무좀)

진균에 의해 감염되는 것으로 네일이 변색되거나 두꺼워지고 울퉁불퉁하게 되기도 하며 황갈색의 긴 줄무늬나 희미한 패치, 불균형적으로 얇아지고 프리엣지에서 점차 네일 플레이트 아래로 옮겨가고 감염된 일부분이 떨어져 나가기도 한다.

(7) 조갑박리증(Onycholysis, 오니코리시스)

네일과 조체 사이에 틈이 생겨 색이 변하며 점차 벌어진다. 프리엣지에서 발생, 점차적으로 루눌라 까지 번지는 현상이다. 외상, 감염, 내과적 질병으로 인한 특정 약물치료로 많이 발생하며 의사의 처방을 받는 것이 좋다.

(8) 조갑탈락증(Onychoptosis, 오니콥토시스)

손톱의 일부분 혹은 손톱 전체가 주기적으로 떨어져 나가는 증상으로 한 개의 손톱 혹은 여러 개의 손톱에서 일어날 수 있다. 감염 또는 외상 , 나쁜 건강상태나 매독·고열 또는 약물 반응 등으로 일어날 수 있다.

(9) 화농성 육아종(Pyrogenic Granuloma, 파이로제닉 그래뉴로마)

심각한 염증 상태로 네일 베드에서 네일 바디로 붉은 살이 자라나온다. 위생처리하지 않은 도구를 사용하여 손톱 주위에 박테리아가 감염된 상태이다.

6. 고객응대 및 상담

> **고객 관리**
> 네일 미용인으로써 서비스를 시술하기 전에 상담을 통해 고객의 기호를 이해하고 고객에게 맞는 서비스를 해줌으로서 고객만족도를 높이며 고객과 좋은 관계를 유지 할 수 있다.

1) 고객상담과 기록

(1) 고객상담

① 성명, 성, 생년월일, 주소, E-mail 주소, 전화번호 등을 기재한다.

② 신체 질병 유무에 관해 상담한다.

③ 네일의 건강상태를 체크한다.

④ 알레르기여부, 생활습관에 관해 상담한다.

⑤ 고객의 병력에 따른 네일 아티스트의 유의사항을 파악한다.

⑥ 고객이 원하는 서비스에 대해 정확히 상담한다.(고객이 추구하는 스타일, 기호)

⑦ 서비스 제공내역과 서비스 금액을 기재한다.

⑧ 고객이 최종적으로 선택한 서비스를 기록한다.

(2) 고객상담카드 작성

고객 상담, 서비스 카드				
성 명		핸드폰	
생년월일		기념일	
주 소				
E-mail				
병 력				
고객의 기호				

날 짜	서비스 내용	네일 상태	제품 판매	사용했던 제품	보관 제품	가 격	디자 이너
/							
/							
/							
/							
/							
/							
/							
/							
/							
/							

part 3
손·발의 구조와 기능

1. 뼈(골)의 형태 및 발생

1) 뼈(골)의 형태 및 발생

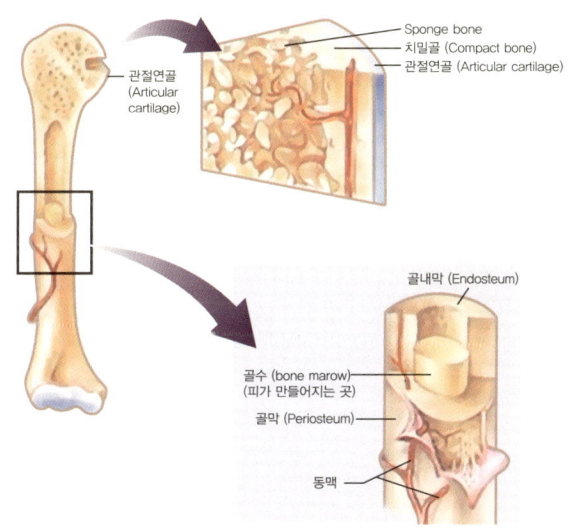

(1) 골조직의 형태(골막+골질+골수)

뼈는 무기질(칼슘, 인) 45%, 유기질(대부분 콜라겐) 35%, 물 20%로 구성되어 있으며 인체 조직 중 수분 함량이 가장 적은 조직이다. 가장 외층은 골막이 있고 골막 바로 아래 치밀골, 해면골, 가장 안쪽으로 골수강이 위치한다.

① 골막 : 뼈를 감싸주듯 덮고 있는 막으로 내부에 풍부한 혈관과 림프관, 신경이 있어 신진대사와 생장발육이 계속 진행되고 회복, 재생, 재활능력도 가지고 있다. 뼈의 부피(굵기)성장에 관여 한다.

② 치밀골 : 뼈의 표층부이며 틈이 없는 치밀질의 뼈뭉치로 뼈가 단단하고 압력에 강하다. 치밀골의 골원인 하버스계(harversian system)는 긴원통형으로 단단한 골세포로 구성되어 있고 신경과 혈관이 세로로 지나간다.

③ 해면골 : 뼈의 내부를 구성하며 해면질은 외부의 압력에 잘 견딜 수 있는 다공성 구조로 해면처럼 수많은 작은 공간이 얇은 벽으로 구분되어 그 벽의 배열 방향이 뼈가 압력을 받는 방향과 일치하기 때문에 무거운 무게도 이겨낼 수 있다.

④ 골수강 : 대퇴골처럼 큰 뼈의 중심부는 비어 있으며 그 속에 골수(혈액을 만드는 액체)가 차 있다. 성인의 골수에는 적색골수(조혈작용)와 황색골수(지방조직)가 있다. 적색골수는 혈액의 재료가 만들어져 조혈작용을 하고 황색골수는 지방조직이 차 있어 조혈기능 못한다.

⑤ 골단 : 뼈의 길이가 성장하는 부위로 장골의 양쪽 끝 부위에 형성하며 골단과 골간 사이의 초자연골의 띠를 형성하고 있다.(연골 : 골과 골 사이의 충격을 흡수하는 결합조직)

2) 골의 발생

(1) 연골성 골형성

① 먼저 연골조직이 생기고 이 연골조직이 골조직으로 전환해 가는 것이다.
② 체간골(體幹骨)·사지골·두개골의 대부분과 이소골(耳小骨) 및 설골(舌骨) 등이 이에 속한다.
③ 연골막 내면에서 생산된 파골세포(破骨細胞)가 혈관과 조골세포(造骨細胞)를 수반하여 내부로 들어가서 골 조직을 형성하는 연골 내 골형성과, 연골막 내면의 조골세포가 골질을 만들어가는 연골의 골 형성이 동시에 이루어진다.

(2) 결합조직성 골형성

① 결합조직 내에 그대로 골조직이 형성되는 것이다.
② 전단계로서 연골을 형성하지 않으며 편평골(扁平骨)이 많다.
③ 결합조직 내의 혈관의 신생과 함께 골아세포(骨芽細胞)가 생기고, 이어서 나오는 파골세포와 함께 골을 형성한다.

(3) 전조식(轉造式) 골형성

① 연골세포가 직접 골세포로 되며, 연골기질이 직접 골기질로 된다.

② 하악골(下顎骨)의 일부분이 이 형식으로 골형성을 한다.

2. 손과 발의 뼈대(골격) 구조와 기능

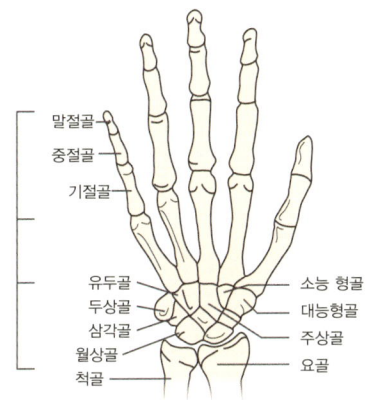

1) 손의 골격

(1) 수근골(한손 8개, 양손 16개) : 한 손에 8개로 작고 불규칙한 두 줄로 된 손목을 이루고 있는 뼈이다. 인대와 결합되어 관절을 이루고 있다.

몸 쪽 손목뼈 (근위수근골)	8개의 수근골은 2줄로 나란히 있는데 그 가운데의 근위(몸 쪽)에 가까운 쪽의 손목뼈(주상골), 세모뼈(삼각골), 콩알뼈(두상골), 반달뼈(월상골)
손 쪽 손목뼈 (원위수근골)	알머리뼈(유두골), 갈고리뼈(유구골), 큰마름뼈(대능형골), 작은마름뼈(소능형골)

(2) 중수골(한손 5개, 양손 10개) : 한손에 5개의 장골로 이루어져 손가락뼈와 연결된 길고 가느다란 손바닥을 이루는 뼈이다.

(3) 수지골, 지골(한손14개, 양손 28개) : 손가락을 이루는 뼈로 기절골, 중절골, 말절골 3마디

로 이루어져 있는데 엄지손가락만 중절골이 없다.

(4) **척골** : 팔 아래 내측으로 손목뼈와 연결되어 있다.(소지 방향)

(5) **요골** : 팔 아래 외측으로 손목뼈와 연결되어 있다.(엄지 방향)

2) 발의 골격

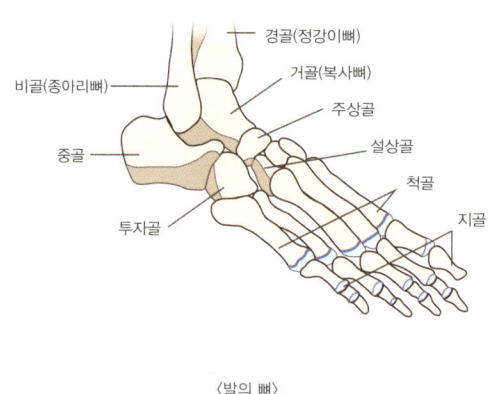

〈발의 뼈〉

(1) **족근골(한발 7개, 양발 14개)** : 발목을 구성하는 뼈로 거골, 종골, 주상골, 설상골(외측, 중간, 내측)로 이루어져 있다.

거골	거골활차는 비골, 경골과 관절로 되어 체중을 발목으로 분산시켜 준다.
종골	족근골 중 가장 크며 발뒤꿈치를 만드는 뼈로 서 있을 때 체중을 지탱하게 해준다. 아킬레스건이 종골융기에 부착한다.

(2) **종족골(한발 5개, 양발 10개)** : 발바닥을 형성하는 5개의 뼈로 족근골과 족지골 사이에 위치하며 발의 아치 형태를 형성하여 신체의 하중을 견디고 근, 관, 신경이 체중으로부터의 압박으로부터 보호해 준다.

(3) **족지골, 지골(한발 14개, 양발 28개)** : 발가락을 형성하는 14개의 축소된 장골의 뼈로 기절골, 중절골, 말절골 3마디로 되어있고 엄지만 2마디로 되어 있다.

(4) **족궁** : 발바닥 안쪽의 아치 모양의 뼈로 몸의 중력을 분산시키는 역할을 한다.

(5) 경골 : 하퇴의 내측을 구성하는 뼈로 무릎 관절을 구성한다.

(6) 비골 : 경골 바깥쪽에 있는 가는 뼈로 발목 관절강화에 관여한다.

3. 손과 발의 근육의 형태 및 기능

1) 손 근육의 형태 및 기능

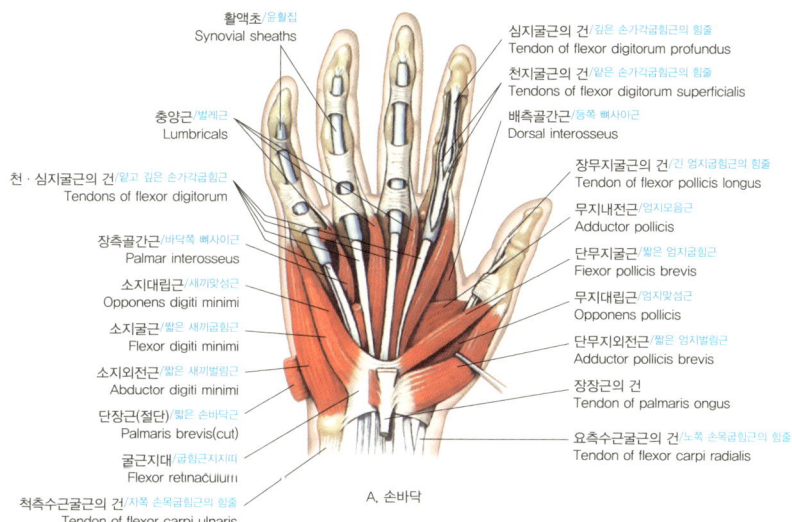

A. 손바닥

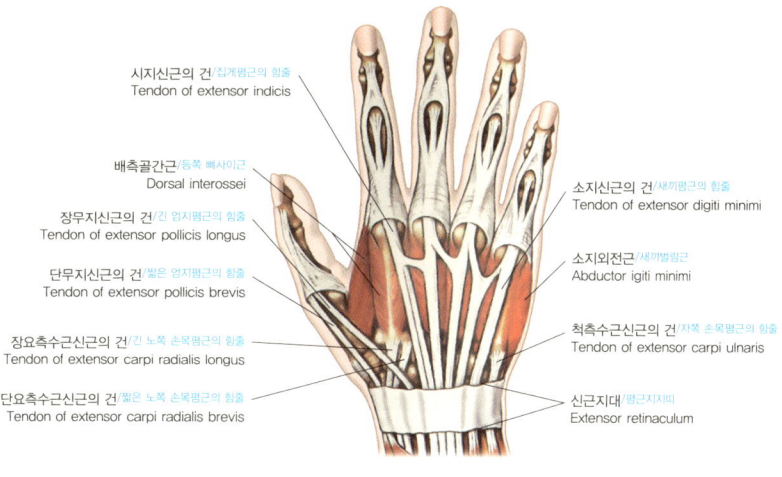

B. 손등

(1) 무지구근

근육명	기 시	작 용	지배신경
단무지외전근	주상골	무지의외전	정중신경
단무지굴근	대소능형골, 유두골	무지의 굴곡	정중신경
무지대립근	대능형골	제1중수골의 외측면	정중신경
무지내전근	제2~3중수골	무지의 내전	척골신경

(2) 소지구근

근육명	기 시	작 용	지배신경
소지외전근	두상골	소지의 외전	척골신경
단소지굴근	유구골구	소지의 기절골 굴곡	척골신경
소지대립근	유구골구	소지를 무지쪽으로 당김	척골신경

(3) 중간근

근육명	기 시	작 용	지배신경
충양근	심지굴근의 건	제2~5지의 기절골 굴곡과 그 중절골 및 말절골의 신전	정중신경 척골신경
장측골간근	제2중수골의내측, 제4~5중수골의 외측	기절골의 굴곡과 중절골 및 말절골의 신전, 손가락 내전	척골신경
배측골간근	제1~5중수골	기절골의 굴곡과 중절골 및 말절골의 신전, 손가락 외전	척골신경

모지근	엄지손가락의 굴곡, 대립, 외전과 내전에 관여하는 근육이다.	– 엄지 굽힘근 (장모지굴근, 단모지굴근) – 엄지 벌림근 (장모지외전근, 단모지외전근) – 엄지 모음근 (모지내전근) – 엄지 맞섬근 (모지대립근)
제 2~5 손가락의 외근	손가락의 굴곡과 외전에 관여하는 근육이다.	– 손가락 굽힘근 (천지굴근, 심지굴근) – 손가락 벌림근 (지신근, 시지신근, 소지신근)
제 2~5 손가락의 내근	중수근 손바닥을 이루는 근육으로 손가락의 신전과 외전에 관여하는 근육이다. (충양근, 장측골간근, 배측골간근)	소지근 손바닥을 이루는 근육으로 손가락의 신전과 외전에 관여하는 근육이다. – 새끼 굽힘근 (단소지굴근) – 새끼 벌림근 (소지외전근) – 새끼 맞섬근 (소지대립근)

용어정리

신전	폄	굴곡	굽힘
외전	벌림	내전	모음
회외	엎침	회내	뒤침
회전	돌림	회선	휘돌림

근육의 구분

구분	기능
신근	손목 및 손가락을 벌리고 펴게 하여 내외측 회전과 내외향에 작용하는 근육이다.
굴근	손목을 굽히게 하고 내외향에 작용하며 손가락을 구부리게 하는 근육이다.
대립근	물건을 잡을 때 사용하는 근육이다.
내전근	손가락을 나란히 붙이고 모을 수 있게 하는 근육이다.
외전근	손가락을 벌어지게 하는 근육이다.
회내근	손을 안쪽으로 돌려서 손등을 위로 향하게 하는 근육이다.
회외근	손을 바깥쪽으로 돌려서 손바닥을 위로 향하게 하는 근육이다.

2) 발 근육의 형태 및 기능

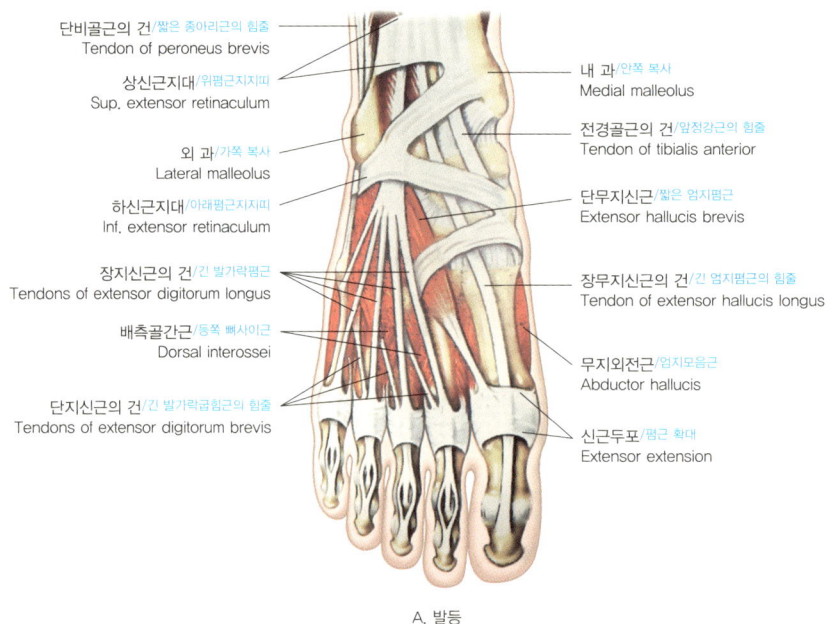

A. 발등

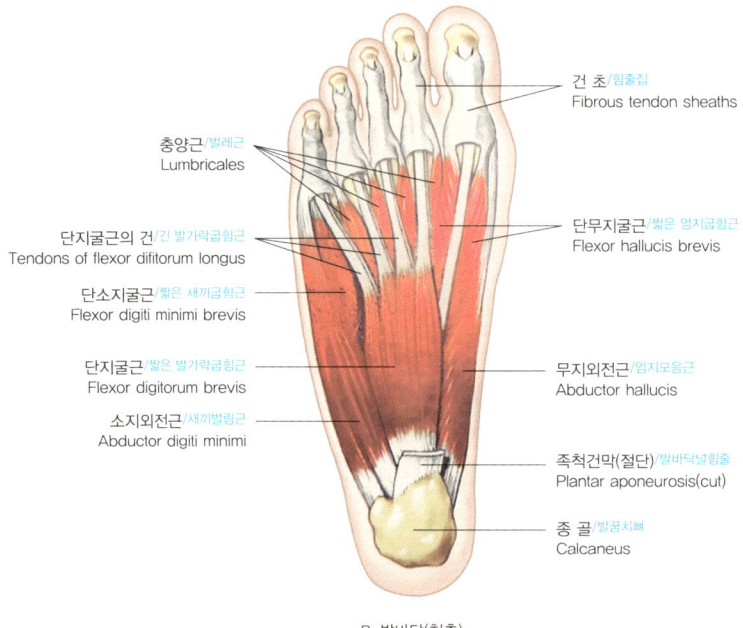

B. 발바닥(천층)

(1) 발등근(족배근, dorsal muscles of foot)

종골에서 시작하여 기절골에서 정지, 단지신근, 단모지신근으로 되어있으며 발가락의 신전에 관여하는 근육이다.

근육명	기 시	작 용	지배신경
단지신근	종골의 상면	제2~4지의 신전	심비골신경
단무지신근	종골의 상면	무지의 신전	심비골신경

(2) 발 바닥근(족척근, 족저근 / plantar muscles)

족근 및 중앙부에서 시작하여 발가락에 이르는 작은 근군(箭群)으로, 족배근(足背筋)·무지구근(拇趾球筋)·소지근(小趾筋)·중족근(中足筋)으로 이루어져 발가락의 운동을 맡고 있다.

① 내측족척근

근육명	기 시	작 용	지배신경
무지외전근	종골융기의 내측	무지의 외전	내측족척신경
단무지굴근	외측두 : 입방골의 족척면 내측두 : 제1설상골	무지의 기절골 굴곡	내측족척신경
무지내전근	사두 : 제2~4 중족골 횡두 : 제3~5지의 척측중수지절인대	무지의 내전	외측족척신경

② 외측족척근

근육명	기 시	작 용	지배신경
소지외전근	종골융기	소지의 외전과 굴곡	외측족척신경
단소지굴근	제5중족골의 저부	소지의 굴곡	외측족척신경

③ 중앙족척근

근육명	기 시	작 용	지배신경
단지굴근	종골융기의 하면	제2~5지의 굴곡	내측족척신경
족척방형근	종골의 내측 및 하면	장지골근을 도움	내측족척신경
충양근	장지굴근의 건	제2~5지의 기절골 – 굴곡 중절골 및 말절골 – 신전	외측족척신경
척측골간근	제3~5중족골의 내측면	제3~5지의 내전	내측족척신경
배측골간근	제1~5중족골의 마주보는면	제2지의 내전	외측족척신경

4. 손·발의 신경 조직의 기능

1) 손의 신경계

액와신경 (겨드랑이)	소원근과 삼각근의 운동 및 삼각근의 상부에 있는 피부감각을 지배하고 있는 신경이다.
정중신경	앞팔(상완)의 굴근과 회내근 운동을 지배하는 모지구군과 2개의 외측 중앙근 운동을 지배한다. 손바닥 외측 1/2의 피부감각을 지배하는 신경이다.
근피신경 (근육피부)	팔의 굴근에 대한 운동 지배와 앞팔의 외측 피부감각을 지배한다.
요골신경	위팔과 앞팔의 신근과 회외근의 운동을 지배하고 팔과 앞팔, 엄지쪽과 손등의 감각을 지배하는 신경이다.
척골신경	앞팔의 척측굴근, 소지굴근, 골간근, 내측 충양근의 운동을 지배하며 앞팔 내측과 피부의 감각을 지배하는 신경이다.
수지신경	손가락의 신경, 손가락에 분포하며 손가락 끝(특히 검지)에 신경이 많이 분포한다

2) 발의 신경계

대퇴신경	대퇴 전내측에 피부에 분포하며 일부는 복재신경이 됨
복재신경	하퇴의 내측(허벅지)부터 무릎 아래(발뒤꿈치의 바깥쪽 가장자리)까지 분포
경골신경	좌골신경으로부터 갈라져 나온 신경으로 무릎 뒤로 통과 대퇴와 경골 뒤 무릎, 종아리, 근육, 다리, 발과 발가락 등 분포
총비골 신경	천비골신경(얕은 비골신경) : 발등에 분포 심비골신경(깊은 비골신경) : 발등을 통과하여 엄지, 둘째 발가락에 분포

피부학

part 1

피부와 피부 부속 기관

1. 피부구조 및 기능

1) 피부구조

피부는 신체의 표면을 덮고 있는 조직으로 인체에서 가장 큰 기관이다. 피부의 표면은 삼각 또는 마름모꼴의 다각형을 띠며 그 단면을 관찰하면 표피(epidermis), 진피(dermis), 피하조직(subcutaneous fat tissue)의 3층으로 구분된다. 피부의 중량은 체중의 15~17%에 달하고 물리적·화학적으로 외부 환경으로부터 신체를 보호하는 동시에 전신 대사에 필요한 생화학적 기능을 한다.

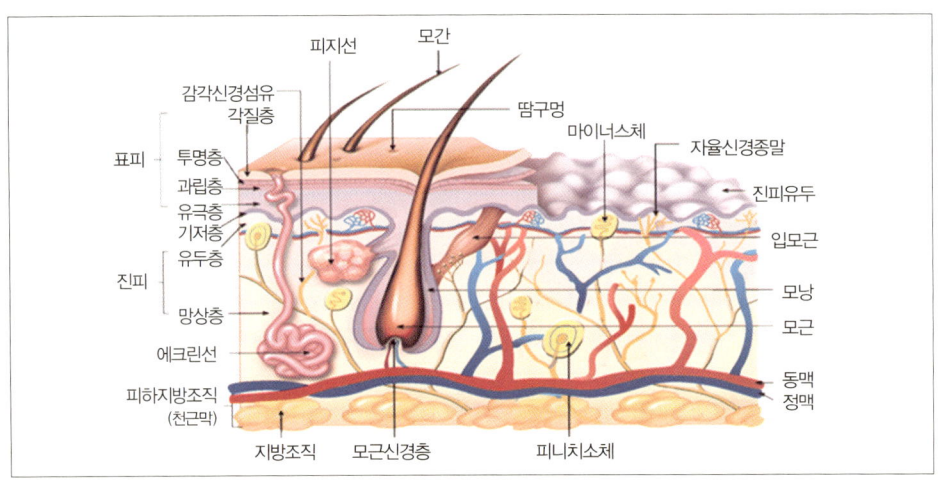

[그림] 피부의 구조

(1) 표피

피부의 가장 상층부에 위치하며 두께는 부위에 따라 다르지만 0.1~1mm정도이다. 신경과 혈관이 없으며 세균, 유해물질, 자외선으로부터 피부를 보호한다. 기저층, 유극층, 과립층, 투명층, 각질층의 5층으로 나뉘며 최하층인 기저층 세포가 분열하여 위로 밀려 올라가 각질이 되어 피부 표면으로부터 떨어져 나간다. 이러한 현상을 피부의 각화과정(keratinization)이라 하며 각화과정의 주기(turn over)는 기저층에서 각질층까지 이르는데 14일, 각질이 되어 피부 밖으로 떨어질 때까지 14일 정도로 대략 28일(4주)이다.

구 분		특 징	구성세포
유핵층	기저층	· 표피의 가장 아래층 · 단층으로 되어 있으며 모세혈관으로부터 영양을 공급받아 세포분열을 통해 새로운 세포 생성	· 각질형성세포(keratinocyte) · 색소형성세포(melanocyte) · 머켈세포(merkel cell)
	유극층	· 표피층에서 가장 두꺼운 층 · 가시모양의 교소체(데스모좀)의 접착반을 가짐	· 랑게르한스세포(langerhans cell)
무핵층	과립층	· 각화유리과립(keratohyalin) : 각질화 1단계 · 수분저지막(barrier zone) : 외부로부터 이물질 침입과 체내의 수분증발 억제	
	투명층	· 손바닥, 발바닥에 주로 존재 · 반유동성 물질인 엘라이딘 함유로 빛을 굴절시켜 차단함 · 수분에 의한 팽윤성이 적음	
	각질층	· 라멜라 구조를 가지며 10~20층으로 이루어짐 · 외부 자극으로부터 피부보호, 이물질 침투 막음 · 박리현상 일어남 · 케라틴(keratin), 지질(lipid), 천연보습인자(natural moisture factor)로 구성	

	케라틴	각질 단백질
	지질	세라마이드, 콜레스테롤, 지방산 등으로 구성
	천연보습인자	아미노산, 젖산, 요소로 구성 - 각질층의 수분량 결정 - 수분 : 정상피부 10~20%, 건성피부 10% 미만

> **표피에 존재하는 세포와 기능**
>
> - 각질형성세포(keratinocyte, 기저세포) : 표피세포의 80%를 차지하며 단층을 이룬다. 방어력이 강한 각질층을 형성하기 위해 표피의 최외층에 각질(keratin)을 형성하는 기능을 가진다.
> - 색소형성세포(melanocyte, 멜라닌세포) : 색소(멜라닌)를 생성하여 피부색을 결정하고 자외선으로부터 피부를 보호한다. 인종에 관계없이 멜라닌세포의 수는 같으나 인체 노화에 따라 멜라닌세포 수가 점차 감소한다.
> - 머켈세포(merkel cell, 촉각감지세포) : 신경섬유의 말단과 연결되어 있어 촉감을 감지한다.
> - 랑게르한스세포(langerhans cell, 면역세포) : 항원을 탐지하는 면역세포로 항원이 침투하면 즉시 반응하여 T림프구로 전달한다.

(2) 진피

진피는 결합조직으로 피부의 90%를 차지하는 실질적인 피부다. 표피에 접하는 면에 다수의 진피유두를 형성하여 표피와 진피간의 접촉면적을 증대하며 이 유두를 갖는 진피의 상층을 유두층, 그 아래를 망상층이라 한다. 진피는 세포와 세포외기질로 나누는데 세포인 섬유아세포에서 섬유성 단백질인 교원섬유(collagen fiber), 탄력섬유(elastin fiber), 점다당질(글리코사미노글리칸)을 생성하여 기질을 이룬다. 점다당질은 히알루론산과 콘드로이틴, 콘드로이틴황산 등으로 이루어져 있으며 친수성 다당체로 물에 녹아 끈적한 액체 상태로 존재하므로 점액성의 뜻을 가진 뮤코라는 접두어를 붙여 뮤코다당체라고도 한다. 그 외에도 부속기관인 혈관, 신경관, 림프관, 땀샘, 피지샘, 모발과 입모근을 포함하고 있다.

구분	특 징	구성물질
유두층	· 표피의 진피와 맞닿아 물결모양을 이룬다. · 세포들과 기질, 모세혈관, 신경종말, 림프관이 풍부하게 분포 · 모세혈관망이 분포해 있어 표피에 영양소와 산소를 공급	· 섬유아세포 : 교원섬유, 탄력섬유, 점다당질 들을 합성 · 교원섬유(collagen fiber) : 결합 조직의 주성분으로 뼈·피부 등에 있는 단백질의 하나로 장력에 대해 강한 저항성을 나타낸다. 탄력섬유와 함께 그물 모양으로 서로 짜여 있어 피부에 탄력과 신축성을 부여 · 탄력섬유(elastin fiber) : 주로 탄력성이 있는 섬유단백질인 탄력소(elastin)로 구성(피부를 잡아당겼을 때 1.5배까지 늘어날 수 있는 것은 탄력섬유의 탄성 때문) · 점다당질(뮤코다당) : 진피의 섬유단백질과 세포 사이를 채우고 있는 물질로 형태가 없는 젤(gel)상태이며 자기의 부피보다 수분을 1,000배 정도 함유
망상층	· 유두층 아래 위치하며 진피의 대부분을 차지 · 굵은 교원섬유와 탄력섬유가 피부 표면과 평행으로 밀접하게 채워져 있어 피부를 지지하며 피부 탄력성을 유지시킴 · 망상층의 섬유단백질은 일정한 방향을 가지며 신체 부위에 따라 그 배열이 달라지는데 이것을 랑거선이라 한다. 외과 수술 시 랑거선을 따라 절개하면 상처의 흔적이 최소화 · 모세혈관은 거의 없고 혈관, 피지선, 한선, 신경총 등이 분포	· 섬유아세포 : 교원섬유, 탄력섬유, 점다당질 들을 합성 · 교원섬유(collagen fiber) : 결합 조직의 주성분으로 뼈·피부 등에 있는 단백질의 하나로 장력에 대해 강한 저항성을 나타낸다. 탄력섬유와 함께 그물 모양으로 서로 짜여 있어 피부에 탄력과 신축성을 부여 · 탄력섬유(elastin fiber) : 주로 탄력성이 있는 섬유단백질인 탄력소(elastin)로 구성(피부를 잡아당겼을 때 1.5배까지 늘어날 수 있는 것은 탄력섬유의 탄성 때문) · 점다당질(뮤코다당) : 진피의 섬유단백질과 세포 사이를 채우고 있는 물질로 형태가 없는 젤(gel)상태이며 자기의 부피보다 수분을 1,000배 정도 함유

결합조직(結合組織)

세포성분보다 세포간 물질이 차지하는 부분 쪽이 많고 여러 가지 조직, 기관 등의 사이에서 이들을 연결하는 역할을 담당한다. 세포간 물질을 섬유성분과 무구조의 기질로 구성하며, 세포간 물질로는 교원, 세망, 탄성의 3종류 섬유로 구별할 수 있다. 결합조직의 세포 중에서 가장 많은 부분을 차지하는 세포는 섬유아세포이고 주로 세포외섬유를 유지하고 복구하는 역할을 한다. 진피는 결합조직의 하나이다.

(3) 피하조직

피부의 가장 아래층으로 진피와 근육·골격 사이에 위치하며 지방조직을 함유하고 있다. 지방층의 분포와 두께는 신체부위, 성별, 연령, 영양 상태에 따라 다르며 복부와 둔부에서는 3cm 이상 두껍고 눈꺼풀, 귀, 음경, 음낭 등에는 발달이 미숙하다. 지방조직 사이에는 진피로 연결되는 섬유들과 혈관, 림프관들이 진피에서보다 굵은 형태로 자리 잡고 있으며 지방세포들은 지방을 생산하여 체온과 탄력성을 유지하고 외부의 충격으로부터 몸을 보호한다.

구 조	기 능
피하조직은 지방엽으로 구성되며 지방엽은 지방소엽으로 나뉘어지는데 지방소엽은 지방세포들로 채워진다. 지방엽은 진피에서 나온 교원섬유로 구성된 중격으로 나누어지며 중격들은 진피로 가야 할 신경과 혈관들의 통로가 된다.	영양과 에너지를 저장하고 몸의 곡선을 형성하며 외부충격으로부터 완충기의 작용을 한다. 지방은 절연체로 체내에서 외부로 체온(열)이 빠져나가지 못하게 하는 기능도 가진다.

분포도	남자 : 배꼽 위쪽의 복부에 우선분포 여자 : 배꼽 아래의 골반, 엉덩이, 허벅지에 주로 분포

TIP

셀룰라이트

피하지방층에 지방이 지나치게 많이 축적되거나 조직액이 축적되어 피하조직이 두꺼워지게 되면 진피, 표피가 위로 밀려오면서 피부 표면이 오렌지 껍질처럼 울퉁불퉁하게 튀어 올라오게 된다. 이때 피하지방층에는 지방세포 주위의 결합조직인 림프관과 혈관이 압박되어 순환장애가 일어나고 교원섬유의 탄력성이 저하되는 현상이 일어난다. 이러한 피부 내부와 피부 표면의 현상을 셀룰라이트라 하는데 심한 셀룰라이트 증상의 경우는 비만증과 함께 순환계 질병의 원인으로 작용한다. 주로 여성에게 많이 나타나며 상완, 허벅지, 둔부에 주로 나타난다. 원인은 유전적 요인, 내분비계 불균형, 정맥울혈과 림프정체이며 림프순환을 촉진시키는 관리를 하는 것이 바람직하다.

2) 피부의 기능

(1) 보호 작용

물리적 자극에 대한 보호	압력, 충격, 마찰 등 외부 자극
화학적 자극에 대한 보호	피부 표면의 피지막은 pH 5.5의 약산성 보호막을 형성한다. 이 산성보호막은 외부 자극에 의해 일시적으로 피부 산성도 균형이 깨지더라도 약산성 상태로 돌아오려는 복원능력이 있어 각질층의 케라틴 단백질과 함께 피부를 보호한다.
태양광선에 대한 보호	저층까지 흡수된 광선은 기저층에서 멜라닌세포를 자극하여 멜라닌을 생성함으로써 광선이 진피까지 흡수되는 것을 방어한다.
세균 침입에 대한 보호	피지막의 산성도는 살균 및 세균 발육을 억제한다. 각질층에 의해 미생물 침투를 막는 수동적, 물리적 방어막역할을 한다. 랑게르한스세포는 피부에 침입한 항원을 감지하여 T-림프구로 보내 세균을 제거한다.

TIP

피부의 pH(수소이온농도)

pH는 어떠한 용액의 수소이온의 농도를 지수로 나타낸 것으로 수소이온의 농도가 높을수록 산성, 낮으며 염기성이다. pH지수는 0~14로 나타낸다. 피부의 pH는 피부 본래의 pH가 아닌 피지와 땀이 분비되어 보호막이 형성된 피부 표면의 pH를 말하며 pH 5.5정도의 약산성막으로 세균으로부터 피부를 보호한다.

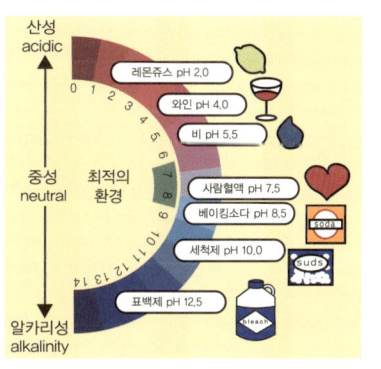

(2) **체온 조절 작용** : 땀 분비, 혈관의 확장과 수축작용을 통해 열을 발산하여 체온을 조절한다.

(3) **분비 및 배출 작용** : 성인의 하루 피지 분비량은 1~2g 정도로 피지선은 피지를 분비하여 피부 건조 및 유해물질이 침투하는 것을 막고 한선은 땀을 분비하여 체온 조절 및 노폐물을 배출한다. 성인의 하루 땀 분비량은 0.5~1ℓ정도이다.

(4) **감각기능** : 피부는 가장 중요한 감각기관 중의 하나로 1㎠당 통각점 100~200개, 촉각점 25개, 냉각점 12개, 압각점 6~8개, 온각점 1~2개로 분포 되어있다. 촉각은 손가락, 입술, 혀끝 등이 예민하고 발바닥이 가장 둔하다. 온각과 냉각은 혀끝이 가장 예민하다.

(5) **저장작용** : 표피층과 진피층은 수분을 포함한 영양물질을 저장하고 피하 조직은 지방을 저장한다.

(6) **비타민D 합성기능** : 자외선 조사에 의해 피부 내에서 비타민 D가 생성된다.

(7) **흡수기능** : 모공, 한공을 통하여 흡수되며 각질층을 통한 침투는 수용성 물질보다 지용성 물질이 용이하다.

(8) **호흡기능** : 인체의 약 5%의 호흡을 담당하여 산소를 흡수하고 신진대사 후 발생하는 이산화탄소를 피부 밖으로 방출한다.

2. 피부 부속기관의 구조 및 기능

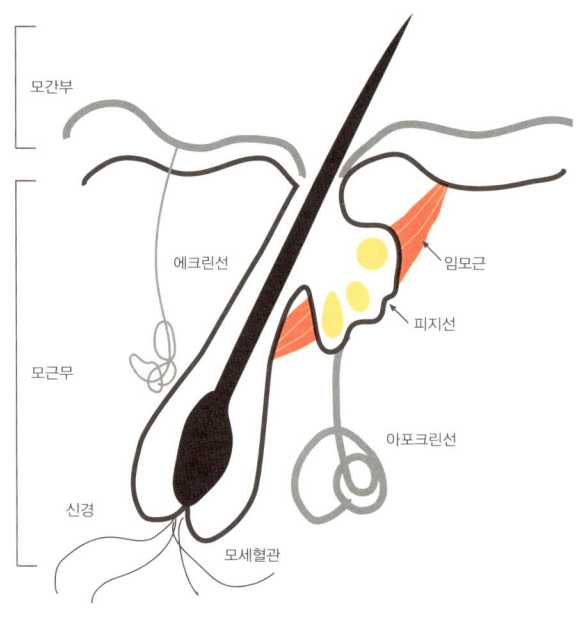

[그림] 피부부속기관

1) 피지선(sebaceous gland, 기름샘)

진피의 망상층에 위치하여 피지를 분비하며 성인이 하루에 분비하는 피지의 양은 1~2g이다. 피지막은 보통 상태에서 W/O 유화상태로 존재하며 체모가 없는 부위인 손바닥과 발바닥을 제외한 신체의 대부분에 분포한다. 가장 밀도가 높은 곳은 얼굴이며 특히 두피와 얼굴중앙부에 밀도가 높다.

구분	위치	특징	기능
큰 피지선	얼굴, 두피, 가슴 부위에 집중적으로 분포	포도송이 모양으로 모낭과 연결되어 피지선을 통해 피지분비	·피부와 모발에 윤기 부여 ·피부의 pH를 약산성으로 유지시켜 세균, 이물질의 침투를 막아 피부 보호 ·피지의 지방성분이 땀과 기름을 유화시키는 역할을 하고 수분손실을 억제
작은 피지선	손바닥과 발바닥 제외한 전신		
독립 피지선	입안 점막이나 입술의 경계부, 여성 유륜부, 눈꺼풀, 소음순	모낭이 없고 피지선이 직접 피부 표면으로 연결되어 피지를 분비	

2) 한선(sweat gland, 땀샘)

한선은 진피와 피하지방의 경계부에 위치하고 실뭉치 모양으로 엉켜 있으며 땀을 만들어 피부표면에 1일 700~900cc정도 분비한다. 체온조절, 피부습도유지, 노폐물배출, 산성보호막을 형성한다.

구분	아포크린선(apocrine sweat gland, 대한선)	에크린선(ecrine sweat gland, 소한선)
특징	·에크린선보다 크며 모공과 연결 ·아포크린선에서 분비되는 땀 자체는 무취, 무색, 무균성이나 표피에 배출된 후, 세균의 작용을 받아 부패하여 노르스름한 색을 띠며 냄새가 남 ·성호르몬에 의해 자극되어 발달하므로 사춘기에 더욱 활성화되며 특유의 체취를 낸다. ·정신적 스트레스에 반응하고 동물의 경우 성적으로 흥분될 때 활성화 ·성, 인종을 결정짓는 물질을 함유 (흑인 > 백인 > 동양인)	·체온유지에 중요 역할 ·실뭉치 모양으로 진피 깊숙이 위치하고 나선형 한공을 갖고 있으며 피부표면과 직접 연결되어 있음 ·무색, 무취의 맑은 액체를 분비 ·온열성 발한, 전신성 발한, 미각성 발한을 한다.
위치	외이도, 겨드랑이, 유두와 배꼽주변, 성기 주변 등 특정 부위에 존재	전신에 분포되어 있고 특히 손바닥, 발바닥, 이마 등에 집중 분포(입술, 음부, 손·발톱 제외)

> **다한증과 소한증**
> · 다한증 : 선천적, 호르몬, 심리적 원인에 의해 전신 또는 부분적으로 땀이 과다하게 분비
> · 소한증 : 땀의 분비가 감소하는 것으로 갑상선 기능의 저하, 신경계 질환이 원인
> · 무한증 : 땀샘이 거의 없거나, 수가 적어 거의 땀을 흘리지 않는다.
>   　　　　체온조절에 문제가 있으므로 여름철에 열사병 주의

3) 기모근(arrector pili muscle, 입모근)

진피의 유두 진피에서 비스듬히 내려가 모낭 벽에 붙어 있는 작은 근육으로 이것이 수축되면 털이 수직으로 일어난다. 속눈썹, 눈썹, 겨드랑이, 코털을 제외한 대부분의 모발에 존재하고 자율신경에 영향을 받으며 추위나 공포를 느끼면 자율적으로 수축하여 피부에 소름이 돋게 한다. 이는 체온조절 역할을 한다.

4) 손 · 발톱(nail, 조갑)

손가락 상단표피가 함입되면서 생겨나는 것으로 반질거리는 반투명 각질판으로 경단백질인 케라틴과 아미노산으로 이루어진다. 손가락과 발가락의 끝을 보호하며 손톱은 물건을 잡을 때, 발톱은 걸음을 걸을 때 받침대 역할을 한다.

5) 모발(scalp hair)

케라틴(80~90%)이라는 경단백질이 주성분이며 모낭에서 발생하여 피부에 비스듬히 뿌리내리고 있다. 모발은 크게 나누어 모간부와 모근부로 나눌 수 있는데 피부 속에 있는 뿌리 부분을 모근부 피부 위로 나온 부분을 모간부라 한다.

(1) 모발의 구조

구 분	특 징
모 간	피부 표면 밖으로 나와 있는 부분
모 근	피부 속 모낭 안에 있는 부분
모 낭	모근을 싸고 있는 주머니 모양의 조직으로 피지선과 연결되어 모발에 윤기
모 구	모근의 뿌리 부분으로 둥근 모양의 부위로 이곳에서 털이 성장
모유두	모구 중심부의 우묵한 곳에 모발의 영양을 관장하는 혈관과 신경세포가 분포
모표피	모발의 제일 겉층으로 비늘모양을 하고 있으며 각화작용
모피질	모발의 대부분을 차지하는 층으로 멜라닌세포가 90%이상 존재하며 모발의 색을 결정하고 신축성과 탄력성 부여
모수질	모발의 가장 안쪽에 위치하며 중심부분을 이루는 곳으로 주로 경모(硬毛)에 존재하고 연모(軟毛)에는 존재하지 않음

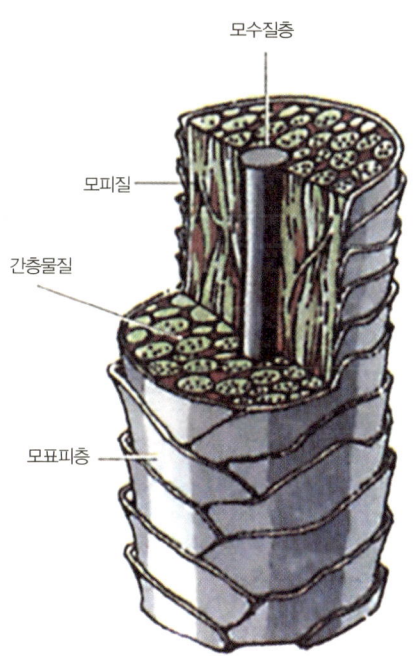

(2) 모발의 기능

구 분	기 능
보호기능	햇빛 등 외부의 유해물질 침입방지, 방한, 방서작용으로 체온조절 및 유지
지각기능	촉각이나 통각을 전달
장식기능	외모를 장식하는 미용적 효과

(3) 모발의 발생주기와 성장속도

모의 종류	모주기	1일 성장(mm)	1개월 성장(cm)
모발(hair)	남성 3~5년, 여성 4~6년	0.37~0.44	0.81~1.32
수염(beard)	2~3년	0.27~0.38	0.71~1.14
액와모(armpit hair)	1~2년	0.23	0.69
음모(pubic hair)	1~2년	0.2	0.6
눈썹(eyebrows)	4~5개월	0.18	0.54
속눈썹(eyelashes)	3~4개월	0.15	0.51

part 2

피부유형분석

피부유형은 피부의 상태나 특징에 따라 피부를 나눈 것으로 피부유형을 결정하는 요인은 피지분비 정도, 피부의 수분량, 혈액순환 상태, 피부조직 상태, 피부색 등이 있다.

1. 정상 피부(normal skin)의 성상 및 특징

피부 상태와 생리기능이 정상적인 상태로 피부표면에 색소침착이나 잡티 등을 찾아볼 수 없고 피부 표면이 매끄럽고 부드러우며 피지 분비 및 수분 공급 기능이 적절하다. 피부 결이 섬세하고 모공이 미세하며 피부색이 맑고 탄력성이 좋고 표정으로 인한 주름 외에는 잔주름이 없다.

2. 건성 피부(dry skin)의 성상 및 특징

외적요인(자외선, 바람, 대기오염 등)과 내적요인(생체리듬, 생활습관, 건강상태 등)에 의해 피부의 수분공급 기능과 피지분비 기능이 떨어진 상태로 각질층의 수분 함유량이 10% 미만이다.

1) 일반 건성피부(dry skin)

피지선의 기능 저하와 한선 및 보습능력의 저하에 기인하며 유분함량이나 수분함량이 부족한 피부를 의미한다. 보통의 경우 10대, 20대 초반에는 중성피부이나 연령이 높아지면서 점차 피지선

피부학 **73**

과 한선의 기능이 자연적으로 저하되어 건성피부가 된다.

특 징	원 인
· 피부표면이 항상 건조하며 윤기 없다. · 세안 후 손질 하지 않으면 당김이 있다. · 모공이 작다. · 파운데이션이 잘 받지 않고 들뜬다. · 피부가 얇고 외관으로 피부결이 섬세해 보임 · 표정에 따라 잔주름이 쉽게 생기며 피부의 노화현상이 급격히 나타나 늘어짐과 주름살이 일찍 생긴다. · 크림을 사용했을 때 즉시 흡수한다.	· 자연스런 노화의 진행 · 안드로겐 호르몬 분비부족(유전적요인) · 유분을 많이 함유한 크림을 장기간 과다 사용

2) 표피 수분부족 건성피부(dehydrated skin)

특 징	원 인
· 일반 건성피부에 비해 피부 조직이 별로 얇게 보이지 않는다. · 표정원인성 주름이 쉽게 나타나지 않는다. · 피부조직에 표피성 잔주름 형성된다. · 피지 분비가 많은 지성피부에도 나타날 수 있으며 연령에 관계없이 발생한다. · 피부가 건조하여 각질이 많이 일어나며 소양감이 나타날 수 있다.	· 바람, 자외선 등 외부환경으로부터 피부의 수분 손실 · 과도한 냉·난방으로 피부의 수분 손실

3) 진피 수분부족 건성피부(deep dehydrated skin)

특 징	원 인
· 피부 당김이 내부에서 심하게 느껴진다. · 눈밑, 입가, 뺨, 턱 부위에 늘어짐 심하다. · 굵은 주름 형성된다. · 피부조직이 거칠고 생명력이 없어 보인다. · 색소침착이 발생되기 쉽다.	· 표피 수분부족 피부가 장기간 방치 되어 진피층의 콜라겐 수화기능의 이상 · 질병에 의한 약물복용 · 지나친 다이어트로 인한 영양결핍 · 과도한 자외선, 공해에 의한 진피조직 손상

3. 지성 피부의 성상 및 특징

피지선에서 분비된 피지가 피부 표면을 덮고 있으며 이 피지는 적당한 보호막을 형성하여 표피의 약산성 pH를 유지시켜 미생물 침입 방지 또는 수분증발을 억제 시킨다. 이는 보습과 유연성을 가지게 하며 피부의 부드러움을 유지시킨다. 이 때 피지선 기능이 비정상적으로 항진되면 피지가 과다하게 분비되어 지성피부가 생성된다. 지성피부의 관리는 피지제거 및 세정을 주목적으로 한다.

1) 지성피부의 분류

종 류	특 징	원 인
건성지루	· 피지 분비 기능의 상승으로 피지는 과다하게 분비되어 표피에 기름기가 흐르나 보습기능이 저하되어 피부표면에 당김 현상이 있음 · 각질이 비후해져 피부가 두껍게 보임 · 각질이 잘 일어나고 피부 표면이 매끈하지 않아 화장이 잘 받지 않음 · 유성 지루 피부에 비해 예민하고 자극받기 쉬워 쉽게 붉어짐 · 여드름이 발생하면 치유하는데 시일이 걸림 · 표피성 주름이 쉽게 나타남	· **선천적(유전적)요인** 안드로겐 호르몬 과다 분비 · **후천적요인** 스트레스 호르몬 증가, 황체 호르몬(프로게스테론) 증가, 갑상선 호르몬 불균형, 고온다습한 기후, 오염된 공기, 위장장애, 변비 등
유성지루	· 과잉 분비된 피지로 인해 피부 표면에 기름이 번져 보이고 코 주위나 미간 등에서는 모공이 크고 표면이 귤껍질 같아 보이기 쉽다. · 희고 부드러운 피지가 압출된다. · 각질층이 비후하여 피부가 두껍게 보임 · 피부가 투명해 보이지 않고 둔탁해 보임 · 화장이 잘 지워짐 · 햇볕에 의한 색소침착 현상이 빠르고 면포 등 여드름 발진 현상을 일으킬 수 있음	

2) 여드름 피부

피지의 과다 분비로 인한 염증반응, 여드름균의 군락형성, 모낭 내 이상 각화 등에 의해 발생한다. 사춘기에 피지 분비가 왕성해지면서 면포와 같이 염증을 동반하지 않는 비염증성여드름이나, 염증성 피부 발진이 나타나는 염증성 여드름이 발생된다. 여러 가지 요인으로 인해 성인에게서도 나타난다.

종류		특징	원인
면포성	폐쇄면포 (white head)	피지, 각질세포 등에 의해 모공의 입구가 좁게 닫혀 있는 상태로 피지가 흰색을 띄고 있음	· **유전적 원인** 안드로겐 호르몬 과다 분비, 비정상적 과각화 · **후천적 원인** 화장품이나 의약품에 적용되어 여드름을 발생시키는 성분, 고온다습한 기후, 환경오염 물질과 위생의 결핍, 당뇨, 소화 장애와 잘못된 식습관, 기계적·물리적 자극, 스트레스와 정신적 요소 등
	개방면포 (black head)	열려진 모낭의 입구 밖으로 피지 끝부분이 노출되어 공기와 접촉하면서 산화되어 검게 착색됨	
구진성(papulosa acne)		모낭 내에 축적된 피지가 세균에 감염되어 빨갛게 부풀어 오른 발진	
농포성(pustular acne)		구진성 여드름이 악화되어 농을 형성	
결절성(nodules acne)		구진보다 크고 단단한 덩어리가 피부 깊숙이 형성	
낭종성(cystic acne, 낭포)		진피층 깊은 곳까지 파괴되어 영구적인 여드름 흉터를 남김	

4. 민감성 피부의 성상 및 특징

피부조직이 비정상적으로 섬세하고 얇아서 외부 환경요인에 민감한 반응을 나타내는 피부로 피부조직 자체에 이상이 생겨 표피의 각화과정이 빨라진 상태이다.

특 징	원 인
· 냉, 열, 햇빛, 오염물질, 기후조건 등에 의해 쉽게 달아오르고 항상 붉어져 있다. · 피부결이 얇고 모공이 거의 보이지 않으며 피부에 트러블이 잘 생긴다. · 표피층이 얇아서 수분이 부족하여 잘 건조해지고 붉어진다. · 한번 붉어지면 진정되는데 시간이 오래 걸린다. · 특정 향, 색소, 성분에 민감하다. · 표피 수분부족 현상이 쉽게 나타나 소양증과 피부 당김 현상이 일어난다. · 피부 얇은 부위에 색소침착이 쉽게 형성된다. · 모세혈관(실핏선)이 확장되어 피부 표면에 쉽게 나타난다.	· 선천적으로 피부 저항이 약한 경우 · 계절의 변화에 따른 요인 · 과도한 필링이나 잘못된 피부 관리 · 스트레스, 과로, 불안, 수면부족 등 · 화장품, 향료, 알코올 등에 의한 접촉성 · 임신, 갱년기, 월경주기 등의 요인 · 음식물에 의한 알러지 체질 · 진통제, 신경안정제, 호르몬제 등의 의약품

5. 복합성 피부의 성상 및 특징

피지의 불균형으로 2가지 이상의 전혀 다른 피부형태가 공존하는 피부로 이마와 코 부위의 T-zone은 피지분비가 과다하게 분비되어 면포 및 여드름이 쉽게 발생하고 볼을 중심으로 한 U-zone은 피지 분비가 적어 잔주름이 생기는 등 건조하고 민감한 피부를 유발시키기도 한다.

특 징	원 인
·화장이나 기후변화에 따라 일시적으로 나타나기도 함 ·중년이후 많이 나타나며 잘못된 관리나 피부 노화에 의해 쉽게 나타남 ·민감한 피부타입에 많음	·계절이 바뀌는 환절기 ·신경과민, 수면부족, 과로 등의 요인 ·피부 타입에 맞지 않은 제품 사용 ·음식물, 연령, 심한 온도 변화 등 ·중년 이후 피부 노화

6. 노화피부의 성상 및 특징

노화란 나이가 들면서 점진적으로 일어나는 퇴행성 변화로 기능적·구조적 변화가 일어나며 외부환경에 대해 반응능력이 떨어지는 현상을 의미한다. 피부에서는 수분과 피지의 분비가 감소되어 보습력과 탄력성이 떨어진 상태가 된다. 노화는 원인에 따라 내인성 노화와 외인성 노화로 구분되는데 실제적으로 두 원인의 복합된 결과로 나타난다. 일반적으로 노화를 지연시키는 것은 피부 관리의 궁극적 목표라고도 할 수 있다.

part 3

피부와 영양

1. 3대 영양소, 비타민, 무기질

1) 3대 영양소

영양소란 인간이 생명을 유지하는데 필수적 요소로 음식물을 통해 영양소를 섭취하고 신진대사에 의해 생명을 유지시킨다.

(1) 영양소

3대 영양소	5대 영양소	6대 영양소
탄수화물 단백질 지방 · 인체 에너지원으로 사용	탄수화물 단백질 지방 무기질 비타민	탄수화물 단백질 지방 무기질 비타민 물

영양소(최종분해산물)	신체 구성비	1g당 열량	신체 내 작용
탄수화물 (포도당)	1% 정도	4kcal	· 생체 내에서 에너지원 · 탄수화물을 지방의 형태로 합성하지만 소량을 간이나 근육에 글리코겐의 형태로 저장 · 뇌세포는 포도당만을 에너지원으로 쓸 수 있어 혈당량은 뇌 기능에서 매우 중요

단백질 (아미노산)	16% 정도	4kcal	· 생체 내에서 에너지원 · 세포 내 각종 화학반응의 촉매 역할을 하는 효소 그리고 항체, 근육, 호르몬 등 인체의 상당부분은 단백질로 구성된다.
지방 (지방산과 글리세롤)	14% 정도	9kcal	· 생체 내에서 농축된 에너지원 · 세포막의 성분이고 지용성 비타민의 운반과 흡수를 도우며 필수지방산의 공급원으로서 필수지방산은 성장과 피부 건강에 관여하는 중요한 영양소
무기질	5% 정도		· 생물체를 구성하는 원소 중에서 탄소·수소·산소 등 3원소를 제외한 생물체의 무기적 구성 요소 · 뼈와 치아의 형성, 체액의 산·염기 평형과 수분 평형에 관여, 신경 자극 전달 물질, 호르몬의 구성 성분
물	66% 정도		· 영양소가 각각 영양적인 구실을 하려면 물의 협력이 필요

(2) 탄수화물

당질이라고도 하며 신체의 중요한 에너지원으로 소장에서 포도당, 과당 및 갈락토오스로 흡수되고 소화흡수율은 99%에 가깝다. 과잉 섭취 시 글리코겐 형태로 간에 저장되며 부족 시 발육부진, 체중감소, 신진대사기능이 저하된다.

(3) 단백질

피부, 모발, 근육 등 신체 조직의 구성성분으로 소화과정을 거쳐 소장에서 아미노산 형태로 흡수된다. 인체는 약 20여개의 아미노산으로 구성되어 있다.
· 필수아미노산 : 신체 내에서 합성되지 않으므로 반드시 음식물로 섭취해야 한다.
· 비필수아미노산 : 체내에서 합성이 가능하다.

(4) 지방

지질(脂質)은 세포를 구성하는 주요 유기 화합물(지방95%, 스테로이드, 인지질)로 이루어졌으며 물에 녹거나(용해) 무극성 유기 용매에 녹는 것이 특징이다. 전 세계적으로 지질과 지방은 같은 의미로 사용되며 동식물에 널리 존재한다. 체지방의 형태로 에너지를 저장하여 3대 영양소 중에서 가장 많은 열량을 내고 생체막 성분으로 체구성 역할과 피부보호 역할을 한다.

지질은 단순지질·복합지질·유도지질로 나누며 단순지질은 유지, 즉 중성지방(triglyceride, 트라이글리세라이드)이 주성분이며 복합지질에는 인지질·당지질 등이 있고 유도지질로는 콜레스테롤 등이 있다. 소장에서 글리세린과 지방산의 형태로 흡수되며 신체 장기를 보호하고 피부의 건강 유지 및 재생을 도와준다. 지방산 중 불포화지방산은 인체 구성성분으로 중요한 위치를 차지하는 필수지방산으로 체내에서 합성되지 않기 때문에 음식물을 통해 섭취해야 한다. 올리브씨·야자씨·땅콩씨·해바라기씨 등 주로 식물성 기름에 풍부하다.

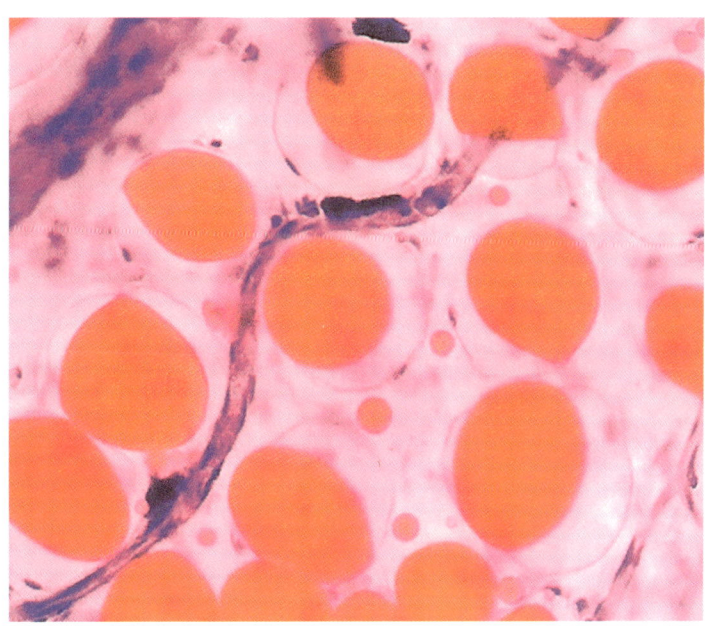

[그림] 혈관과 지방세포

2) 비타민

에너지를 생산하는 영양소의 대사 과정을 위한 효소의 조효소로서 작용하며 세포의 성장, 촉진, 생리대사에 보조 역할을 한다. 지용성비타민과 수용성 비타민으로 나뉘며 지용성 비타민은 지방에 녹으나 과잉섭취 시 체내에 축적되므로 중독 증상이 나타날 수 있고 수용성 비타민은 물에 녹아 체내에 축적되지 않는다.

(1) 수용성 비타민

종류	체내 주요 기능	결핍증
비타민B_1 (티아민)	탄수화물 대사에 도움, 민감성 피부 개선, 상처치유	결핍 시 각기병, 복부팽창, 복통, 구토, 식욕감퇴 유발
비타민B_2 (리보플라빈)	성장, 발육 촉진	성장부진, 구순구각염, 설염, 탈모, 마른버짐
B_3 (나이아신)	피부의 탄력과 건강을 유지, 구강 점막의 염증치료	펠라그라병 유발
비타민B_9 (엽산)	세포증식과 재생에 관여, 임신 전 섭취하면 좋음, RNA·DNA 합성 및 적혈구 생성에 필수	거대 적혈구성 빈혈, 위장 장애, 설사
비타민B_{12} (시아노코발라민)	세포조직 형성, 세포 재생의 모든 과정을 촉진, 적혈구 생성	빈혈, 지루성 피부병
비타민C	모세혈관을 간접 강화, 교원질(콜라겐) 형성, 멜라닌 색소 형성 억제	괴혈병, 피부와 잇몸출혈, 빈혈
비타민P (바이오플라보노이드)	모세혈관 강화, 피부병 치료에 도움 (알레르기 증상 예방)	모세혈관 손상, 만성부종

(2) 지용성 비타민

종류	체내 주요 기능	결핍증
비타민A (상피보호비타민)	피부세포를 형성하여 건강한 피부를 유지, 주름과 각질 예방	야맹증, 피부 거칠음
비타민D	자외선을 통해 피부에 합성 가능, 골격과 치아 형성에 필수, 면역력 강화	구루병(유아 경우), 골연화증(성인 경우), 골다공증(폐경기 이후)
비타민E (항산화 비타민)	인체에 매우 중요한 항산화제, 호르몬생성, 임신 등 생식기능에 관여, 혈액순환 촉진	건성피부, 신진대사장애, 빈혈, 불임, 유산 등
비타민K	출혈 시 혈액응고를 촉진, 피부염과 습진에 효과적	조직 내 출혈, 모세혈관벽 약화, 상처 시 혈액응고 지연

3) 무기질(미네랄)

신체는 약 96%의 유기질과 4% 정도의 무기질로 이루어져 있다. 우리 신체를 구성하는 무기질은 거의 30여종이 된다. 체내에서 유기물질이 완전히 산화된 후에도 남아 있는 생체의 구성성분으로 생물체내에서 에너지원이 되지 않으나 생물체의 중요한 구성성분이다. 신경 자극 전달, 신체의 골격과 치아 형성에 관여한다.

종류	체내 주요 기능	결핍증
칼슘(Ca)	뼈, 치아 형성, 혈액응고, 근육수축, 신경자극전달	구루병, 골다공증, 성장위축, 골연화증
인(P)	뼈, 치아 형성	식욕부진, Ca 손실
칼륨(K)	신경자극 전달	근육경련, 식욕저하, 불규칙한 심박동
황(S)	케라틴 단백질 합성, 모발, 피부, 손톱 등에 건강함과 윤기	피부 거칠음, 손발 잘 부러짐
염화나트륨 (NaCl, 식염)	물의 균형, 신경자극 전달, 삼투압조절, 위산 생성	구토, 근육경련, 식욕감소, 설사, 피로감, 노동력 저하
마그네슘(Mg)	칼슘·인과 함께 뼈의 대사에 중요한 역할, 단백질합성, 효소활성화	성장저해, 행동장애, 식욕 부진, 신경 및 근육경련
철(Fe)	혈색소의 구성성분, 육색소의 구성성분, 산소운반, 근육 수축	영양성 빈혈, 체온유지능력 저하, 면역기능 감소
아연(Zn)	효소 및 호르몬의 구성, 인슐린 합성, 면역기능	식욕부진, Ca 손실, 근육 약화, 성기능부전, 미각감퇴
구리(Cu)	헤모글로빈 합성, 뼈의 석회화	저색소성 빈혈, 부종, 골격이상, 백혈구 감소, 성기능 장애

2. 피부와 영양

피부는 혈관계와 림프계에 의해서 영양소를 공급받는다. 즉 피부의 건강유지를 위해서는 균형 잡힌 식단으로 필요한 영양소를 공급해 주어야 한다. 특히 피부와 장부는 밀접한 관계이기 때문에 건강하고 아름다운 피부 상태는 건강한 몸의 척도이기도 하다. 편식과 불규칙한 식사 등으로 신체에 영양분이 부족해지면 피부에도 영양결핍이 생겨 피부질환이 발생한다. 영양소의 공급 상태가 좋으면 피부는 정상적인 기능을 갖게 되지만 다이어트 등으로 영양소 공급이 부족해지면 알레르기, 피부염 등이 발생하고 피부노화가 촉진된다.

3. 체형과 영양

현대에는 음식이 넘쳐나고 인스턴트식품이 범람하여 영양의 균형을 고려하지 않은 음식의 섭취로 비만과 질병을 초래하고 있다. 하지만 올바른 식생활과 규칙적인 운동을 통해 아름답고 건강한 체형으로 변화시킬 수 있다.

1) 대사와 소요열량

대사란 생물체가 몸 밖으로부터 섭취한 영양물질을 몸 안에서 분해, 합성하여 생체 성분이나 생명 활동에 쓰는 물질 또는 에너지를 생성하고 필요하지 않은 물질을 몸 밖으로 내보내는 작용이다. 열량의 단위는 칼로리가 사용되는데 1cal는 1g의 순수한 물을 14.5℃에서 15.5℃까지 1℃만 높이는 데 필요한 열량이며 우리가 흔히 식품의 열량표에서 접하는 열량의 단위인 칼로리는 cal의 1,000배에 해당하는 kcal이다. 인체에 필요한 열량은 성, 연령, 활동량, 신체적조건, 체중 및 기후 등의 영향을 받는다.

2) 인체 대사의 분류

분 류	정 의
기초대사	식사 후 12~16시간이 경과하여 소화작용이 진행되지 않으며 실온에 누워있는 상태로 육체적·정신적으로 안정된 상태에서 소비하는 열량 성인남자 1400~1500kcal 성인여자 1000~1200kcal
노동대사	근로강도에 따라서 소비되는 열량
특이동적작용	식사 후 약 2시간 후에 최고치를 나타내는데 음식물을 소화·흡수하는데 소비되는 열량

3) 비만 해결방안

(1) 식이요법

적당한 열량 섭취량은 개인에 따라 다르지만 1800~2500kcal 정도를 권하며 채소와 해조류 등의 저 열량식 섬유질 식품을 섭취하는 것이 좋다. 식이섬유는 위에 포만감을 주므로 열량섭취를 비교적 줄여 비만을 예방 할 수 있다. 저 열량식을 할 때는 1일 에너지 요구량의 1/4 정도를 줄인다.

(2) 운동요법

유산소운동인 조깅, 걷기, 자전거 타기, 에어로빅 체조, 수영, 계단 오르기, 줄넘기 등은 지방을 연소시켜 열량소모를 늘려주고 운동 종료 후에도 인체로 하여금 수 시간동안 계속해서 열량을 더 연소하게 하여 대사율을 높이므로 체중감량 효과가 크다.

(3) 행동수정요법

생활습관, 식습관, 운동습관의 점진적인 교전을 목표로 자기관찰, 자극조절 강화, 사회적 지지를 통해 행동을 수정해 간다.

(4) 그 외

· 약물요법 : 식사요법이나 운동을 대신 할 수 없고 치료의 개념으로 이해

· 수술요법 : 비만부위의 피부를 약 1cm절개하고 관을 삽입하여 지방세포만을 선택적으로 흡입 시켜주는 요법 등 다양

· 마사지 및 기계사용, 화장품 등 보조요법

part 4

피부장애와 질환

1. 원발진과 속발진

인체의 내적 또는 외적 원인(외상, 손상, 질병)에 의해 유발된 일반적인 피부병변을 발진이라 한다. 원발진은 피부 질환의 초기병변을 말하며 1차적 피부장애 증상이고, 원발진이 진행하거나 회복, 외상 및 외적요인에 의해 변화된 상태의 병변으로 2차적인 증상이 더해져 나타나는 것을 속발진이라 한다.

1) 원발진(primary lesions)

종류	특징
반점(macule)	피부의 융기나 함몰이 없고 여러 형태와 크기로 피부색조 변화 있음 간반(기미), 주근깨, 자반, 노화반점, 오타 씨 모반, 백반, 몽고반점
홍반(erythema)	모세혈관의 염증성 충혈에 의한 피부 발적 상태를 말하며 시간의 경과에 따라 크기가 변화함
구진(papule)	크기 1cm미만의 피부의 단단한 융기물로 주위 피부 보다 붉다. 여드름의 초기 증상으로도 나타나며 표피에 형성되어 흔적 없이 치유됨
농포(pustules)	피부표면 위로 돌출되어 있고 만지면 아프고 고름·염증포·백혈구들이 모여 있으며 진피, 피하조직에 나타나는 농양과 구별됨
결절(nodules)	구진과 작은 종양 사이의 중간 형태로 경계가 명확한 원형 또는 타원형의 단단한 융기물로 일반적으로 사라지지 않고 지속되는 경향이 있으며 구진과는 달리 표피뿐 아니라 진피, 피하지방까지 침범
낭종(cyst)	진피에 자리 잡고 있으며 통증이 동반되고 여드름 피부의 4단계에서 생성되는 것으로 치료 후 흉터가 남음

종류	특징
종양(tumor)	직경 2cm 이상의 피부 증식물로 여러 가지 모양과 크기가 있으며 양성과 악성이 있음
팽진(wheals, 두드러기, 담마진)	가렵고 부어서 넓적하게 올라와 있는 일시적 부종으로 크기나 형태가 변하고 수 시간 내 소멸하며 표피는 영향을 받지 않는 진피 내의 부종
소수포(vesicles)	직경 1cm까지의 소낭이라는 물집으로 안에 투명한 액체(혈청, 림프액)를 포함하고 있다. 화상, 포진, 접촉성 피부염등에서 볼 수 있음
대수포(bulla)	소수포 보다 큰 병변으로 혈액성 내용물을 가지고 있음

2) 속발진(secondary lesions)

종류	특징
가피(crust)	상처나 염증 부위에 흘러나온 조직액이 말라붙은 상태로 딱지
인설(scale)	표피에서 떨어져 나온 죽은 각질로 층상으로 된 건조하거나 습한 각질 덩어리이다. 각화과정 이상으로 인한 각질층의 국소적인 증가가 원인이며 각질세포가 가루모양 또는 비듬모양의 덩어리로 떨어져 나감
미란(erosion)	수포가 터진 후 표피만 파괴되어 떨어져 나간 피부손실 상태를 말하며 흔적 없이 치유됨
균열(fissure)	질병이나 외상에 의해 피부가 갈라진 상태로 입술 가장자리에 생기는 구순염이나 무좀
궤양(ulcer)	염증성 괴사에 의해 표피, 진피, 피하지방층에 결손이 생긴 상태로 치유 후에 반흔이됨
반흔(cicatrix, 흉터)	손상된 피부의 결손을 매우기 위해 새로운 결체조직이 생성되는 정상 치유과정으로 위축성 반흔 상태가 되거나 켈로이드 경향이 있는 비대한 섬유상 병변이 섞여서 나타나며 세포 재생이 더 이상 되지 않으며 기름샘과 땀샘이 없음
위축(atrophia)	진피의 세포나 성분의 감소로 피부가 얇아진 상태, 피부에 탄력이 없고 주름을 형성하며 혈관이 투시되기도 함
태선화(lichenification)	장시간에 걸쳐 반복하여 긁거나 비벼서 표피 전체와 진피 일부가 가죽처럼 두꺼워지는 병변으로 아토피피부염, 만성 소양성 질환에서 흔히 볼 수 있음
찰상(excoriations)	표피의 일부에 상처가 난 것으로 기계적 외상이나 지속적 마찰, 손톱으로 긁힘 등에 의해 표피가 벗겨진 손상을 말한다. 흉터 없이 치유됨
켈로이드(keloid)	상처가 치유되면서 진피의 교원질(콜라겐)이 과다 생성되어 흉터가 굵고 크게 피부 표면 위로 융기한 흔적

2. 피부질환

1) 기계적 손상 질환

종 류	특 징
굳은살(callus)	압력에 의해서 발생되는 국소적인 각화증으로 압력이 제거되면 자연적으로 소실
티눈(corn)	피부에 계속적인 압박으로 생기는 각질층의 증식현상으로 원추형의 국한성 비후증으로 경성과 연성이 있으며 누르면 신경이 자극되어 통증을 유발
욕창 (decubitus ulcer)	지속적인 압력을 받는 부위가 허혈상태가 되어 발생하는 궤양으로 자주 몸의 위치를 바꾸어 주고 피부가 건조해지지 않도록 해야함

2) 온도에 의한 질환

종 류	특 징
화상(burn)	열, 전기방사능, 화학물질 등 여러 가지 요인에 의해 일어나는 상처로 세포의 단백질을 변화시켜 세포를 파괴하며 1도 화상(홍반성 화상), 2도 화상(수포성 화상), 3도 화상(괴사성 화상)이 있음
한진(miliaria, 땀띠)	땀이 피부의 표피 밖으로 배출되지 못하고 표피 안쪽에 축적되어 일어나는 피부 질환으로 습한 여름에 주로 발생
동창 (chilblain pernio)	한랭에 의한 비정상적인 국소적 반응으로 조직의 동결이 없이 생기는 가벼운 동상으로 피부는 혈관수축이 일어나고 영양공급의 저하로 거칠어지며 적자색의 부종과 가려움증이 나타남
동상(frostbite)	빙점 이하의 기온에 1시간 이상 노출되어 조직이 동결되는 한랭 손상으로 혈액공급이 안되거나 감소되어 장시간 노출 시 조직의 괴저가 생김

3) 색소 질환

분류	종류	특징
저색소침착 질환 (hypopigmentation)	백색증(albinism)	선천적으로 멜라닌 색소가 결핍되어 나타나는 증상으로 멜라닌 세포의 수는 정상이나 색깔이 없는 멜라닌을 생성, 전신·눈·피부의 일부·모발탈색 등의 다양한 형태로 나타남
	백반증(vitiligo)	후천적으로 발생하는 저색소침착 질환으로 멜라닌 세포의 결핍으로 인하여 여러 크기 및 형태의 백색반이 피부에 나타나는 것
과색소침착 질환 (hyperpigmentation)	기미(melasma, chloasma, 간반)	후천적 과색소침착증으로 연한갈색, 흑갈색, 암갈색의 다양한 크기와 불규칙한 형태로 나타나며 주로 얼굴의 광대뼈 위, 이마, 윗입술, 턱, 코, 목 부위, 일광노출 부위에 좌우 대칭적으로 발생
	주근깨(freckle)	선천적 과색소침착으로 일광노출 부위에 다갈색, 암갈색의 형태로 멜라닌색소가 침착되어 나타나는 것으로 유전적인 요인에 의해 소아기에 발생하며 나이가 들어감에 따라 감소
	흑자 (lentigo, 흑색점)	표피에 멜라닌 세포 증가에 의한 색소 반으로 단순성 흑자, 노인성 흑자, 악성 흑자가 있음
	오타모반 (ota nervus)	청갈색 혹은 청회색의 얼룩진 색소반으로 이마, 눈 주위, 광대뼈 부분에 나타나는 피부질환으로 멜라닌세포의 비정상적인 증식으로 진피내에 존재
	몽고반 (mongolian spot)	다양한 크기의 청회색반이 엉덩이 부위에 출생시부터 존재하는 것으로 멜라닌세포가 진피내에 존재하며 보통 수년 내에 자연 소실됨
	지루성각화증(seborrheic keratosis, 검버섯)	경계가 뚜렷한 갈색 또는 흑갈색의 두껍게 융기된 피부판으로 사마귀 모양의 우둘투둘한 표면을 가지고 있으며 지루한 부위인 얼굴, 흉부, 등에 잘 발생하며 정확한 발생원인은 뚜렷하지 않고 40~50대 초반에 발생하기 시작함
	악성흑색종 (malignant melanoma)	일광 노출 부위 혹은 기타 부위에 멜라닌색소가 악성으로 변형되어 생기는 질환으로 색소가 변하며 갑자기 커지고 불규칙해지거나 진물이 나고 궤양이 형성
	릴안면 흑피증 (riehl's melanosis)	일광 노출 부위인 얼굴의 이마, 뺨, 귀 뒤, 목의 측면 등의 진피상부에 멜라닌이 증가하여 갈색 또는 암갈색의 색소 침착이 넓게 나타나는 것으로 원인은 화장품, 향수, 약제(항생물질, 항히스타민제, 정신안정제, 혈압강하제), 감미료에 들어 있는 광감작 성분으로 인한 광과민성으로 추정됨
	베를로크 피부염(berloque dermatitis)	향수, 오데코롱을 사용한 후 일광을 쐬면 피부 노출 부위에 생기는 색소침착으로 베르가못(bergamot)에센셜오일이 함유되어 있는 향수, 오데코롱에 의해 발생한다. 베르가못 오일은 광감수성을 높게 만들어 자외선에 의해 색소침착이 발생 될 수 있음

4) 감염성질환

분 류	종 류	특 징
세균성 (bacterial skin diseases)	농가진(impetigo)	주로 유아나 소아에게 많이 발병되는 것으로 전염력이 높은 화농성 연쇄상구균이 주원인이며 두피, 안면, 팔, 다리 등에 수포가 생기거나 진물이 나며 노란색을 띠는 가피가 생김
	절종(furuncle, 종기)	모낭과 그 주변 조직에 걸쳐 깊은 괴사가 일어나 화농된 것
	봉소염(cellulites)	용혈성 연쇄구균이 피하조직에 침투하여 발생하는 것으로 초기에는 작은 부위에 홍반, 소수포로 시작되어 점차로 심부 깊숙이 감염되며 임파절 종대, 전신적인 발열이 동반됨
바이러스성 (virus skin disease)	수두(chickenpox)	주로 소아에게 발병하며 전염력이 매우 강한 질환으로 피부 및 점막의 수포성 질환. 발진 발생 1일 전부터 6일후 까지 호흡기 계통을 통해 전염되며 가피형성 후 흉터 없이 치유되나 세균에 의한 2차감염 또는 수포가 화농으로 변하면서 흉터가 남을 수 있음
	대상포진 (herpes zoster)	수두를 앓은 후에 지각신경절에 잠복해 있던 수두 바이러스의 재활성화에 의해 발생한다. 지각신경 분포를 따라 군집 수포성 발진이 생기며 통증이 동반
	사마귀(wart)	파필로마(papilloma)바이러스에 의해 발생하는 것으로 전염성이 강해 어느 부위에나 쉽게 발생 할 수 있으며 자신의 신체 부위 뿐 아니라 타인에게도 전염될 수 있음
	전염성 연속종 (molluscum contagiosum, 물사마귀)	폭스(pox)바이러스에 의해 발생하며 아토피 피부염을 가진 소아에게서 흔히 볼 수 있는 질환으로 전염성이 강하고 재발 가능성 많음
	단순포진 (herpes simplex)	점막이나 피부를 침범하는 수포성의 병변으로 Ⅰ형은 입 주위에 수포를 형성하며 Ⅱ형은 생식기 부위에 발생한다. 단독 혹은 군집으로 모여서 발생하며 일주일 이상 지속되다가 흉터 없이 치유됨
	홍역(measles)	주로 소아에게 발병하는 급성 발진성 바이러스 질환으로 발열과 발진을 동반하고 재채기나 기침에 의한 강한 전염성을 가지며 호흡기계 감염, 결막염 등이 나타날 수 있음
	수족구염 (hand-foot-mouth disease)	주로 늦여름에서 가을에 10세 이하의 소아에게 발병하며 손, 발, 입에 수포와 구진, 발진이 생김

	종류	특징
진균성	족부백선 (tinea pedis, 무좀)	피부사상균이라는 곰팡이균에 의해 발생되는 것으로 피부껍질이 벗겨지고 가려움증이 동반되며 주로 손과 발에서 번식
	조갑백선 (tinea unguium)	피부사상균이라는 곰팡이균에 의해 발생되는 것으로 손톱과 발톱에 발생
	두부백선 (trichophytia superficialis capillitii)	피부사상균이라는 곰팡이균이 두피의 모낭과 그 주위 피부에 감염되어 발생하는 백선증
	칸디다증 (candidiasis, 모닐리아증)	진균의 일종인 칸디다 알비칸스균(candida albicans)의해 발생하는 것으로 피부 점막, 손, 발톱에 생겨 표재성 진균증을 일으키며 소양감, 붉은반점, 염증 동반

5) 그 외 피부질환

종류	특징
비립종(milium)	지방조직의 신진대사 저하로 인하여 표피의 유핵층에 발생하는 모래알 크기의 작은 황백색의 낭포로 주로 눈가, 뺨, 이마 등에 발생
한관종(syringoma)	· 한관종(땀관종)은 에크린 땀샘의 분비관에서 기원한다고 알려진 흔한 양성 종양 중 하나 · 한관종은 대개 사춘기 이후 여성에게서 잘 발생하며 동양인에게 더 흔하다. 호발 부위는 눈 주위, 뺨, 이마 등 · 피부 위로 융기된 1~3mm 정도 크기의 피부색 또는 홍갈색의 구진 형태로 나타나며 대개 무증상
섬유종(skin tag, 쥐젖)	노화현상에 의해 발생하며 목 부위나 흉부, 겨드랑이에 주로 발생
혈관종(hemangioma)	· 섬망성 혈관종 : 피부 위로 약간 돌출되는 거미줄 모양의 빨간 점 · 매상 혈관종 : 피부조직이 늘어나며 모세혈관의 흐름이 막혀 붉은 혈색을 갖는 것
주사(rosacea)	혈액순환 저하로 충혈 및 모세혈관이 확장된 상태이고 지루성 피부염에 잘 생기는 피부질환의 형태이며 구진과 농포가 코를 중심으로 양쪽에 나비 모양으로 나타남

part 5

피부와 광선

1. 자외선이 미치는 영향

자외선은 살균이나 비타민 D 생성을 돕는 등의 장점도 있으나 색소 침착, 광노화, 심하면 피부암을 유발하기도 한다. 자외선에 의한 피부 반응은 급성과 만성 피부 반응으로 나눌 수 있는데 급성에는 홍반 반응, 화상, 피부두께 변화 등이 있으며 만성에는 광노화와 발암 등이 있다.

장 점	단 점
·살균, 소독 작용 ·비타민D 형성 : 구루병 예방, 면역력 강화 ·림프와 혈액순환을 촉진시켜 신진대사 촉진	·홍반 및 일광 화상 반응 ·색소침착 및 광노화 ·피부암 유발

1) 자외선 종류와 특징

인간의 생활에 크게 영향을 미치는 태양광선은 자외선(ultra violet rays), 가시광선(visivle rays), 적외선(infra red rays)으로 구분할 수 있다.

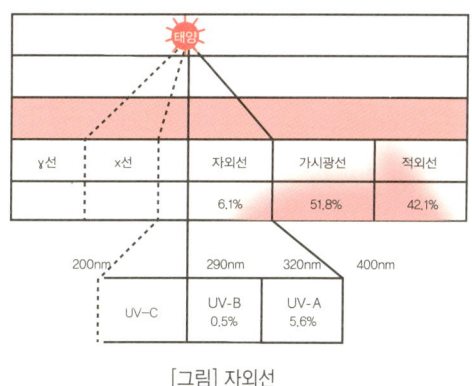

[그림] 자외선

UV-A	UV-B
320~400 nm	280~320 nm
진피 도달	표피 도달
유리창 통과	유리창 통과 못함
광노화, 주름, 색소침착	일광화상, 피부암

종류	침투 깊이	특징
UVA(장파장) 320~400nm	진피까지 도달	· 언제나 존재하며 유리창을 투과 · 홍반을 일으키지 않고 선탠(suntan) 발생 · 직접적 또는 순간적인 색소침착 · 장기 조사 시 유리기(free radical) 생성으로 진피의 변성을 일으켜 피부의 만성인 광노화 유발 · 피부의 건조화
UVB(중파장) 290~320nm	표피의 기저층 또는 진피의 상부까지 도달	· 유리에 의해 차단할 수 있음 · 홍반, 선번(sunburn) 발생 · 지연색소 침착(기미의 직접적인 원인) · 피부 각화 가속화 · 만성적일 때 DNA를 손상시켜 피부암의 원인 · 적당량 조사 시 면역력 강화 · 프로비타민(provitamin)D를 피부내 세포조직에서 비타민(vitamin)D로 활성화하여 구루병 예방
UVC(단파장) 200~290nm	피부에 거의 도달하지 않음	· 대기 중 오존층에서 거의 흡수 · 살균작용, 박테리아 및 바이러스 등 단세포성 조직을 죽이는 데 효과적 · 피부에 도달 시 피부암 유발

· 빛 반사율 : 눈 > 물 > 모래 > 아스팔트 > 잔디밭

> **용어 정리**
> · 선탠(suntan) : 자외선을 받으면 피부는 스스로 보호하기 위하여 멜라닌을 만들어 낸다. 이 때 피부 상태가 손상되지 않고 서서히 검은색의 멜라닌이 증가하여 그을리는 것이다.
> · 선번(sunburn) : 강한 자외선에 장시간 노출되어 피부조직에 손상이 가서 피부가 벌겋게 되고 열기와 부기가 나타나는 현상이다.

2) 멜라닌합성 과정

자외선을 받으면 뇌하수체전엽에서 멜라닌세포자극호르몬(MSH)이 분비 되어 멜라닌합성이 촉진된다. 멜라닌 세포 내에서 필수아미노산의 고분자 물질인 티로신(tyrosine)은 산소와 티로시나아제(tyrosinase) 효소의 활성에 의해 최종적으로 유멜라닌(eumelanin)과 페오멜라닌(pheomelanin)으로 합성된다. 유멜라닌은 갈색 피부·흑색 모발을 형성하고 페오멜라닌은 흰 피부·붉은 모발을 형성한다. 인종마다 피부색이 다른 것은 멜라닌세포의 수가 다르기 때문이 아니라 멜라닌의 종류와 멜라닌의 양이 다르기 때문이다. 멜라닌의 양이 많을 수록 짙은 피부색을 띤다. 멜라닌색소는 자외선을 흡수 또는 산란시켜 자외선으로부터 피부를 보호한다.

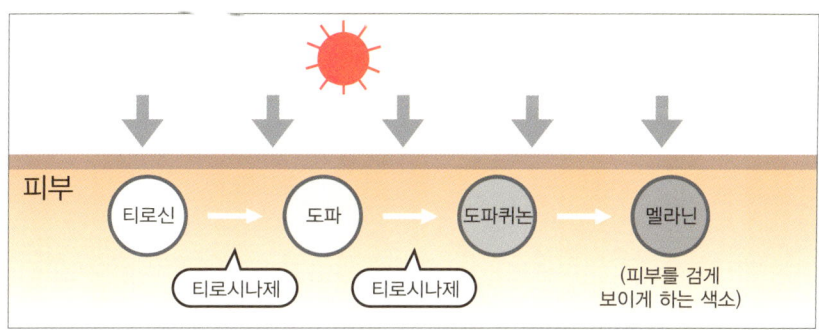

[그림] 멜라닌 생성과정

3) 자외선과 각질

인체는 자외선을 조사받으면 인체 생리학적 방어기전에 의해 피부를 보호하고자 각질이 비후(肥厚)해지고 멜라닌이 형성된다. 자외선을 지속적으로 조사받았을 때 표피의 기저층에서 세포분열이 증가되어 각화과정이 가속화된다. 이 때 두터워진 각질은 피부로 침투되는 자외선 B를 흡수함으로써 자외선으로부터 피부를 보호한다.

2. 적외선이 미치는 영향

적외선은 가시광선보다 파장이 길고 가시광선이나 자외선에 비해 온도가 높게 올라간다는 것이 특징으로 열선(熱線)이라고도 한다. 적외선은 우리 몸에서 온열효과로 열을 발생시켜 체온을 상승시키고 혈액순환을 촉진한다. 또한 근육의 이완작용을 도와 통증을 감소시키고 근육을 부드럽게 한다. 팩이나 크림, 치료약물의 침투효과를 높일 수 있으나 과량 조사 시 홍반, 중추신경장애, 일사병, 백내장의 원인이 될 수도 있으므로 주의한다.

part 6

피부면역

1. 면역의 종류와 원인

면역이란 인간의 내부환경이 항원에 대하여 방어하는 현상으로 태어날 때부터 가지는 선천면역과 후천적으로 얻어지는 획득면역으로 구분된다.

면역

선천성면역(자연면역)	인종, 개인특이성 등		
후천성면역(획득면역)	능동면역	자연능동면역	감염 후 자연적으로 생성
		인공능동면역	예방접종(생균·사균·순화독소)
	수동면역	자연수동면역	모체로부터 태반이나 수유 통해
		인공수동면역	인공제재 투여로 면역 활성화

1) 자연면역(Natural Immunuty : 선천성, 수동성, 비특이성면역)

항원에 대해 특별한 기억작용 없이 항원의 침입을 차단하는 피부, 점액조직, 혈액에 존재하는 보체 등이 있으며 세포로는 대식세포, 백혈구, 감염세포를 죽일 수 있는 K 세포 등이 있다. 대부분의 감염은 이 자연면역에 의한 방어이다.

2) 획득면역(Acquired Immunity : 후천면역, 능동면역, 특이성면역)

처음 침입한 항원에 대해 기억하여 재 침입 시 특이적으로 반응하여 효과적으로 항원을 제거할 수 있어 선천면역을 보강 한다. 흔히 사용되는 면역의 의미가 이것이다. 획득면역은 체액성 면역(humoral immunity)과 세포성 면역(cell-mediated immunity)으로 나누어 이해한다. 획득면역은 병원체 또는 그 독소를 면역원으로 예방접종하여 얻을 수 있으며, 이와 같은 면역을 인공면역이라 한다. E.제너는 이 방법으로 종두법(種痘法)을 최초로 발견하여 면역학의 기초를 이룩하였다.

(1) 체액면역

B림프구가 항원을 인지한 후 분화되어 항체를 분비하여 세균을 제거하는 기능을 가진다. 항체는 체액에 존재하며 면역글로불린이라는 당단백질로 이루어져 있다. 여기에는 IgG · IgM · IgA · IgD · IgE 등이 있으며 IgG 항체는 태반을 통해 태아에 전달되는 특징이 있다. 이와 같은 면역을 모성면역이라 하며 이 때문에 출생 후 수개월 동안 잘 감염되지 않는다.

(2) 세포성 면역

흉선에서 유래한 T 림프구가 항원을 인지하여 림포카인(lymphokine)을 분비하거나 직접 감염된 세포를 죽이는 역할을 한다. 분비된 림포카인은 대식세포를 활성화시켜 식작용(食作用)을 돕기도 한다. 이와 같은 세포성 면역은 주로 바이러스 또는 세포 내에서 자랄 수 있는 세균에 감염된 세포를 제거하는 기능을 수행한다.

part 7

피부노화

1. 피부노화의 원인

유해산소설 (Free radical)	생체의 세포 내에서 산소의 불완전 환원으로 인해 발생된 활성산소(free radical)가 인체 내에서 산화과정에 이용되어 생체조직을 공격하고 세포를 손상시켜 노화를 촉진한다는 이론
유전기인설 (DNA프로그램설)	노화나 죽음도 DNA 어딘가에 짜여진 프로그램에 따라 생로병사가 일어난다는 이론
텔로미어 가설	염색체 말단에서 염색체가 분열할 때 DNA 손실을 막아주는 보호 나개인 '텔로미어'가 시간이 지날수록 짧아지는 것으로 마지막에는 거의 없어지는 과정을 노화로 보는 이론이다. 이를 기반으로 텔로미어의 길이가 짧아지는 것을 막아주는 항노화 연구가 진행되기도 한다. [그림] 염색체 끝에 있는 텔로미어 (노란색 부분)

2. 피부노화현상

내인성 노화	외인성 노화
· 나이가 먹어감에 따라 발생되는 자연스런 노화 · 그 외에도 잘못된 다이어트, 질병, 약물복용, 폐경 이후 에스트로겐(estrogen) 감소에 따라 발생 · 햇빛에 노출되지 않은 피부에서 주로 관찰되고 비교적 경미하며 잔주름, 피부 건조증, 탄력감소, 창백한 피부색조 등을 들 수 있다. · 표피의 변화는 두께가 감소하고 표피와 진피의 경계가 편평해지며 서로 접촉하는 면의 넓이가 줄어서 경미한 상처에도 쉽게 벗겨지거나 물집이 생길 수 있다. · 표피 내에 존재하는 랑게르한스 세포의 수와 기능이 감소 · 진피의 변화로는 두께가 감소하고 세포 및 혈관이 전반적으로 감소하며 진피의 구성물질인 콜라겐의 양은 성인이 된 경우 노화 현상에 따른 교원질의 합성 감소로 평생 동안 1년에 1%씩 감소한다. 노화에 따른 진피 내의 콜라겐 결핍은 주름살 형성에 중요 원인이고 탄력섬유는 그 수와 직경이 감소하며 잘게 끊어진 것 같이 길이가 짧아지며 그 결과로 탄력이 감소	· 열, 바람, 흡연등도 노화를 촉진한다. 내인성 노화에 비하여 노화 정도가 심하고 일찍부터 관찰 · 자외선에 의한 광노화(photoaging)가 가장 중요 원인 · 내인성 노화에 비하여 굵고 깊은 주름과 잔주름도 많이 발생 · 햇빛에 노출된 피부에 불규칙한 색소침착이 발생하며 일광흑자(solar lentigo) 등의 색소질환이 증가 · 피부가 매우 거칠고 건조해지며 탄력이 감소하여 모세혈관 확장으로 이어지고 심한 경우 피부가 처지게 된다. · 만성적인 광 손상 경우 자외선에 의해 유도된 MMPs(Matrix Metalloproteinases, 기질 단백질 분해효소)에 의한 과도한 기질 분해가 광노화라는 조직의 손상을 가져온다. 또한 불규칙한 멜라닌세포의 활성 증가로 인해 광 노화된 인체의 일정 부위에서는 불규칙한 색소 침착과 색소 탈색이 나타난다. MMPs는 교원질을 반복적으로 분해하는 효소로 이는 교원질의 결핍으로 이어져 주름형성과 탄력성 감소 · 랑게르한스 세포의 수와 기능은 내인성 노화에 비해 더욱 많이 감소

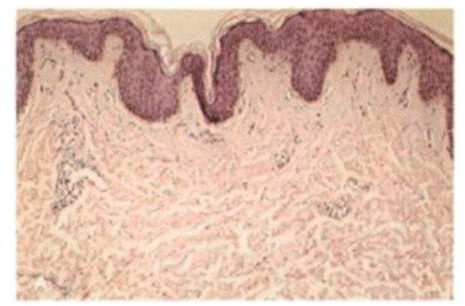 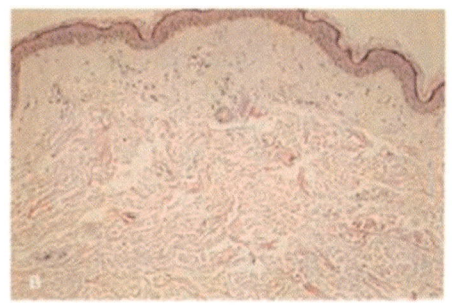

[그림] 20대 70대 비교 : 오른쪽 70대 피부는 표피와 진피의 경계면이 편평하고 표피가 얇음

피부변화	자연노화	광노화
각질층	정상적 세포층	세포층 증가
표피두께	감소	증가
진피 탄력섬유	감소	증가(엘라스틴 이상증식)
진피 교원섬유	감소	감소
탄력성	감소	감소
주름	증가	증가
혈관확장	감소(창백한 피부)	증가
랑게르한스세포	감소(면역력 약화)	감소
멜라닌형성세포	감소(모발 백색화)	증가

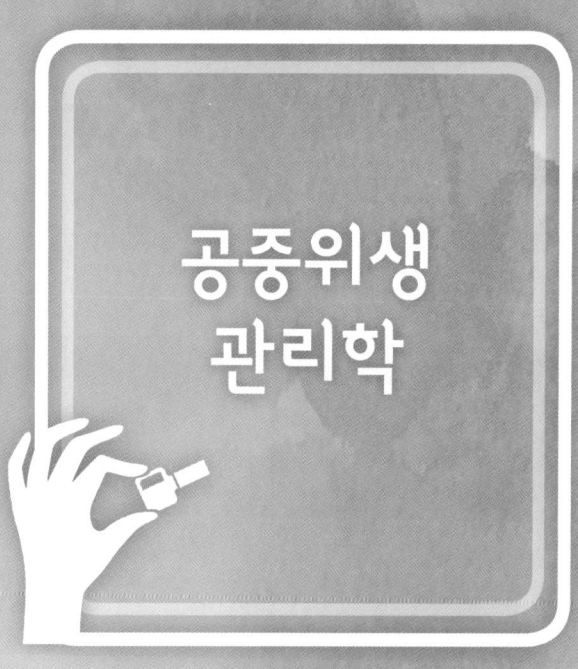

공중위생관리학

part 1

공중보건학

1. 공중보건학 총론

1) 공중보건학의 정의

공중보건학은 환경위생의 개선, 전염병의 예방, 개인위생의 원리에 기초를 둔 위생교육, 질병의 조기진단과 예방적 치료를 위한 의료 및 간호 업무의 조직화, 나아가서는 지역사회의 모든 주민이 지역사회의 노력을 통해서 질병을 예방하고 생명을 연장하며, 건강과 인간적 능률의 증진을 꾀하는 학문이다.

(1) 윈슬로(Winslow)의 정의

윈슬로는 "조직적인 지역사회의 노력을 통해서 질병을 예방하고 생명을 연장시킴과 동시에 신체적, 정신적 효율을 증가시키는 기술과 과학이다."라고 정의하였다.

(2) 세계보건기구(WHO)의 정의

① WHO는 "공중보건학은 질병을 예방하고 건강을 유지·증진시킴으로써 육체적, 정신적 능력을 충분히 발휘할 수 있게 하기 위한 과학이며, 그 지식을 사회의 조직적 노력으로 사람들에게 적용하는 기술이다."라고 정의하였다.
② WHO는 국제연합보건전문기관으로 1948년 4월 7일 정식 발족되었으며 스위스 제네바에 그 본부가 있고 우리나라는 1949년 65번째로 정식 가입하였다.

> **세계보건기구(WHO)의 기능**
> - 국제보건사업의 지휘 및 조정
> - 회원국 지원 및 자료공급
> - 전문가 파견으로 기술자문 활동

2) 공중보건학의 특성

(1) 공중보건 사업의 3대 요소 : 보건교육(가장 중요), 보건행정, 보건관계법규

(2) 공중보건학의 범위

① 환경관리 분야 : 환경위생, 식품위생, 환경오염, 산업보건

② 질병관리 분야 : 전염병 관리, 역학, 기생충관리, 비전염성 질환 관리

③ 보건관리 분야 : 보건행정, 보건교육, 모자보건, 의료보장제도, 보건영양, 인구보건, 가족계획, 보건통계, 정신보건, 영·유아보건, 성인병 관리, 사회보장

3) 공중보건학의 발전사

(1) 고대(기원전~서기 500년)

① 점성설 : 별자리의 이동에 따라 질병, 기아, 전쟁이 발생

② 히포크라테스 : 장기설
 - 오염된 공기가 질병의 원인 4체액설
 - 인체는 혈액, 점액, 황담, 흑담의 4체액으로 구성

(2) 중세(500~2500년) : 암흑기

① 신벌설 : 질병은 신이 내린 벌로 인식하여 의학의 발전이 없음

② 접촉전염설 : 사람이 사람에게 질병을 전염시킨다.

③ 1340년 페스트의 창궐로 유럽인구의 1/4 사망

※ 검역의 효시 : 1383년 프랑스 마르세유(Marseilles)에서 검역법 제정

(3) 근세(1500~1850년) : 요람기

개인위생에서 공중 보건으로 개념이 전환된 시기로, 르네상스와 대량생산으로 인한 산업혁명의 가속화, 도시화, 프랑스혁명으로 공중보건의 사상이 싹튼 시기

① 영국 : 제너(E. Jenner)는 우두 종두법(1798년) 개발

　　※ 세계 최초로 공중보건법(1848년) 제정 → 공중보건국 설치

② 프랑스 : 제로(M. Jero)에 의해 1791년 국립위생회관 건립

③ 스웨덴 : 세계 최초의 국세 조사(1749년) 실시

④ 독일 : 프랑크(J. P. Frank)는 지역 단위 의료관리조직을 통한 위생행정을 역설

⑤ 미국 : 1842년 사무엘 샤턱(Samuel Shattuck)이 도시위생에 관한 보고서 발표

(4) 근대(1850~1900년) : 확립기

① 제도적인 면과 내용적인 면에서 공중보건학의 확립·기초를 다진 시기

② 영국, 독일, 프랑스 등에서 세균학과 면역학, 예방의학사상이 싹튼 시기

③ 미생물의 병인설 : 질병 발생의 원인이 미생물 때문이라는 주장

영국	존 스노우(John Snow)	콜레라에 관한 역학 조사 보고(1855)
	라돈(Rathome)	방문 간호사법 시작(1862)→보건소 효시
독일	비스마르크(Bismark)	세계 최초 근로자 질병보호법 제정(1883)
	페텐코퍼(Max von Pettenkofer)	세계 최초로 뮌헨대학에 위생학 교실 창립(1866)
프랑스	루이스 파스퇴르(Louis Pasteur 현대의학의 창시자)	저온살균법, 탄저균 백신, 광견병 백신 발견
독일	로버트 코흐(Robet Koch, 세균학의 선구자)	결핵균, 콜레라균, 탄저균 분리

(5) 현대(1901년 이후) : 발전기

공중보건학과 치교의학의 조화로운 발전기이다.

① 영국 세계 최초의 보건부 설치(1919)

② Winslow가 공중보건학 정의를 발표(1920)

③ 사회보장제도 및 국제보건기구 창립 : WHO(세계보건기구, 1948), ILO(국제 노동기구, 1946), UNICEF(국제연합아동기금, 1946), FAO(국제연합식량농업기구, 1946)

4) 공중보건수준의 평가

(1) 종합건강지표
평균수명, 조사망률, 비례사망지수

(2) 보건수준 평가의 3대 지표(국가 간 비교 가능한 종합건강지표)
영아사망률, 비례사망지수, 평균수명

- 비례사망지수(PMI) : (50세 이상 사망 수 ÷ 총 사망 수) × 100
- 조사망률 : (연간사망지수 ÷ 연양인구) × 1,000
- 영아사망률 : (연간 1세 미만의 영아사망수 ÷ 연간출생아 수) × 1,000

2. 질병관리

1) 건강에 대한 정의

(1) WHO(세계보건기구)의 정의
"건강이란 질병이 없거나 허약하지 않을 뿐만 아니라 육체적·정신적·사회적으로 완전한 상태이다."라고 정의하였다.(1998년)

(2) 대한민국 헌법의 정의
"건강이란 모든 국민이 마땅히 누려야 할 기본적인 권리이다." 우리나라 헌법에서는 건강을 하나의 기본권적 개념으로 보고 있다.

2) 질병의 정의

질병이란 심신의 전체 또는 일부가 일차적 또는 계속적으로 장애를 일으켜서 정상적인 생리기능을 하지 못하는 상태를 말하며 건강은 병인, 숙주, 환경의 상호작용이 균형을 유지할 때 성립한다.

3) 질병의 발생

질병의 발생은 세 가지 요인에 의하여 결정된다. 인간이라는 숙주, 질병을 일으키는 병인 및 인간이 살아가고 있는 환경이다. 즉, 숙주, 병인, 환경 세 가지 요인간의 부조화로 숙주에게 불리하게 영향을 미칠 때 질병이 발생하게 된다.

(1) 숙주(host)요인

연령, 성, 종족, 면역, 생활습관, 직업, 개인위생, 선천적·후천적 지향력, 건강상태, 영양상태 등

(2) 병인(agent)요인

온도, 습도, 기압, 방사선, 물, 유해가스, 화학성 물질, 중금속 등

(3) 환경(environment)요인

매개곤충 및 동물, 병원체, 기후, 지형, 상하수도, 계절, 생활습관, 위생상태의 차이, 전쟁, 불경기, 직업, 경제상태 등

4) 질병의 예방

(1) 1차 예방(primary prevention)

병인, 숙주, 환경 등에 의한 질병 발생의 자극이 있는 시기로 적절한 예방 조치를 취하여 건강한 사람이 병들지 않고 그들의 건강상태를 최고 수준으로 향상시키도록 노력하는 것이다. 생활환경 개선, 안전 관리 및 예방 접종 등의 예방 활동이 필요하다.

(2) 2차 예방(secondary prevention)

질병 초기 또는 임상 질환기에 적용되는 것으로 숙주의 병적 변화가 있는 시기이다. 질병의 조기 발견 및 조기 치료 등 치료 의학적 예방 활동이 필요하다.

(3) 3차 예방(tertiary prevention)
질병 치료를 하였음에도 심신의 장애를 남긴 사람들에게 필요한 조치이다. 질병의 악화를 방지하고, 잔재 효과를 최소화하며 재활, 사회복귀가 가능하도록 재활 의학적 예방활동이 필요하다.

5) 법정감염병
세균이나 바이러스 등에 의해 발생하는 감염병은 사람과 사람 사이에 전파되거나, 먹는 물 등을 통해서 주변 사람들에게 빠르게 전파될 수 있다. 법정감염병은 이렇게 사회적 파급력이 큰 감염병에 걸린 환자를 격리, 수용하고 적절한 방역 조치를 해야 할 필요성이 있는 감염병을 법으로 정한 것이며 환자가 발생하였을 때 의무적으로 신고하도록 하였다.

> **전염병 명칭 변경**
> 최근 국제 보건환경의 변화와 신종 감염병 및 생물테러감염병에 대응하기 위해 2010. 12. 30일부터 '전염병'이라는 용어를 사람들 사이에 전파되지 않는 질환 즉, 전염성 질환과 비전염성 질환을 모두 포괄할 수 있는 '감염병'으로 명칭 변경

분류	특성		신고	감염병의 종류(총 75종)
제1군 감염병 (6종)	물 또는 식품매개	발생(유행) 즉시 방역 대책 수립	지체 없이	콜레라, 장티푸스, 파라티푸스, 세균성이질, 장출혈성대장균감염증, A형간염
제2군 감염병 (10종)	국가예방 접종사업 대상		지체 없이	DPT(디프테리아, 백일해, 파상풍), MMR(홍역, 유행성이하선염(볼거리), 풍진), 폴리오, B형간염, 일본뇌염, 수두
제3군 감염병 (19종)	간헐적 유행 가능성	계속 감시 및 방역대 책 수립	지체 없이	말라리아, 결핵, 한센병, 성홍열, 수막구균성수막염, 레지오넬라증, 비브리오패혈증, 발진티푸스, 발진열, 쯔쯔가무시증, 렙토스피라증, 브루셀라증, 탄저, 공수병, 신증후군출혈열, 인플루엔자, 후천성면역결핍증(AIDS), 매독, 크로이츠펠트-야콥병(CJD) 및 변종크로이츠펠트-야콥병(vCJD)
제4군 감염병 (17종)	국내 새로 발생 또는 국외 유입 우려		지체 없이	페스트, 황열, 뎅기열, 바이러스성출혈열(마버그열, 라싸열, 에볼라열 등), 두창, 보툴리눔독소증, 중증급성호흡기증후군, 조류인플루엔자인체감염증, 신종인플루엔자, 야토병, 큐열, 웨스트나일열, 신종전염병증후군, 라임병, 진드기매개뇌염, 유비저, 치쿤구니야열
제5군 감염병 (6종)	기생충 감염증	정기적 조사	7일 이내	회충증, 편충증, 요충증, 간흡충증, 폐흡충증, 장흡충증
지정 감염병 (17종)		유행여부 조사, 감시	7일 이내	C형간염, 수족구병, 임질, 클라미디아, 연성하감, 성기단순포진, 첨규콘딜롬, 반코마이신내성황색포도알균(VRSA) 감염증, 반코마이신내성장알균(VRE) 감염증, 메티실린내성황색포도알균(MRSA) 감염증, 다제내성녹농균(MRPA) 감염증, 다제내성아시네토박터바우마니균(MRAB) 감염증, 카바페넴내성장내세균속균종(CRE) 감염증, 장관감염증, 급성호흡기감염증, 해외유입기생충감염증, 엔테로바이러스 감염증

(1) 1군 감염병은 주로 먹는 물에 의해 전염되는 병으로 한번 발생할 경우 전염 속도가 빠르고 사회적 파급 효과가 매우 큰 병이다. 따라서 이러한 감염병이 발생했을 때 즉시 대책을 세워야 하는 감염병들이 포함된다.

(2) 2군 감염병은 전염 속도가 빠른 감염병들이지만 예방접종을 통해 예방할 수 있는 감염병들

이며 국가 예방접종사업의 대상이 된다.

(3) 3군 전염병은 1군 감염병만큼 빠르게 전파되고 파급효과가 크지는 않지만, 반복하여 유행할 가능성이 있어서 지속적으로 감시를 하고 유행할 경우에 방역을 위한 대책을 세워야 하는 감염병이다.

(4) 4군 감염병은 국내에서 새롭게 발생하거나 국내로 유입될 것이 우려되는 해외의 감염병이다. 4군 전염병에 해당하는 감염병이 신고 되는 경우 빠른 시일 내에 방역대책을 세워야 하며 신종인플루엔자의 경우 현재 신종 감염병 증후군의 하나로 취급하여 4군으로 분류되어 있다.

(5) 제5군 감염병은 기생충 감염에 의해 발생하는 감염병이다. 정기적인 조사를 통한 감시를 하며, 7일 이내 신고하도록 되어 있다.

(6) 지정 감염병은 제1~5군 감염병 외에 유행 여부의 조사를 위해서 감시가 필요하다고 생각되어 지정한 병이다.

3. 가족 및 노인보건

1) 가족보건
(1) 인구의 개념
인구(population)란 일정 시기에 일정한 지역에 생존하는 인간의 집단을 의미하며 인간의 집단을 생물학적, 혈연적 유전공동체로 본 것이 인종이며, 법적 견지에서 국제공동체로 본 것이 국민이다. 인구는 출생, 사망, 이동의 3요소에 의하여 변하며, 이들 3요소를 인구 변수(components of population variables)라 한다.

① 맬더스주의(Malthusism)
맬더스(MAlthus)의 초기이론은 "인간의 생존에는 식량이 필수적이며, 남녀 간의 성욕은 인간의 본능으로 계속 지속될 것이다."라는 전제 하에 인구는 기하급수적으로 증가하는 데 반해 식량은 산술급수적으로 증가하여 인구 압력이 크게 작용할 것이며, 결국 식량 부족이나 기근, 질병 및

전쟁 등의 인구 문제가 발생될 것이라는 것이었다. 1862년 이후의 후기 이론은 인구는 첫째, 생존수단인 식량에 의해 필연적으로 제한되어지며 둘째, 인구는 매우 강력한 어떤 억제요인이 없는 한 생존수단이 있는 한 변함없이 증가할 것이고 셋째, 이런 강력한 인구 압력을 저지하고 생존수단의 수준에 영향을 미치는 인구 억제책으로써 예방적 억제책과 적극적 억제책을 제시하였다. 맬더스는 종교적 이유로 피임법을 사용하는 것은 반대하였다.

② 신맬더스주의(neo-malthusism)

신맬더스주의는 맬더스의 인구론은 지지하나 피임방법을 수용하는 주의이며 인구증강의 억제책으로 만혼, 금욕 등을 제시하고 피임법을 적극적으로 권장하였다.

③ 적정인구론(optimum population theory)

적정인구론은 플라톤 등에 의해 처음으로 제시되었는데 1920~1930년대에 많은 주목을 받았다. 인구와 자원과의 관련성에 근거한 이론으로서 한 나라의 1인당 소득이나 생산성이 최대가 될 수 있는 인구규모를 적정인구라 하는 것이다.

④ 안정인구론(stable population theory)

현대 인구통계학이론으로 미국의 로트카(Alfred J. Lotka)의 이론이다. 이 이론은 인구 이동 없는 폐쇄인구(closed population)에서 어느 지역의 인구 성별, 연령별 사망률, 출생률이 변하지 않고 오랫동안 지속되면 일정한 인구를 유지하는 안정인구가 된다는 것이다.

(2) 인구의 구조

① 인구조사

인구정태(state of population)조사	일정 시점에 일정 지역의 인구의 크기, 자연적 구조(성별, 연령별), 사회적 구조(국적별, 가족관계별), 경제적 구조(직업별, 산업별)에 관한 조사
인구동태(movement of population)조사	어느 기간에 인구의 변동요인, 즉 출생과 사망, 전입, 전출 등에 관한 조사를 말한다.

② 인구의 구조형

인구구조 중 성별 및 연령별 인구구조를 기본 인구구조라고 한다. 인구구조를 표시할 때는 가로축에 수량, 세로축에 연령을 표시하며, 남자의 수량표시는 왼쪽에, 여자는 오른쪽에 한다.

피라미드형(pyramid type)	높은 출산력과 사망력을 지녀 인구가 증가하는 구조로 후진국형
종형(bell type)	저출생률과 저사망률로 인구증가가 정지되는 인구정지형으로 선진국형
방추형(항아리형, pot type)	출생률이 사망률보다 낮아 인구가 감소하는 형
별형(star type)	생산연령층의 인구가 많이 모여들고 있는 유입형으로 도시형
표주박형(호로병형, gourd type)	생산연령층의 인구가 많이 유출돼 있는 전출형으로 농촌형

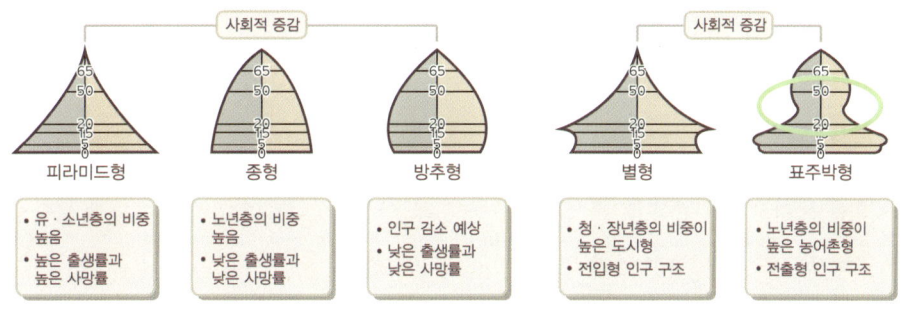

(3) 인구지표

인구구조의 지표로는 성별 구성비를 표시한 성비(Sex Ratio), 연령별 인구구성을 표시한 연령구성비, 생산능력을 가진 인구에 대해 생산 능력이 없는 어린이와 노인인구의 비인 부양비(Dependency Ratio) 등이 있다.

(4) 인구문제

인구의 양적 · 질적 불균형 문제 등 인구와 관련된 문제를 인구문제라 한다.

① 3P 문제 : 인구 · 오염 · 빈곤(Population · Pollution · Poverty)

② 3M 문제 : 영양실조 · 질병 · 사망률(Malnutrition · Morbidity · Mortality)

(5) 가족계획(Family Planning)

① 가족계획의 정의

계획적인 가족형성을 의미하는 것으로 알맞은 수의 자녀를 알맞은 터울로 낳아 잘 양육함으로써 가족 모두가 건강하고 명랑한 환경 속에서 행복한 가정생활을 영위하며 생활의 질을 높이기 위한 생활운동이다. 최종목적은 가정생활의 복지향상이다.

② 가족계획 범위

출산 시기 선택, 자녀수 조정, 터울 조정, 불임증 진단 및 치료 등

③ 가족계획 시 고려사항

모자보건, 인구조절, 가정 또는 국민경제, 자녀교육, 주택문제

④ 가족계획의 필요성

가족계획은 모자보건의 향상 및 자녀의 양육능력 조절과 여성해방의 입장에서 또한 생활양식의 개선, 경제적 능력 조절, 인구 조절 등의 측면에서 필요하다.

2) 노인보건

(1) 노인보건의 개념

노인(老人)이란 생리적, 신체적 기능의 쇠퇴와 더불어 심리적인 변화가 일어나 자기유지 기능과 사회적 역할 기능이 약화되고 있는 사람을 말하며, 우리나라에서 노인복지법의 노인 기준 연령은 65세이다. 노인인구는 상대적으로 구성비가 증가하나 생활방식이나 가족문제의 변화에 따라 노인의 부양문제, 소득문제, 보건의료문제, 사회복지문제 등은 이제 사회 전체의 문제로 대두되고 있다.

(2) 노인보건의 의의

가능한 노화의 진행을 억제하며 노인들의 건강을 유지함과 동시에 질병을 감소시켜 수명을 연장

시키는 것은 물론, 노인이 지역사회에서 의미 있는 삶을 영위할 수 있도록 하는 데 의의가 있다.

(3) 노인문제
① 경제문제 : 소득감소와 의존

② 고독과 소외 : 심리·사회적 갈등 요인

③ 건강문제 : 의료비 부담

④ 여가문제 : 사회적 프로그램의 부재

(4) 노인의료의 특징
① 장기간의 관리 : 만성적이고 복잡하다.

② 의료 이용의 제한과 부담 : 의료비 부담 능력은 낮고 필요는 크다.

③ 인생종말에 대비한 노인과 가족 전체에 대한 관리

④ 젊은 층에 비해 현저한 수발과 돌봄의 필요

(5) 노년기 건강관리
① 생리기능과 생활리듬을 적절히 조화시키는 생활습관

② 적절한 영양관리와 균형 있고 규칙적인 식사

③ 피로하지 않을 정도의 개인에 맞는 적당한 운동

④ 충분한 숙면

⑤ 냉·난방이 잘 되는 주거

⑥ 규칙적인 배설

⑦ 정기적 건강검진과 건강교육

4. 환경보건

1) 환경위생
(1) 환경위생의 개념
① 환경위생의 정의

WHO(세계보건기구)는 환경위생을 "인간의 신체 발육과 건강 및 생존에 유해한 영향을 미치거나 또는 영향을 미칠 수 있는 인간의 물리적 생활환경에 있어서의 모든 요소를 통제하는 것이다."라고 정의하였다.

자연적 환경	생물학적 환경	동·식물, 미생물
	생리적 환경	기후, 물, 토양, 광선, 소리, 빛 등
사회적 환경	인위적 환경	주택, 의복, 위생시설 등
	문화적 환경	정치, 경제, 종교, 교육 등

② 환경위생의 발전

환경 위생을 근대 과학으로 발전시킨 학자는 페텐코퍼(Max von Pettenkofer, 1818~1901)라 할 수 있는데, 뮌헨 대학에서 위생학 강좌를 창설(1886)하였으며, 의식주에 관계되는 분야에 관한 예방의학적 연구에 있어서 이화학적 기술을 도입해서 실험위생학을 발전시켰다. 또한 근대 실험의학의 창시자인 베르나르(Claude Bernard, 1813~1878)는 외부 환경의 변화에 대한 내부 환경의 변화에 의해 건강을 유지해 갈 수 있도록 항상성(Homeostasis)을 지니는 것은 인간이나 동물이 갖는 특성이라고 하였으며, 외부환경의 변동이 장시간 계속되면 생리적 적응을 거쳐 새로운 적응한도가 성립되는데 이를 순화 또는 순응현상이라 하였다.

> **환경**
> - 편안한 환경 : 온도, 습도, 소음방지, 문화시설, 환기 등. 환기는 가장 중요한 요소임과 동시에 군집독의 처치방법
> - 환경오염의 원인 : 산업화, 인구증가, 인구의 도시집중, 지역개발, 환경보전의 인식부족

(2) 기후와 일광

① 기 후

정의	동일 장소에서 매년 반복되는 대기현상의 평균상태를 말한다.
구성요소	기온, 강수, 바람, 일사, 습도, 구름량, 일조, 증발량, 강수량
기후의 3대 요소	기온, 기습, 기류(바람)

② 일 광

자외선 (Ultra Violet)	4000Å 이하의 복사선, 파장 200~400nm의 냉선
	도르노(Dorno)선 : 인체에 유익한 건강선. 2,900~3,100Å.
	작용 : 성장과 신진대사, 적혈구 생성, 피부의 색소침착, 비타민 D 형성, 살균작용 및 치료작용, 피부암 및 결막염, 홍반 유발
가시광선 (Visible Ray)	4,000~7,000Å인 광선, 파장 400~800nm
	작용 : 망막을 자극하여 물체의 명암과 색 구별
	조도가 낮으면 안정피로, 근시, 작업능률 저하, 시력 저하
적외선 (Infra Red Ray)	7,800Å이상, 파장 800nm 이상으로 열작용이 있는 열선
	작용 : 피부 온도 상승, 혈관 확장 등, 과량 조사 시 화상과 홍반, 중추신경장애, 일사병, 백내장

(3) 온열환경 : 기온, 기습, 기류, 복사열

① 기온 : 대기의 온도로 지상 1.5m 높이에서 주위의 복사온도를 배제하여 백엽상 안에서 측정한 온도를 말한다.

※ 쾌적온도 : 18±2℃

② 기습(비교 습도) : 공기 1m3가 포화상태에서 함유할 수 있는 수증기량과 현재 공기 속에 함유해 있는 수증기량의 백분율을 의미한다.

※ 쾌감습도 : 40~70%, 온도에 따라 달라진다.

③ 기류 : 공기의 흐름, 바람이다. 찬 공기는 밀도가 크고 더운 공기는 밀도가 작다. 태양복사에너지에 의한 공기의 가열은 결국 위도에 따른 온도차를 나타내게 된다. 이런 이유로 대류현상

이 일어나게 되고 공기의 흐름이 발생한다.

측정도구	옥내기류는 카타한란계, 옥외기류는 풍차속도계, 피토트 튜브, 아네모메터 등으로 측정한다.
작용	인체로부터 수분 증발 및 신체의 열 발산을 촉진시킨다.
불감기류	0.2~0.5m/sec는 불감기류라 하며 의복내의 신진대사를 돕는다.

불쾌지수(Discomfort Index : DI)

1957년 미국의 Thom이 고안, 기온과 습도에 따라 사람이 불쾌감을 느끼는 정도를 경험적으로 수치화한 것
- 65 이하 : 모든 사람이 쾌적함
- 70 : 약 10%의 사람이 불쾌감을 느낌
- 75 : 약 50%의 사람이 불쾌감을 느낌
- 80 : 거의 모든 사람이 불쾌감을 느낌
- 85 : 견딜 수 없는 상태

(4) 공기

① 실내오염과 군집독

실내의 공기는 실내의 환경적 조건에 따라 그 조성에 변화를 가져올 수 있어서 특유의 소기후를 형성하게 되는데, 다수인이 밀집한 소기후는 화학적 조성이나 물리적 조성의 큰 변화를 일으켜 불쾌감, 두통, 권태, 현기증, 구토 및 식욕 저하 등의 생리적 이상을 일으키게 되는데 이러한 현상을 군집독이라 한다.

② 공기와 건강

공기의 성분

(단 0℃, 1기압)

성분	질소(N_2)	산소(O_2)	아르곤(Ar)	이산화탄소 (CO_2)	기타
함유비율	78%	21%	0.93%	0.03%	0.04%

호흡	성인 1일 필요 공기량은 13kℓ이다.
산소(O_2)	15% 이하 저산소증, 고농도시 산소 중독의 위험이 있다.

이산화탄소 (CO2)	실내 공기오염도의 지표(실내 허용 한계 : 0.1%)로 무색, 무취, 무독성 기체이다.	
일산화탄소 (CO)	무색, 무미, 무취, 무자극으로 허용 한도(8시간 기준) 0.01% 이하이다. 만일 0.1% 이상이 되면 생명이 위험하다.	
질소(N2)	고압환경(잠수작업)	중추신경계의 마취 작용을 한다.
	감압병(잠함병)	혈액 내 질소의 기포형성으로 혈류를 방해하고 모세혈관에 혈전 현상이 생긴다.
오존(O3)	산화력이 강해 탈취·살균 효과가 있다.	
아황산가스 (SO2)	대기 오염 측정의 지표이다.	
	중유 연소 시 다량 발생하며 자극적인 냄새가 난다.	
	식물의 황사, 고사현상을 일으키고 금속을 부식시킨다.	
	환경기준은 0.05ppm이다.	
	0.25~5㎛ 정도의 크기의 먼지(Dust)는 폐포까지 도달할 수 있다.	

(5) 상수

① 물의 중요성

생물체의 생존에 필수적이다.
체중의 60~70%가 물로 구성된다.
성인 1인의 하루 필요량은 2.0~2.5 ℓ 이다.
10% 상실 시 생리적 이상이 오고, 20% 이상 시 생명이 위험하다.

② 물의 보건 문제

수인성 전염병의 전염원	장티푸스, 파라티푸스, 세균성 이질, 콜레라, 유행성 간염 등
수도열이 발생	물속의 대장균이나 잡균에 의해 발생한다.
기생충 질병의 전염원	간디스토마, 폐디스토마, 주열협충 등
중금속 물질이나 유해 물질의 중독원	시안, 수은, 카드뮴, 질산은, 유기인, 페놀
수중 불소량과 치아와의 관계	과량 함유시 반상치, 소량 함유시 우식치

③ 먹는 물의 수질기준

· 무미, 무취, 무색, 투명하고 색도는 5도, 탁도는 2도 이하일 것

· 일반 세균수는 1㎖ 중에서 100개를 넘지 아니할 것

· 대장균군은 100㎖ 중에서 검출되지 아니할 것

· 수소이온농도는 pH 5.8~8.5일 것

· 경도 300㎎/ℓ 이하

· 증발 잔유물 500㎎/ℓ 이하

· 과망간산칼륨($KMnO_4$) 소비량 : 수중의 유기물량을 간접적으로 추정하는 오염지표(10㎎/ℓ 이하)

④ 정수법

침사 ⇨ 침전 ⇨ 여과 ⇨ 소독 ⇨ 급수

침전법	보통침전, 약품침전
여과법	완속여과법(보통침전법과 병행), 급속여과법(약품침전법과 병행)
소독법	염소소독법, 가열법, 오존소독법, 자외선소독법, 표백분소독법 등

염소소독과 잔류염소량

- **염소소독**
  액화 염소, 이산화염소, 표백분 등 사용, 강한 소독력, 경제적, 조작 간편, 강한 잔류 효과

- **잔류염소량**
  정수 시 0.2 ppm, 전염병 발생 시의 음료수, 수영장, 제빙용수는 0.4ppm 유지

(6) 하 수

① 하수와 보건

하수	천수, 가정하수, 산업폐수, 지하수, 도로 세정수 등을 이른다.
하수처리 목적	전염병 및 질병 전파 억제, 악취 발생, 세균 번식, 해충 및 쥐의 서식 등 보건위생적 문제 발생을 막기 위해서이다.

② 하수처리 시설의 종류

합류식	천수(비, 눈)와 인간용수(공장폐수, 가정하수)를 함께 처리한다. 적은 시설비, 하수관의 자연 청소, 하수관이 커 관리가 쉬운 것이 장점이나 악취 발생, 범람 우려, 천수 이용 불가능 등의 단점이 있다.
분류식	천수만 별도로 운반하는 방법이다.
혼합식	천수와 사용수 일부를 함께 운반한다.

③ 하수 처리 과정

예비처리	보통 침전, 약품 침전을 이용한다.	
본처리	혐기성 처리(메탄가스 발생)	부패조 처리법, 임호프탱크법
	호기성 처리(탄산가스 발생)	살수여과법, 활성오니(활성슬러지)법
오니(슬러지)처리	본 처리 과정에서 발생된 오니를 처리하는 방법	소화법(가장 진보적 방법), 투기법, 소각법

④ 하수의 오염도 측정

BOD(Biochemical Oxygen Demand 생물화학적 산소 요구량)	20℃에서 5일간 측정하며 20ppm 이하
	BOD가 높을수록 오염이 심한 물
DO(Dissolved Oxygen, 용존산소량)	DO가 낮을수록 높은 오염도를 반영 온도가 낮을수록 DO는 증가
	4~5ppm 이상
COD(Chemical Oxygen Demand, 화학적 산소 요구량)	물의 오염 정도를 나타내는 기준

- mg/ℓ 물 1ℓ에 오염물질 1천 분의 1g이 들어있는 오염정도를 나타낸다. 수질오염에서 사용되는 ppm과 같다.
- ppm(part per million) : 기체나 액체·고체 중에 함유되어 있는 어떤 물질의 비율을 나타내는 단위 1ppm은 100만분의 1을 의미한다. (예. 1ppm=0.0001%)

(7) 폐기물 및 분뇨 처리

① 폐기물 종류 및 처리방법

생활 폐기물	지방자치단체장이 책임
산업 폐기물	배출자 스스로 책임, 일반적으로 위탁 처리

② 처리방법

매립법	매립경사 30°, 복토의 두께 0.6~1m, 진개의 두께 2m
소각법	가장 위생적이나 대기오염 유발
재활용법	가장 바람직한 방법
퇴비법	진개를 4~5개월 발효시켜 퇴비로 이용하는 방법

③ 분뇨 처리

분뇨의 처리방법으로는 가온식 소화 처리 방법과 무가온식 소화 처리 방법이 있다.

가온식 소화 처리	28~35℃에서 1개월 실시
무가온식 소화 처리	2개월 이상 실시

(8) 의복 및 주택 보건

① 의복

의복의 목적	체온 조절, 사회생활, 신체 보호, 청결, 미용 등의 관점
의복 기후	의복으로 체온 조절 할 수 있는 외기 온도범위(10~26℃)

CLO
- 의복의 보온력의 단위
- 평균 피부온도가 92°F(33.3°C)로 유지될 때의 보온력이 1CLO이다.

② 주택 보건

일사와 채광	남향 또는 동남향, 자연 채광으로 100~1,000Lux
가옥기후	적절한 실내 온도는 16~20℃ 적절한 실내 습도는 40~70% 외부와의 온도차는 5~7℃
인공조명	거실 50~100Lux, 화장실 10~20Lux 사무실 75~150Lux
주거활동공간	1인당 침실면적 4m2 공기 용적 10m2

③ 채광 및 조명

자연채광	창면적은 바닥 면적의 1/5~1/7이 적당, 남향 최소 일조 시간은 4시간 이상 거실 안쪽 길이는 창틀 윗부분까지 높이의 1.5배 이하
인공조명	직접 조명, 간접 조명, 반간접 조명 주광색, 충분한 조도, 광원은 좌상방에 설치된 간접 조명이 바람직하며 균일한 조명도와 저렴한 가격을 고려
표준 조도	에스테틱 : 75 Lux 이상 사무실, 학교 : 80~120 Lux 정밀작업 : 300 Lux
부적당한 조명에 의한 장애	근시, 안정피로, 안구진탕증, 백내장, 작업능률 저하 및 재해발생

④ 복사열

태양의 적외선에 의한 열로 대류를 통해서 열이 전달되지 않고, 열이 직접 이동하는 것을 말한다. 따라서 열전달이 직접적이고 순간적이다. 사람들이 많이 모여 있는 곳이 난로가 있는 사무실보다 더 따뜻한 것은 그 때문이다. 복사열은 태양에너지의 약 50%를 차지한다.

측정도구	흑구온도계, 열전도복사계
작용	인체는 피부 온도보다 낮은 온도를 갖는 물체에 대해서는 복사열을 방사하고, 고온 물체로부터는 복사열을 흡수

⑤ 체온 조절

정상 체온	36.1~37.2℃	
체온 조절	영양소의 산화, 수분 증발, 열복사, 열전도	
지적 온도	체온 조절에 가장 적절한 온도	
	주관적 지적 온도	감각적으로 가장 쾌적하게 느끼는 온도
	생산적 지적 온도	최소의 작업으로 최대의 생산을 올릴 수 있는 온도
	생리적 지적 온도	최소의 에너지 소모로 최대의 생리적 기능을 발휘

2) 환경보전

(1) 수질오염

① 수질오염물질

시안, 카드뮴, 수은, 유기인, 납, 크롬, 유기폐수 등

② 수질오염의 지표

분류	정의
용존산소량(DO)	물속에 녹아있는 산소량(DO 높을수록 오염도 낮음)
생물학적 산소요구량 (BOD)	호기성 미생물이 일정 기간 동안 수중의 유기물을 산화 분해 할 때에 소비하는 산소량으로 물의 오염을 나타내는 지표(BOD 높을수록 오염도 높음)
화학적 산소요구량 (COD)	물속의 오염 물질을 산화제를 사용하여 화학적으로 산화시키는 데에 필요한 산소의 양

③ 수질오염에 의한 질환

미나마타병	수은 중독, 수은(Hg)을 함유한 공장폐수가 어패류로 오염된 것을 사람이 섭취해 발생, 손의 지각이상, 구내염, 언어장애, 시력 약화 등
이따이이따이병	카드뮴 중독, 지하수에 카드뮴이 오염되어 농업용수로 사용됨으로써 오염된 농작물 섭취로 인한 중독
PCB중독	쌀겨유 중독, 미강유 제조시 가열매체로 사용하는 PCB가 기름에 혼입되어 생기는 중독

(2) 대기오염

① 대기오염 물질

입자상 물질	먼지, 재, 연무, 안개, 연기, 훈연 등
가스상 물질	아황산가스, 황화수소, 이산화탄소, 일산화탄소 등

② 대기오염의 피해

인체	호흡기질병-만성기관지염, 기관지천식, 폐기종, 인후두염 등
동·식물의 피해	생장 장애, 조직 파괴 등
기상에 미치는 영향	산성비, 오존층 파괴, 온실효과
재산 및 경제적 손실	건축물 손상, 페인트칠 변색, 금속제품 부식

④ 대기오염 예방

· 석유계 연료의 탈황장치

· 대기오염 방지를 위한 법적 규제와 보완제도

· 도시계획과 녹지대 조성

> **기온역전과 온실효과**
>
> **기온역전**
> 공기 순환 장애로 인해 대기층의 상부 기온이 하부 기온보다 더 높은 현상으로 호흡기 질환을 일으킨다.
>
> **온실효과**
> 대기 중 이산화탄소(CO_2)의 비율이 높아지면서 지표 부근의 온도 상승으로 발생한다. 이산화탄소가 태양으로부터의 가시광선은 그대로 투과시키지만 지표면에서 방출되는 적외선은 잘 흡수하기 때문에 온실효과가 발생한다.

③ 소음과 진동

소음

소음의 규제	소음평가치(NRN)를 기준으로 우리나라는 50dB(A) 이하 허용
소음공해로 인한 피해	수면장애, 생리적 장애, 맥박 수, 호흡수, 신진대사 항진, 작업능률 저하 등
소음 방지	도시계획 합리화, 소음원의 규제와 소음확산 방지 노력
진동	진동은 진동 레벨 60dB(A) 이하로 규정 국소진동과 전신진동

5. 식품위생과 영양

1) 식품위생의 개요

(1) 식품위생법의 정의
식품위생은 식품첨가물, 기구 또는 용기, 포장을 대상으로 하는 음식에 관한 위생을 말한다.

(2) 건전한 식품의 요소
영양생리성, 안전성, 기호성, 저장성, 편리성, 경제성

> **식품의 변질**
> - 부패(putrefaction) : 단백질의 변질
> - 산패(rancidity) : 미생물 이외의 산소, 햇빛, 금속 등에 의하여 산화, 분해
> - 변패(deterioration) : 단백질 이외 성분이 탄수화물과 지질의 분해

2) 식중독
원인에 따라 세균성 식중독, 자연독에 의한 식중독, 화학물질에 의한 식중독, 곰팡이 독소에 의한 식중독으로 나눌 수 있다.

(1) 일반적으로 병원미생물이나 유해한 화학물질에 오염된 식품을 섭취함으로써 단시간 내에

급작스럽게 생리적 이상이 발생되는 질환으로, 구토, 오심, 복통, 설사 등 급성 위장염 증상을 나타낸다.

(2) 곰팡이균에 의한 식중독은 당질이 풍부한 식품에서 흔히 볼 수 있다.

(3) 식중독은 24시간 이내의 단시간에 집단적으로 발생하고 환자에 의한 2차 감염은 드물다.

(4) 세균성 식중독

① 감염형 식중독 : 살모넬라, 장염 비브리오, 캠파일로박터, O-157, 장구균 식중독 등

② 독소형 식중독 : 포도상구균, 보툴리누스, 웰쉬균 식중독 등

식중독의 종류		증상 및 특성
감염형	살모넬라증	장내 세균의 일종이며 대장균과 유사한 병균 균이 장관점막에 작용함으로써 중독증상을 일으킨다.
	장염 비브리오	병원성 호염균에 의한 식중독 절인 식품에서 여름철에 많이 발생한다.
	캠파일로박터	잠복기는 2~7일로 추정 증상은 설사, 복통과 발열 등 음식을 충분히 가열하여 섭취하며 음료수는 완전 살균한다.
	O-157	햄버거에서 많이 발생 오염된 칼 등 고기 가공 과정에서 순간적으로 전파
독소형	보툴리누스	통조림, 소세지 등이 원인 신경계 급성 중독 가장 사망률이 높은 식중독, 혐기성 세균
	웰쉬균	토양에 널리 분포된 크로스트라튬 웰쉬균 등 식품에 침입해 번식하면서 독소 생성
	포도상구균	우리나라에 가장 많은 식중독 식중독균 중 잠복기가 가장 짧음 식중독 독소가 100°C에서 30분간 끓여도 파괴되지 않음

(5) 자연독에 의한 식중독

동물성	복어(테트로도톡신), 조개(미틸로톡신), 굴(베네루핀톡신)
식물성	목이버섯(무스카린톡신), 감자(솔라닌), 보리(맥각, 에르고톡신), 매실(아미그다인톡신)

(6) 복어 식중독의 특징

① 독은 복어의 난소, 고환, 내장에 다량 함유돼 있다.

② 호흡중추신경의 마비증상이 생긴다.

③ 중독증상은 식후 30분에서 5시간 사이 발생한다.

④ 독성은 끓는 물에 9시간 정도 가열해야 상실된다.

3) 식품첨가물

(1) 보존료(chemical preservation)

식품의 변질·부패를 방지하고 신선도를 보존해 영양가 손실을 방지하는 물질

예) 소르빈산, 안식향산, 디하이드로 초산, 프로피온산 나트륨 등

(2) 산화방지제(antioxidants)

공기 중 산소에 의한 변질 방지를 위한 첨가제

예) 디부틸 히드록시 톨루엔, 몰식자산 프로필, L-아스코르빈산, EDTA 등

(3) 살균료(bacteriocides gemicides)

전염병균 또는 식품의 부패 원인균을 사멸시키기 위해 식품에 첨가하는 것

예) 표백분, 차아염소산나트륨, 이염화이소시아뉼산나트륨 등

(4) 조미료(seasonings)

식품의 고유한 맛으로는 충족시키지 못 할 때 맛을 좋게 하기 위해 첨가하는 물질

예) 핵산계, 아미노산계, 유기산계로 구분

(5) 착색료(coloring matters)

색을 내기 위한 색소로, 자연색소가 바람직하나 합성산소를 쓰기도 함

예) 합성으로 타르 8종, 알루미늄레이크 7종 등

(6) 감미료(nonnutritive sweeterners)

당질 이외 감미를 가진 화학적 합성품의 총칭

4) 우유의 관리

(1) 저온살균법

영양손실이 가장 적은 살균법으로 62~63℃에서 30분 동안 가열 처리한다.

(2) 고온살균법

71.5℃에서 15초간 가열처리 후 60℃ 이하로 급냉시킨다.

(3) 초고온살균법

130~150℃에서 순간적으로 가열한다.

5) 식품의 보존법

(1) 물리적 보존법

① 건조 및 탈수법: 수분 15%이하, 곡류, 두류, 북어, 굴비

② 냉동 및 냉장법: -4℃, 1~4℃, 생선, 육류, 채소, 과일

③ 가열 살(멸)균법: 100(120)℃, 우유, 통조림

④ 밀봉법: 탈수상태유지, 라면, 과자류

⑤ 자외선, 방사선 조사법: 260nm, α, β, γ선 조사, 감자 씨

⑥ 통조림법: 가열, 밀봉

(2) 화학적 보존법

① 절임법: 10~15%, 소금물 50%, 설탕물, 강산성

② 방부제(보존료): 증식, 발육억제제

③ 가스저장법: CO_2나 N_2로 호기성 세균 번식억제, 난류

④ 훈증법: 훈증가스소독, 곡류

⑤ 훈연법: 참나무 등의 연기성분이용, 어패류, 육류

6. 보건행정

1) 보건행정의 개념

(1) 보건행정의 정의

보건행정은 공중보건의 목적을 달성하기 위하여 국민의 질병예방 및 수명연장, 신체적·정신적 효율의 증진 등 공공의 책임 하에 수행하는 행정활동으로 지역사회 전체주민을 대상으로 한다. 또한 질병예방, 건강증진, 생명연장 등 공중보건의 목적을 달성하기 위해서 행해지는 기술행정임과 동시에 보건교육, 보건관계 법규, 보건봉사의 세 흐름으로 시행한다.

(2) 보건행정의 범위

세계보건기구(WHO)에서 규정한 보건행정의 범위로는 보건관계 기록의 보존과 대중에 의한 보건교육, 환경위생, 전염병관리, 모자보건, 의료 및 보건간호 그리고 재해예방을 포함하고 있다.

2) 보건행정조직

(1) 중앙보건기구 : 보건복지가족부

① 국민 보건의 향상과 사회복지증진을 위한 정부의 중앙보건행정조직이다.

② 장점

　㉠ 전염병 관리 등 지역사회 단위에서는 불가능한 사업을 실시할 수 있다.

　㉡ 보건사업의 중복을 피할 수 있다.

　㉢ 정부 부처간 사업을 협력해 시행할 수 있다

③ 단점 : 각각의 지역사회 특성에 맞는 사업을 시행하기엔 한계가 있다

④ 역할 : 사회복지정책, 보험연금, 보건의료정책 등을 시행

⑤ 소속기관 : 국립의료원, 질병관리본부(구 국립보건원), 국립정신병원, 국립소록도병원, 국립재활원, 국립검역소, 식품의약품안전청 등

(2) 지방보건기구 : 보건소
① 보건계몽활동의 중심이 된다.
② 시·군·구에 설치돼 있으며 국가의 보조를 받는다.
③ 보건소에 대한 인사, 예산상의 지휘·감독 권한은 시장·군수·구청장에게 있다.
④ 지방자치단체의 사업소적인 성격을 띤다.
⑤ 보건소 간호 사업은 지역사회주민 전체를 대상으로 건강을 스스로 관리할 수 있는 능력 개발, 문제 발생 시 의료기관에 의뢰해 건강을 유지·증진할 수 있도록 하는 것이다.
⑥ 업무
·국민건강증진, 보건교육, 구강건강, 영양개선사업
·전염병 예방, 관리, 진료
·모자보건, 가족계획사업, 노인보건사업
·공중보건 및 식품위생
·의료인 및 의료기관 지도사항
·의료기사, 의무기록사, 안경사 지도
·공중보건의, 보건진료원, 보건지소 지도
·마약, 향정신성 의약품 관리
·응급의료 관련 사항
·정신보건사항
·가정, 사회복지시설 방문 및 보건의료사업
·주민진료, 건강진단 및 만성퇴행성질환 관리사항
·장애인 재활사업 및 사회복지사업
·주민보건의료 향상 및 증진

(3) 국제보건관련기구

대표적인 국제보건기구로는 세계보건기구(WHO), 유엔환경계획(UNEP), 유엔식량 농업기금(FAO), 국제연합아동긴급기금(UNICEF) 등이 있다.

> **세계보건기구 WHO(World Health Organization)**
> - 1948년 4월에 설립된 국제연합 산하의 전문기관
> - 모든 인류의 최고건강수준 달성을 목적으로 함
> - 스위스 제네바에 본부를 두고 전 세계를 6개의 지역사무소로 나눠 사업 진행(우리나라는 서태평양지역에 속함, 본부는 필리핀 마닐라)

3) 사회보장

(1) 사회보장의 정의

사회보장(Social Security)이란 국가가 국민의 생존권 실현과 생활권을 보장하기 위한 방법으로 국민들의 최저생활을 보장하기 위한 제도이다.

(2) 사회보장의 기능

① 인간다운 생활 보장
② 사회복지 증진
③ 소득의 재분배
④ 정치적, 소비적 기능

(3) 사회보장제도의 종류

① **사회보험** : 사회보장의 가장 큰 주류, 사회정책 수행 목적, 소요자금 보험료에 의존

소득보장	국민연금, 실업연금
의료보장	의료보험, 산업재해보험(사회구성원의 예측 불가능한 우발적 사고에만 적용)

② 공적부조

· 자력으로 생계유지가 불가능한 자의 생활을 자력으로 생활 할 수 있을 때까지 국가재정을 통해 보호해주는 일종의 구빈 제도
· 조세를 중심으로 일반재정에 의지(보험료를 내지 않음)

생활보호	재해구호, 무료배급, 수용소구호, 취로사업, 보훈사업
	의료보호

③ 공공서비스(사회복지서비스)

	일정지역 내의 모든 사람이 대상	
소득에 관계없이 국가, 지방자치단체에서 직접 서비스	사회복지서비스	환경위생사업, 급수사업
	보건의료서비스	노인복지, 장애인 복지, 아동복지 등
	전염병관리사업	불특정 다수인

4) 의료보장

(1) 건강보험

의료사고로 인한 경제적인 내비를 위해 재정적인 준비를 필요로 하는 다수인이 자원을 결합해 의료 수요를 상호 분담 충족하는 사회보장 형태. 위험 분산의 기능과 사회보험 성격으로서의 소득재분배 기능을 갖는다.

(2) 의료보호

저소득층 계층과 생활무능력자에 대해 의료비 일부 또는 전액을 부담하는 제도, 공적부조(국고 80%, 지방 20%) 형태로 운영한다.

① 1종(황색카드) : 사회복지시설 수용자 및 거택 보호자, 이재민, 국가유공자, 인간문화재, 월남 귀순자, 성병감염자, 행려병 환자 등
② 2종(녹색카드) : 자활보호자와 자활보호유사자

(3) 산재보험

노동부에서 주관. 요양, 휴업, 장해, 일시 급여 등으로 구성돼 각 사업장 단위로 강제적으로 가입해야 하는 보험이다.

5) 연금제도

연금제도는 경제능력이 줄어들거나 없어지는 시기를 대비해 소득을 보장하기 위한 제도로 국민연금, 군인연금, 사립학교교원연금, 공무원연금제도 등이 있다. 특히 국민연금제도는 가입자인 국민이 노령, 폐질 또는 사망으로 소득능력이 상실 또는 감퇴된 경우, 본인이나 그 유족에게 일정액의 급부를 행하여 안정된 생활을 할 수 있도록 국가가 운영하는 장기적인 소득보장제도이다. 국민연금제도는 국내에 거주하는 18세 이상 60세 미만의 국민이면 누구나 가입해야 한다.

part 2

소독학

1. 소독의 정의 및 분류

1) 용어의 정의

- 소독(disinfection) : 병원미생물의 생활력을 파괴하여 감염력을 없애는 것을 소독이라 한다.
- 살균(sterilization) : 미생물의 영양세포를 사멸 시키는 것
- 멸균(sterilization) : 모든 미생물의 생활력은 물론 미생물의 영양세포 및 포자를 사멸시키는 것으로 모든 균을 사멸시켜 무균상태로 만드는 방법이다.

※ 영어에서는 살균과 멸균을 구별하지 않고 sterilization 라 한다.

- 방부(antiseptic) : 병원성 미생물의 발육과 그 작용을 저지나 정지시켜 음식물 등의 부패나 발효를 방지하는 것 또는 미생물의 발육증식을 억제하는 것을 말한다.

> **소독력**
> - 강력한 정도 : 멸균 > 소독 > 방부 관리실에서는 적절한 절차와 소독 약품을 사용하여 병원체의 수를 적정 수준까지 줄여 감염능력을 없애거나 멸균을 통해 특정한 도구를 관리한다.

2) 소독의 구비조건

- 소독의 효과가 확실해야 한다.
- 경제적이고 사용방법이 간편한 것이 좋다.
- 부식성, 표백성이 없고 용해성이 높으며 안정성이 있어야 한다.

- 표면과 내부까지 소독이 되어야 한다.
- 소독할 때 가축이나 사람에게 해를 주어서는 안 된다.

3) 소독약의 조건
- 살균작용과 침투력이 강하고 사용이 간편하며 값이 싸야 한다.
- 용해성이 높고 방취력이 있어야 한다.
- 부식성과 표백성이 없으며 인체와 동물에게 해가 없어야 한다.
- 짧은 시간에 효과적이어야 하며, 필요한 경우 내부까지 소독할 수 있어야 한다.

소독약의 농도 표시

소독약이 고체일 때
소독약 1g을 물 100cc에 녹이면 1% 수용액이 된다. 물은 1g이 1cc이므로 1%용액이라 하면 1g을 100cc에 녹인 것을 말하며 100배 용액이라고도 한다.

소독약이 액체일 때
소독약 5cc에 물 95cc를 넣어 전체를 100cc로 만든 것

용질량(소독약)/용액량(희석액)×100 = 퍼센트(%)
용질량(소독약)/용액량(희석액)×1,000 = 퍼밀리(‰)
용질량(소독약)/용액량(희석액)×1,000,000 = 피피엠(ppm)

---

4) 소독제의 이상적인 구비조건
- 생물학적 작용을 충분히 발휘할 수 있는 것이라야 한다.
- 유기물질, 비누오염, 세제에 의한 오염, 물의 경도 및 물의 산도 변화에 따라 효력의 저하가 없는 것이라야 한다.
- 충분한 세척력을 가져야 한다.
- 독성이 적으면서 사용자에게 자극성이 없어야 한다.
- 필요한 농도만큼 쉽게 수용액을 만들 수 있는 것이라야 한다.
- 냄새가 없는 것 혹은 냄새가 나더라도 불쾌감을 주지 않아야 한다.

- 원액 혹은 희석된 상태에서 화학적으로 안정된 것이라야 한다.
- 소독할 대상물인 기구나 기계 등을 부식시키지 않아야 한다.

5) 소독약품 사용할 때 주의사항

- 취급 시 주의 : 소독약품은 의약품으로서 약사법에 의해서 취급된다.
- 농도 표시에 주의한다.
- 소독약병도 세균오염의 근거지가 될 수 있으므로 1회용으로 소량 용기에 시판한다.
- 소독약품은 보관 중에 약효가 감소되는 경우가 있으므로 주의사항에 따라 보관한다.
- 소독약품의 폐기는 환경오염 문제를 일으킬 수 있으므로 폐기 시 유의하여야 한다.

6) 소독약품 사용할 때 고려해야 할 상항

- 병원체의 종류
- 전파체의 종류
- 병원체의 전파양식
- 소독대상물의 종류

소독대상물에 따른 소독방법

소독대상	소독방법
대소변, 배설물, 토사물	소각법이 가장 좋다. 석탄산수, 크레졸수, 생석회분말 등도 사용된다.
의복, 침구류	일광소독, 증기소독, 자비소독을 하거나 석탄산수, 크레졸수에 2시간 정도 담가둔다.
초자기구, 도자기류	석탄산수, 크레졸수, 승홍수, 포르말린수 등이 사용된다.
고무, 피혁제품, 칠기	석탄산수, 크레졸수, 포르말린수 등이 사용된다.
화장실, 쓰레기통, 하수구	분변에는 생석회, 쓰레기통, 하수구는 석탄산수, 크레졸수, 승홍수, 포르말린수 등을 뿌린다.
병실	석탄산수, 크레졸수, 포르말린수 등을 뿌리거나 닦는다.
환자 및 환자 접촉자	석탄산수, 크레졸수, 승홍수, 역성비누를 사용하고 몸은 역성비누로 목욕시킨다.

7) 소독 시 주의사항

- 소독할 물건에 알맞은 소독약과 소독법을 선택한다.
- 소독대상물이 열, 광선, 소독약 등에 충분히 접속되도록 한다.
- 소독작용을 일으키기에 충분한 수분이 주어지도록 한다.
- 열, 광선, 소독약 등이 충분히 작용할 수 있도록 작용시간을 주어야 한다.
- 소독방법에 따라 적절한 온도와 압력을 유지해 주어야 한다.
- 약물은 사용할 때마다 새로 제조하여야 한다.
- 화학적 소독의 경우에는 소독약에 따라 정확한 사용농도를 준수하여야 한다.
- 약물을 밀폐시켜 냉암소에 보존하여야 한다.

2. 미생물 총론

1) 미생물학의 개요

인류의 역사에서 인간의 건강한 삶과 미생물은 분리해서 생각할 수 없게 되었다. 인간은 생존경쟁과 발전과정에서 끊임없이 새로운 환경에 적응하며 또 새로운 환경을 만들어 변화시키고 있다. 특히 사회의 다변화와 인간 욕구의 극대화에 따라 환경의 급속한 변화를 가져왔고 이러한 급속한 변화는 피부미용계도 예외일 수 없으며 그 어느 때보다도 심각한 영향을 끼치게 되었다. 즉, 피부 관리실의 환경 또한 전염성 질병으로부터 안전지대는 아니다. 에스테틱을 찾는 수많은 사람들의 대화와 직접 접촉은 물론, 각종 기구와 의복 등이 항상 노출되어 있기 때문에 피부미용사의 개인위생 뿐 만 아니라 고객들의 건강관리와 보호를 위해서도 철저한 위생관리와 청결 및 소독과 멸균에 대한 충분한 지식을 갖추고 전염병 관리에 최선을 다해야 할 것이다.

(1) 그리스의 히포크라테스(Hippocrates, B.C 460-357)

독기(miasma)가 질병 발생의 원인, 공기 중 유해 인자가 질병발생 주요 관련인자라 규정지음

(2) 중세유럽
페스트(흑사병)의 대유행으로 수천만의 인명이 희생, 전염병에 대한 격리와 위생 행정의 필요성 절감

(3) 존 스노우
19세기 런던 발생 콜레라에 대한 역학조사 최초로 실시, 콜레라의 발생과 전파가 음용수의 수질과 깊은 연관이 있음을 밝힘

(4) 코흐와 파스퇴르(19세기 말)
콜레라균과 결핵균 발견, 미생물병인설(미생물이 질병의 원인이 된다) 확립, 특히 접촉전염설(전염병의 발생은 전염원과의 접촉에 의하여 이루어진다)의 성립

(5) 리스터
영국 의사로, 무균수술법 창안, 산욕열의 발생을 억제함으로써 소독과 멸균이 질병의 발생과 확산을 억제한다는 사실 증명

2) 미생물학의 이해

지구상에는 수많은 종류의 생물들이 살고 있는데 크게 세 가지로 나누면 동물, 식물, 미생물로 나눌 수 있다. 미생물이란 현미경을 통하지 않고는 볼 수 없는 아주 작은 단세포 생물을 뜻하는 것으로, 흔히 생물에게 해로운 병원균 등이 우선적으로 떠오르지만 실제로는 인간에게 유용한 역할을 하는 미생물(정상세균 총)도 많다. 미생물학(microbiology)의 어원은 micro=small(작은), bios=living(살아있는), logy=study(학문)을 의미하는 합성어로써, 육안으로 볼 수 없는 아주 작은 생물체를 연구하여 전염병과 질병을 방지하려는 학문을 말한다. 따라서 미생물이란 약 0.1mm 이하의 생물체를 말하며, 여기에는 세균(bacteria), 바이러스(virus), 리케치아(rickettsia), 진균(fungi) 및 클라미디아(chlamydia) 등이 있다. 피부 관리실에서 병을 일으킬 수 있는 병원균으로는 곰팡이류와 효모, 사상균 및 박테리아, 바이러스가 있다.

3. 병원성 미생물

(1) 세균
세균은 육안으로 관찰할 수 없는 미세한 생물로 질병을 일으키지 않는 비병원균과 질병을 유발하는 병원균으로 나눌 수 있다. 병원균이 일으키는 질병으로는 콜레라, 장티푸스, 디프테리아, 결핵, 나병, 백일해, 페스트 등이 있으며 다음과 같이 나눌 수 있다.

① 구균
단독이나 떼 지어 나타나는 둥근 모양의 유기체

포도상 구균	종기, 농포 등 고름을 형성하는 것으로 떼 지어 성장
연쇄상 구균	고리(사슬) 모양으로 성장하는 고름형성유기체
쌍구균	20개의 쌍으로 성장하며 폐렴을 유발

② 간균
작고 얇거나 작고 두꺼운 구조, 둘 중 하나로 존재하는 막대기 모양 유기체이다. 가장 흔하며 파상풍, 유행성 감기, 장티푸스, 결핵, 디프테리아 등을 유발한다. 많은 간상균은 포자를 형성한다.

③ 나선균
곡선 모양이거나 나선형의 유기체이다. 매독균 등이 이에 속한다.

(2) 바이러스(virus)
살아있는 세포 속에서만 생존이 가능한 세균으로, 여과기를 통과하는 가장 작은 미생물이다. DNA나 RNA 중 어느 한 쪽만 가지고 있으며, 증식은 숙주세포에 의존하고 있다. 바이러스가 일으키는 질병에는 홍역, 폴리오, 유행성 이하선염, 일본뇌염, 광견병, 후천성면역결핍증, 간염 등이 있다.

(3) 기생충(parasite)

동물성 기생체로서 원충(protozoa)과 후생동물(metazoa)인 연충류가 있다. 기생충이 일으키는 질병은 말라리아, 사상충, 아메바성 이질, 회충증, 간·폐흡충증 등이 있다.

(4) 진균

광합성이나 운동성이 없는 생물로서 단단한 세포벽을 가진 것으로 백선, 칸디다증 등을 발생시킨다.

(5) 리케치아

균보다 작고 살아있는 세포 안에서만 기생하는 특성으로 세균과 구분되어 진다. 예전에는 클라미디아와 함께 바이러스로 분류되기도 하였다. 리케치아가 일으키는 질병은 발진티푸스, 발진열, 쯔쯔가무시병 등이 있다.

(6) 클라미디아

리케치아와 같이 진핵 생물의 세포 내에서만 증식하는 세포내 기생체이나 리케치아와 다른 점은 절지동물에 의한 매개를 필수로 하지 않고 균체계 내에 에너지 생산계를 갖지 않는 점으로 인하여 구분되며, 트라코마, 앵무새병(Psittacisis) 등을 일으킨다.

> **미생물의 크기**
> 곰팡이 〉 효모 〉 세균 〉 리케치아 〉 바이러스

(7) 미생물 증식 조건

분류	역할
영양소	미생물 발육을 위한 에너지원
수분	수분이 공급되면 발육이 증식
온도	저온균(냉장고 등 저온저장 식품류의 세균)·중온균(대부분의 세균)·고온균(온천수의 세균)
수소이온 농도	pH 5.0~8.5 정도에서 성장 미생물은 중성 내지 알칼리성을 좋아하나 효모나 곰팡이는 산성을 좋아하는 경우가 있음
산소	·호기성균 : 산소를 필요로 하는 세균(결핵균, 백일해균, 디프테리아균, 녹농균 등) ·혐기성균 : 산소를 필요로 하지 않는 세균(파상풍균, 보툴리누스균, 가스괴저균 등) ·통성혐기성균 : 산소 유·무와 관계없이 증식(살모넬라, 포도상구균, 대장균 등)

(8) 기생충(parasite)

사람이나 동물을 숙주로 그 표면 또는 내부에서 생활하면서 숙주에 피해를 주는 동물로 이, 벼룩 따위의 외부 기생충과 회충, 촌충, 십이지장충과 같은 내부 기생충이 있다. 서식처 및 영양물을 탈취해가는 생물을 기생체, 이를 제공하는 생물을 숙주라고 한다.

- 감염의 원인 : 환경 파괴, 분변의 비료화, 비위생적 식생활 습관, 영농방법, 생식 등

분류	채소로부터 감염	식용동물로부터 감염
원충류	아메바성이질	톡소플라즈마(toxoplasma)증
선충류	회충, 구충, 편충, 요충	
흡충류		간디스토마(제1중간숙주 : 쇠우렁이 제2중간숙주 : 잉어, 붕어) 폐디스토마(제1중간숙주 : 다슬기 제2중간숙주 : 게, 가재)
조충류		광절열두조충(제1중간숙주 : 물벼룩 제2중간숙주 : 연어, 숭어) 무구조충(민촌충 : 소고기) 유구조충(갈고리촌충 : 돼지고기)
선충류		선모충

• 기생충의 매개물에 따른 분류

매개물	토양	물, 채소	어패류	수육류	곤충매개	접촉
기생충	회충 편충 구충(십이지장충) (채소 생식 주의)	회충 편충 구충 이질아메바	간흡충 (민물고기) 폐흡충 (게, 가재)	유구조충 (돼지고기) 무구조충 (소고기)	모기 파리	요충 질트리코모나스

1) 병원소

병원체가 생활하고 증식하며 생존을 계속하여 다른 숙주에게 전파시킬 수 있는 상태로 저장되는 장소를 말한다.

종 류	내 용
인간병원소	환자, 무증상감염, 보균자(건강보균자, 잠복기보균자, 회복기보균자, 만성보균자)
동물병원소	소 : 결핵, 탄저, 파상열, 살모넬라증 돼지 : 탄저, 파상열, 살모넬라증, 일본뇌염 양 : 탄저, 파상열 개 : 광견병(공수병), 톡소플라스마 말 : 탄저, 살모넬라증, 유행성뇌염 쥐 : 살모넬라증, 페스트, 발진열, 렙토스피라증, 양충열
토양병원소	토양은 진균류, 파상풍 등의 병원소가 됨

2) 병원체의 탈출

병원체가 병원소로부터 탈출하는 경로를 말한다.

분류	병원체의 탈출 경로
호흡기	대화, 기침, 재채기 : 폐결핵, 폐렴, 백일해, 홍역, 수두, 디프테리아, 발진티푸스, 성홍열, 유행성 이하선염, 인플루엔자 등
소화기	분변이나 토물 : 세균성이질, 콜레라, 장티푸스, 파라티푸스, 폴리오 등
비뇨생식기	소변이나 분비물 : 성병 등
개방저	피부농양, 상처 등 : 나병 등
기계적	주사기 등 : 발진열, 발진티푸스, 나병 등

3) 전파

병원체가 병원소로부터 탈출하여 새로운 숙주로 옮겨가는 경로를 말한다.

(1) 전파 방법

분류	병원체의 전파 경로	
직접전파	신체접촉, 비말 등을 통해 전파 : 성병, 감기, 결핵, 홍역 등 · 비말감염 : 기침, 재채기, 이야기를 할 때 공기 속에 흩어져 나온 병원체에 의해 감염	
간접전파	활성전파체 (절족동물) · 출제빈도 4/14	모기 : 일본뇌염, 사상충, 황열, 말라리아 등 쥐 : 페스트, 발진열, 유행성출혈열, 살모넬라증, 양충병 등 이 : 발진티푸스, 재귀열 등 파리 : 콜레라, 장티푸스, 세균성이질, 기생충병 바퀴 : 콜레라, 장티푸스, 세균성이질, 살모넬라, 소아마비
	비활성전파체 · 출제빈도 1/14	무생물로 물, 우유, 식품, 공기, 토양, 개달물 · 개달물 : 물, 우유, 식품, 공기, 토양을 제외한 모든 비활성 매체(의복, 침구, 완구, 책, 수건 등)에 의한 감염

- 급성과 만성 감염병

급성	호흡기계	음용·조리용·개숫물 등을 통해 직접 또는 비말로 전파 디프테리아, 백일해, 홍역, 천연두, 유행성 이하선염, 풍진, 성홍열
	소화기계	감염원으로서의 물, 음식물을 경구섭취 함으로써 생기는 전염성 질환 콜레라, 세균성 이질, 장티푸스, 파라티푸스, 소아마비(폴리오) 등
	절족동물매개	페스트(쥐벼룩), 발진티푸스(이), 말라리아(모기), 유행성 일본뇌염(모기), 발진열(벼룩), 유행성 출혈열(진드기)
	동물매개	광견병(개), 탄저(소, 양, 말), 렙토스피라증(들쥐)
만성	발병 후 수개월에서 수년에 걸쳐 증상을 지속 내지 소장시키는 전염병 결핵, 나병, 성병, AIDS 등	

(2) 인수공통감염병

동물과 사람 사이에 상호 전파되는 병원체에 의하여 발생되는 감염병을 말한다.

- 탄저, 페스트, 공수병(광견병), 콜레라, 결핵, 광우병, 조류독감, 조류인플루엔자, 유행성출혈열 등

4) 새로운 숙주로 침입과 면역

침입방식은 병원소로부터 탈출하는 것과 대체로 일치하며 체내에 침입한 병원체에 대하여 감염 또는 발병을 방지할 수 있는 상태를 감수성이라고 한다. 그리고 병원체가 숙주체내에 침입하였을 때 방어 작용을 저항력(면역)이라고 한다.

- 감수성이 높고 면역이 감소할 때 감염되기 쉽다.

(1) 면역의 분류

면역	선천성면역(자연면역)			인종, 개인특이성 등
	후천성면역(획득면역)	능동면역	자연능동면역	감염 후 자연적으로 생성
			인공능동면역	예방접종(생균·사균·순화독소)
		수동면역	자연수동면역	모체로부터 태반이나 수유통해
			인공수동면역	인공제재 투여로 면역 활성화

- 후천성면역은 병원체 또는 그 독소를 면역원으로 예방접종하여 얻을 수 있으며 E.제너는 이 방법으로 종두법(천연두의 예방)을 최초로 발견하여 면역학의 기초를 이룩하였다.

• 예방접종의 형태

분류	예방접종 형태별 정의와 해당 감염병
생균백신	균을 죽이지 않고 그 독성을 약화 결핵, 두창, 폴리오, 홍역, 황열, 풍진, 인플루엔자, 광견병, 탄저
사균백신	병원균을 죽여서 만든 백신 파라티푸스, 콜레라, 폴리오, 페스트, 장티푸스, 일본뇌염, 백일해
순화독소	세균이 생산한 독소를 여러 가지로 처리하여 무독화 시킨 것 디프테리아, 파상풍

(2) 자연능동면역

① 영구면역 : 홍역, 볼거리, 풍진, 수두, 백일해, 장티푸스, 발진티푸스, 콜레라, 페스트

② 불현성감염 후 영구면역 : 일본뇌염, 폴리오

③ 이환(罹患)되어도 약한 면역만 형성 : 인플루엔자, 폐렴, 세균성이질, 디프테리아

④ 감염면역만 형성 : 매독, 임질, 말라리아

4. 소독방법

1) 자연소독법

(1) 태양광선(Sunlight)

① 태양광선의 살균작용은 가시광선, 적외선 및 대기 등의 공동작요인 산화에 의해 좌우된다.

② 이 중 가장 강력한 살균작용이 있는 파장은 2,900~3,200Å정도의 자외선이다.

(2) 한랭(Cold)

① 저온상태를 이용한 자연소독법이다.

② 저온은 세균의 신진대사 기능에 필요한 효소의 촉매속도 등을 지연시키게 되므로 세균발육이 저지되기는 하나 사멸되지는 않는다.

(3) 희석(Dilution)

① 희석 자체에 의한 살균효과는 없으나 대상자에게 청결하게 세척한 후 무한히 희석시키면 세균은 군란을 형성하므로 발육이 지연된다.
② 어떠한 감염원을 희석시켜 주는 행위 자체만으로도 소독의 실시와 같이 균수를 감소시킬 수 있게 된다.

2) 물리적 소독법(physical disinfection : 이학적 소독법)

(1) 건열법
수분을 제거한 건조한 상태에서 미생물을 사멸시키는 방법이다.

① 화염멸균법(flame sterilization)
알코올램프나 버너를 이용해 불꽃에 20초 이상 직접 접촉시켜 표면에 붙어있는 미생물을 사멸시키는 방법으로 미용기구 소독에 적합하다. 핀셋 등 금속류, 유리제품, 도자기류 등의 내열성이 강한 제품들이 적합하다. 재생가치가 없는 오물이나 폐기물을 태워버리는 소각법도 화염멸균법으로 가장 강력한 멸균법이다.

② 건열멸균법(dry heat sterilization)
건열멸균기를 이용하여 미생물을 산화 또는 탄화시켜 멸균하는 방법이다. 보통 멸균까지 140℃에서 4시간, 170℃에서 1~2시간 정도 소요되는데, 유리 기구, 주사기, 분말, 파라핀, 거즈, 오일 종류가 적합하다(미용분야의 대부분 기구들은 플라스틱 종류가 많으므로 건열을 이용하는 것은 부적절하다).

(2) 습열법
건열에 비하여 멸균대상물의 모든 부분에 골고루 열이 빠르게 전달되어 단시간 내에 멸균효과를 가져올 수 있어 가장 광범위하게 사용되는 멸균방법이다.

① 자비소독법(Boiling)

100℃ 끓는 물에서 15~20분간 끓이는 방법으로 완전한 멸균은 되지 않으나 대부분의 세균은 사멸한다(세균포자, 간염바이러스에는 효과가 없다).

· 기름류는 비누로 씻고 깨끗이 닦은 후 소독한다.
· 기포가 생기지 않도록 소독기 뚜껑을 꼭 밀폐한다.
· 물품이 완전히 물에 잠기도록 하고 물이 끓기 시작해서 10~20분간 끓인다.
· 유리제품은 처음부터 찬물에 넣고 소독하고 유리가 아닌 것은 물이 끓기 시작할 때 소독기에 넣는다.
· 끝이 날카로운 기구를 응급으로 사용하고자 할 때는 끝을 거즈나 소독포에 싸서 소독하거나 소다를 넣고 끓이면 끝이 무디어짐을 방지할 수 있다.

② 저온살균법(Pasteurization)

파스퇴르가 고안한 방법으로 62~63℃에서 30분, 75℃에서 15분 정도 가열 소독하는 방법이다. 영양성분 파괴 방지나 맛의 변질을 막고 결핵균, 소의 유산균, 살모넬라균, 구균들의 감염방지를 목적으로 한다. 분유제품, 알코올, 건조과실 등의 음식물에 주로 사용되는 살균법이다. 단, 대장균은 이 방법으로 전혀 사라지지 않는다는 단점이 있다.

③ 고압증기멸균법(autoclaving)

주로 이·미용기구, 의류, 고무제품, 약액 등의 멸균에 이용하며 현재 병원이나 실험실 등에서 가장 많이 이용되는 멸균법이다. 121℃ 정도의 고온의 수증기를 20(10Lbs, 115.2℃-30분, 15Lbs, 121℃-20분, 20Lbs, 126.5℃-15분)분간 7kg의 압력으로 접촉시켜서 아포를 포함한 모든 미생물을 사멸시키는 방법이다.

장점	· 포자를 사멸시키는 데 소용되는 멸균시간이 짧다. · 멸균 물품에 잔류 독성이 없다. · 많은 물품을 한꺼번에 처리할 수 있고 비용이 저렴하다. · 수증기 투과성만 좋으면 멸균 효과가 변화되지 않는다.
단점	· 100℃ 이상의 온도에서 견딜 수 없는 물품은 멸균할 수 없다. · 약제용 캡슐과 같이 물기가 닿으면 용해하는 것은 멸균할 수 없다. · 수증기가 통과하지 못하는 것, 분말, 모래, 부식되기 쉬운 재질, 예리한 칼날 등은 멸균할 수 없다. · 멸균 완료 후 멸균된 물건들을 꺼낼 때 주의하여야한다. · 멸균이 완전히 끝난 후에 문을 열어야 한다. · 멸균 후 시간이 지연되면 바깥 공기에 의한 오염이 일어날 수 있으므로 가능한 한 빨리 멸균시킨 물건들을 꺼낸다. · 반드시 두꺼운 목장갑, 멸균된 수건 등을 이용하여 꺼낸다.

④ 간헐멸균법(fractional sterilization)

고압증기멸균법에 의한 가열온도(100℃ 이상)에서 파괴될 수 있는 기구들을 멸균하는 방법으로 일정한 시간동안 간헐적으로 가열을 3회 정도 되풀이하여 멸균하는 방법이다. 주의사항으로 처음 가열 후 다음 가열 때까지, 즉 가열과 가열 사이에 20℃ 이상의 온도를 항상 유지해야 한다. 금속성 재료, 여과지, 액상재료, 물 등을 소독할 때 사용한다.

(3) 무가열처리법

열을 가하지 않고 균을 사멸시키거나 균의 활동을 억제하는 방법이다.

① 자외선조사멸균법

저전압 수은램프를 이용하여 살균력이 강한 260~280nm의 전자파를 방사시켜서 멸균하는 방법

· 무균실, 수술실, 제약실 등에서 공기, 식품, 기구 및 용기 등의 소독에 사용된다.

· 침투력은 약하기 때문에 물질의 표면에 붙어있는 미생물을 살균시키거나 미생물 발육에 필수 조건인 수분을 제거하는 건조작용을 한다.

· 1cm2당 85µW 이상의 자외선을 20분 이상 쬐어준다.

· 260~280nm의 파장 구간이 가장 강한 살균력을 나타낸다.

② 방사선 멸균법

코발트나 세슘과 같은 대량으로 방사선을 방출할 수 있는 방사선원을 이용하여 식품이나 산업용품, 의료품과 같은 피멸균품에 조사시킴으로써 피멸균품 내에 존재하는 미생물을 살균하는 방법이다. 방사선의 생물에 대한 작용이 하등생물일수록 저항력이 강하다.

장점	· 물품에 대한 방사선 투과력이 강해서 완전 포장된 물품의 멸균을 가능하게 하며 짧은 시간 내에 멸균효과를 얻을 수 있다. · 멸균 과정 중에 온도 상승이 아주 적어 가열멸균이 불가능한 물품에도 적용할 수 있다.

③ 여과 멸균법

열에 불안정한 액체 멸균에 이용되는 것으로, 가열에 의하여 변질될 가능성이 있는 혈청, 당 요소 등과 같은 재료의 멸균이나 바이러스의 분리 및 세균의 대사물질을 균체로부터 분리하고자 할 때 이용된다.

④ 초음파 살균법

초음파는 화학작용, 기계적 작용, 가열작용이 일어날 때 미세한 입자들의 움직임을 활성화시켜 충돌의 기회를 늘려 응집작용이 일어날 수 있으며, 이런 작용을 이용하여 살균의 한 방법으로 사용한다.

장점	신속하게 살균할 수 있다.
단점	· 정확하게 측정하기 어려운 살균력의 문제 · 고주파 가청음이 나와 사용자에게 불쾌감을 주는 문제 · 사용자마다 각기 다른 살균력의 차이를 보이는 것

3) 화학적 살균법

가스 멸균법은 멸균제를 가스 상태 혹은 공기 중에 분무시켜 미생물을 멸균시키는 화학적 살균의 방법으로, 고형재료, 기자재, 장치물, 식품 및 밀폐 공간 등에 존재하는 미생물을 사멸시킬 목적으로 이용된다.

(1) 가스 멸균법 사용 약제

① 에틸렌 옥사이드(E.O)

E.O가스 멸균은 일반적인 액체 상태의 살균제와 같이 작용은 신속하지 못하나 광범위한 미생물에 대해 수용액 상태나 가스 상태에서도 살균작용을 나타낸다. 낮은 온도(50% 습도에 54℃에서 5시간)에서 멸균하므로 냉멸균이라고도 한다.

장점	· 열에 약한 물품, 모든 미생물과 아포 멸균, 비부식성으로 손상을 주지 않음 · 구멍 있는 모든 물질을 완전히 투과 · 쉽게 저장하고 취급용이 소독물품 유효기간이 길다.
단점	· 특수하고 비싼 기계가 필요 · 멸균시간이 증기멸균보다 길고, 충분한 통기시간을 가진 후 사용 · 가스비가 비싸 비용이 많이 들고 가스의 인체 유해함이 논란

② 포름알데히드(HCHO)

포르말린액을 가열하거나 포르말린액에 과망간산칼륨을 투입하여 얻는 것으로, 포름알데히드는 세균포자를 포함한 광범위한 미생물 살균에 유효하다. 전염병 환자에 대한 가스 살균제로 이용되어 왔으나 투과성이 좋지 않는 점으로 인해 실용상의 문제점을 안고 있다. 살균력에 대한 수분의 영향은 매우 커서 대개 5% 정도까지 습도의 증가와 함께 살균력이 상승된다.

③ 오존

물의 살균제로 가장 유효한데 반응성이 풍부하고 산화작용이 강하다.

단점	· 불안정한 독성, 부식성으로 일반 멸균제로서의 이용범위가 매우 좁다. · 습한 공기 중보다 건조한 공기 중에서 더욱 안정 · 살균력은 작용조건이 달라짐에 따라 살균농도도 달라진다.

(2) 석탄산류(페놀화합물)

콜타르(Coaltar)에서 얻어지며, 세포단백질을 응고시켜 살균하는데, 작용이 강하고 약간의 열이나 건조한 곳에서 일정 농도가 유지되며 값이 싸다.

① 석탄산(Phenol)
- 석탄산 수용액으로 손 소독 시 3%, 기구 소독 시 5% 용액을 사용
- 피부에 자극이 강하여 인체에는 잘 사용하지 않고, 오염의류, 침구커버, 천, 브러시, 고무제품 등에 사용
- 소독액의 온도가 높을수록 효력이 높다.
- 소독약의 살균력 지표로 가장 많이 이용

② 크레졸
- 석탄산보다 2~3배 살균력이 강함
- 물에 잘 녹지 않아 보통 비누액에 50%를 혼합한 크레졸 비누액을 사용
- 피부 자극성은 없으나 냄새가 강한 단점

(3) 기 타

① 알코올(Alcohol)
- 70% 농도의 에탄올(ethanol)과 에탄올의 대용으로 30~50%의 이소프로판올(isopropanol)이 널리 사용
- 손, 피부, 기구의 소독에 이용
- 70% 알코올은 소독제로 분류
- 피부 표면에 있는 미생물 수를 감소시키는데 있어 물과 비누보다 효과적
- 완전 멸균을 시키는 것이 아니라 세포활동을 정지시키는 소독으로 소독력이 약함

② 과산화수소(H_2O_2)
- 무독성 살균제인 과산화수소는 살균 및 표백, 탈취작용
- 자극성이 적어 상처, 구내염, 입안 세척, 인두염에 사용
- 3% 용액을 상처 소독제로 사용하는데 보관 시 어두운 병에 보관

③ 염소
- 가스 또는 표백분으로 사용
- 균체의 단백질을 변성시켜 살균 작용
- 값이 싸고 강하나 독특한 냄새가 단점

④ 붕산
- 약한 정균작용과 방부작용
- 살균제보다 세척용으로 많이 쓰임

⑤ 질산은(AgNo)
- 점막소독이나 질염의 치료제
- 1% 용액은 신생아의 임균성 안염 예방에 사용

⑥ 승홍수($HgCl_2$)
- 염화 제2 수은의 수용액
- 강력한 살균력이 있어 피부소독에는 0.1%, 매독성 질환에는 0.2%의 용액을 사용
- 독성이 강하고 금속을 부식시키므로 점막이나 금속 기구를 소독하는 데는 적당하지 않음
- 수용액을 만들 때 같은 양의 염화칼륨이나 식염을 첨가하면 용액은 중성이 되고 자극성이 완화

⑦ 역성 비누
- 과일, 야채, 식기 소독은 0.01~0.1%
- 손 소독은 10%의 원액

4) 소독약의 살균기전

(1) 소독제에 따른 살균 기전

소독제	살균기전
염소(Cl_2)와 그 유도체, 과산화수소(H_2O_2), 과망간산칼륨($KMnO_4$), 오존(O_3)	산화작용
석탄산, 알코올, 산, 알칼리, 크레졸, 승홍수	균체의 단백 응고 작용
강산, 강알카리, 열탕수	가수분해
석탄산, 알코올, 중금속염, 역성비누	균체 효소계의 침투에 의한 불활성화 작용
식염, 설탕, 알코올, 포르말린	탈수작용
중금속염	균체내 염의 형성 작용
석탄산, 중금속염	균체막 삼투압의 변화 작용
이상 상호 작용의 복합에 의한 소독	복합작용

(2) 주요 소독약의 종류와 효능

소독약	사용농도	효능
석탄산 (Phenol)	3% 수용액	병원환자의 오염의류, 용기, 오물, 실험대, 배설물, 배설물 방역용으로 가장 많이 사용 고온일수록 소독효과가 크며 바이러스, 세균 포자에는 효과 없으나 세균 소독, 금속 부식성
알코올 (Alcohol)	메틸 75% 에틸 70%	무포자균에 유효 피부, 기구 소독
크레졸 (Cresol)	3% 수용액	손, 식기, 오물, 객담 물에 난용성으로 비누액(3%)으로 사용. 소독력은 강하나 냄새가 강한 단점
과산화수소	3% 수용액	자극성이 적어 상처, 구내염, 입안세척, 인두염에 적당 무포자균 살균
승홍수	0.1% (1000배 희석)	무색·무취이므로 색소 첨가 후 사용 손·발, 피부
역성비누	0.01~0.1%	보통비누와 반대로 양이온을 가진 부분이 활성을 띈다. 일반비누와 사용 시 살균효과 감소 식품소독, 수저, 식기, 행주, 도마, 손 등의 소독 무독, 무해, 무미, 무자극성이나 강한 침투력과 살균력
머큐로롬	2%	피부 짐믹이나 싱처 소독 무독성이나 저살균력
생석회		분변, 하수, 오수, 오물, 토사물 등 결핵균과 아포형성균에 효과 공기 중에 장기 노출 시 소독효과 저하
표백분	유효염소30% 이상	채소류, 과일, 음용수, 수영장
석회유	생석회분말: 물(2:8)	건조한 소독 대상물

5. 분야별 위생·소독

1) 실내환경 위생, 소독
실내공기는 보건복지가족부령이 정하는 위생관리기준에 적합하도록 유지하여야 한다.

2) 환경위생소독
(1) 화장실, 쓰레기통, 하수구 : 분변에는 생석회, 쓰레기통, 하수구는 석탄산수, 크레졸수, 승홍수, 포르말린수 등을 뿌린다.

(2) 병실 : 크레졸수, 석탄산수, 포르말린수를 뿌리거나 닦는다.

(3) 환자 및 접촉자 : 석탄산수, 크레졸수, 승홍수, 역성비누를 사용한다.

(4) 의복 침구류 : 일광, 증기, 자비소독을 하거나 석탄산수, 크레졸에 2시간 정도 담가둔다.

(5) 고무, 피혁제품, 칠기 : 크레졸수, 석탄산수, 포르말린수등이 사용된다.

(6) 초자기구, 도자기류 : 크레졸수, 석탄산수, 승홍수, 포르말린수 등이 사용된다.

(7) 대소변, 배설물, 토사물 : 소각법이 좋으며 크레졸수, 석탄산수, 생석회 분말등도 사용된다.

part 3

공중위생관리법규(법, 시행령, 시행규칙)

1. 목적 및 정의

1) 공중위생관리법의 목적(제1조)
공중이 이용하는 영업과 시설의 위생관리 등에 관한 사항을 규정함으로써 위생 수준을 향상시켜 국민의 건강증진에 기여함을 목적으로 한다.

2) 공중위생관리법의 정의(제2조)
① 공중위생영업 : 다수인을 대상으로 위생관리 서비스를 제공하는 영업으로 숙박업, 목욕장업, 이용업, 미용업, 세탁업, 위생관리용역업을 말한다.
② 미용업 : 손님의 얼굴, 머리, 피부 등을 손질하여 손님의 외모를 아름답게 꾸미는 영업을 말한다.

미용업(종합)	2007년 12월 31일 이전에 미용사자격을 취득한 자로서 미용사면허를 받은 자: 각 목에 따른 영업에 해당하는 모든 업무
미용업(일반)	파마 · 머리카락자르기 · 머리카락모양내기 · 머리피부손질 · 머리카락염색 · 머리감기, 의료기기나 의약품을 사용하지 아니하는 눈썹손질
미용업(피부)	의료기기나 의약품을 사용하지 아니하는 피부상태분석 · 피부관리 · 제모(除毛) · 눈썹손질을 하는 영업
미용업(네일)	손톱과 발톱을 손질 및 화장하는 영업
미용업(메이크업)	얼굴 등 신체의 화장 · 분장 및 의료기기나 의약품을 사용하지 아니하는 눈썹손질

2. 영업의 신고 및 폐업

1) 공중위생영업의 신고 및 폐업신고(제3조)

(1) 공중위생영업을 하고자 하는 자는 공중위생영업의 종류별로 보건복지가족부령이 정하는 시설 및 설비를 갖추고 시장·군수·구청장에게 신고하여야 한다.

① **제출서류** : 영업시설 및 설비개요서, 교육필증, 면허증 원본신규 영업신고의 구비서류에 하자가 없는 경우 즉시 영업신고증을 교부해 시설 및 설비에 대한 확인이 필요한 경우에는 영업신고증 교부 후 15일 이내에 신고사항을 확인하여야 한다.

② **재교부** : 영업신고증재교부신청서(전자문서로 된 신청서 포함)를 영업신고증을 포함하여 시장·군수·구청장에게 신청한다.

- 영업신고증을 잃어버렸을 때
- 영업신고증이 헐어서 못 쓰게 된 때
- 영업신고증의 기재사항이 변경된 때(성명과 주민등록번호 변경에 한함)

공중위생영업의 시설 및 설비기준

- 미용기구는 소독을 한 기구와 소독하지 아니한 기구를 구분하여 보관 할 수 있는 용기를 비치하여야 한다.
- 소독기·자외선 살균기 등 미용기구를 소독하는 장비를 갖추어야 한다.
- 영업소 내에 작업 장소·응접장소·상담실·탈의실·물품보관실을 설치할 수 있으나, 외부에서 내부를 확인할 수 있도록 작업 장소, 응접장소, 상담실, 탈의실 등에 들어가는 출입문의 1/3이상은 투명하게 하여야 한다.
- 피부미용을 위한 작업 장소 내에는 베드와 베드사이에 칸막이를 설치할 수 있으나, 작업 장소 내에 설치된 칸막이에 출입문이 있는 경우 그 출입문의 1/3이상은 투명하게 하여야 한다.

---

(2) 보건복지가족부령이 정하는 중요 사항을 변경하고자 하는 때에도 시장·군수·구청장에게 신고하여야 한다.

① 보건복지가족부령이 정하는 중요사항

- 영업소의 명칭 또는 상호
- 영업소의 소재지
- 신고한 영업장 면적 3분의 1 이상의 증감
- 대표자의 성명(법인의 경우)

  ※ 신고를 받은 시장·구청장은 영업신고증을 고쳐 쓰거나 재교부하여야 한다.

② 공중위생영업의 승계

- 승계자는 1월 이내에 시장·군수·구청장에게 신고해야 한다.
- 공중위생업자가 그 공중위생영업을 양도하거나 사망한 때, 법인의 합병이 있는 때
- 민사집행법에 의한 경매, '채무자 회생 및 파산에 관한 법률'에 의한 환가나 국세징수법·관세법, 또는 지방세법에 의한 압류재산의 매각, 그 밖에 이에 준하는 절차에 따라 공중위생영업 관련시설 및 설비의 전부를 인수한 자
- 미용업의 경우, 규정에 의한 면허를 소지한 자에 한해 승계할 수 있다.
- 상속의 경우, 가족관계증명서 및 상속인임을 증명할 수 있는 서류를 제출한다.

(3) 폐업 신고

신고를 한 자(이하 공중위생영업자)는 공중위생영업을 폐업한 날부터 20일 이내에 시장·군수·구청장에게 신고하여야 한다(영업신고증 첨부).

(4) 공중위생영업자의 위생관리의무 등(제4조)

공중위생영업자는 그 이용자에게 건강상 위해요인이 발생하지 아니하도록 영업 관련 시설 및 설비를 위생적이고 안전하게 관리하여야 한다.

이 · 미용기구의 소독기준 및 방법

- 자외선소독 : 1㎠당 85㎼ 이상의 자외선을 20분 이상 쬐어준다.
- 건열멸균소독 : 섭씨 100℃ 이상의 건조한 열에 20분 이상 쬐어준다.
- 증기소독 : 섭씨 100℃ 이상의 습한 열에 20분 이상 쬐어준다.
- 열탕소독 : 섭씨 100℃ 이상의 물속에 10분 이상 끓여준다.
- 석탄산수소독 : 석탄산수(석탄산 3%, 물 97%의 수용액)에 10분 이상 담가둔다.
- 크레졸소독 : 크레졸수(크레졸 3%, 물 97%의 수용액)에 10분 이상 담가둔다.
- 에탄올 소독 : 에탄올수용액(에탄올 70%)에 10분 이상 담가 두거나 에탄올 수용액을 머금은 면 또는 거즈로 기구의 표면을 닦아준다.

미용업자가 준수하여야 할 위생관리기준

- 점 빼기·귓불 뚫기·쌍꺼풀 수술·문신·박피술 그 밖에 이와 유사한 의료행위를 하여서는 아니 된다.
- 피부미용을 위하여 약사법 규정에 의한 의약품 또는 의료용구를 사용하여서는 아니 된다.
- 미용기구 중 소독을 한 기구와 소독하지 아니한 기구는 각각 다른 용기에 넣어 보관하여야 한다. 미용기구의 소독 기준 및 방법은 보건복지가족부령으로 정한다.
- 1회용 면도날은 손님 1인에 한하여 사용하여야 한다.
- 업소 내에 미용업신고증, 개설자의 면허증 원본 및 미용요금표를 게시하여야 한다.
- 영업장안의 조명도는 75룩스 이상이 되도록 유지하여야 한다.

(5) 공중이용시설의 위생관리(제5조)

① 실내 공기는 보건복지가족부령이 정하는 위생관리기준에 적합하도록 유지할 것

② 영업소·화장실 기타 공중이용시설 안에서 시설이용자의 건강을 해할 우려가 있는 오염물질이 발생되지 아니 하도록 할 것. 이 경우 오염물질의 종류와 오염허용기준은 보건복지가족부령으로 정한다.

공중이용시설의 실내공기 위생관리 기준	4시간 평균 실내 미세먼지의 양이 150μg/㎥을 초과하는 경우에는 실내공기 정화 시설(덕트) 및 설비를 교체 또는 청소하여야 한다.	
	실내공기 정화시설 안의 퇴적 분진량이 5g/㎥을 초과하는 때에는 청소를 하여야 한다.	
	제1호의 규정에 따라 청소하여야 하는 실내공기 정화시설 및 설비는 다음과 같다.	공기정화기와 이에 연결된 급·배기관(급·배기구를 포함한다)
		중앙집중식 냉·난방 시설의 급·배기구
		실내 공기의 단순 배기관
		화장실용 배기관
		조리실용 배기관

공중이용시설 안에서 발생되지 아니하여야 할 오염물질의 종류와 허용되는 오염의 기준	오염물질의 종류	오염 허용기준
	미세먼지(PM-10)	24시간 평균치 150μg/m3
	일산화탄소(CO)	1시간 평균치 25ppm 이하
	이산화탄소(CO2)	1시간 평균치 1,000ppm 이하
	포름알데히드(HCHO)	1시간 평균치 120μg/m3 이하

3. 영업자준수사항

1) 점빼기·귓불뚫기·쌍꺼풀수술·문신·박피술 그 밖에 이와 유사한 의료행위를 하여서는 아니 된다.

2) 피부미용을 위하여 약사법 규정에 의한 의약품 또는 의료용구를 사용하여서는 아니 된다.

3) 미용기구 중 소독을 한 기구와 소독을 하지 아니한 기구는 각각 다른 용기에 넣어 보관하여야 한다.

4) 1회용 면도날은 손님 1인에 한하여 사용한다.

5) 업소 내에 미용업 신고증, 개설자의 면허증원본 및 미용요금표를 게시하여야 한다.

6) 영업장안의 조명도는 75룩스(lux) 이상이 되도록 유지하여야 한다.

4. 면허

1) 미용사의 면허 등(제6조)

(1) 미용사가 되고자 하는 자는 보건복지가족부령에 의하여 시장·군수·구청장의 면허를 받아야 한다.

① 전문대학 또는 이와 동등 이상의 학력이 있다고 교육과학기술부 장관이 인정하는 학교에서 미용에 관한 학과를 졸업한 자(졸업증명서 또는 학위증명서). '학점인정 등에 관한 법률'에 따라 대학 또는 전문대학을 졸업한 자와 동등 이상의 학력이 있는 것으로 인정되어 미용에 관한 학위를 취득한 자

② 고등학교 또는 이와 동등 이상의 학력이 있다고 교육과학기술부 장관이 인정하는 학교에서 미용에 관한 학과를 졸업한 자(졸업증명서 또는 학위증명서).

③ 교육과학기술부 장관이 인정하는 고등기술학교에서 1년 이상 미용에 관한 소정의 과정을 이수한 자(이수증명서).

④ 국가기술자격법에 의한 미용사의 자격을 취득한 자(자격증 사본).

(2) 미용사 면허 신청 시 첨부서류

① 고등학교 이상 전공자에 한 해 이수증명서 또는 졸업 증명서 1부

② 건강진단서 1부

③ 사진 2매 : 6개월 이내 찍은 3×4의 탈모한 정면 상반신 사진 2매

(3) 미용사의 면허를 받을 수 없는 자

① 금치산자

② 간질병자 또는 정신질환자(단, 정신질환자의 경우, 전문의가 미용사(피부)로 적합하다고 인정하는 자는 진단서 제출 후 제외)

③ 공중의 위생에 영향을 미칠 수 있는 전염병 환자로 보건복지가족부령이 정하는 자 : 결핵(비전염성인 경우 제외) 환자

④ 마약 기타 대통령령으로 정하는 약물 중독자 : 대마 또는 향정신성의약품의 중독자

⑤ 면허가 취소된 후 1년이 경과되지 아니한 자

2) 미용사의 면허취소 등(제7조)

(1) 시장·군수·구청장은 면허를 취소하거나 6월 이내의 기간을 정하여 그 면허의 정지를 명할 수 있다.

① 법 또는 법에 따른 명령에 위반한 때

② 결격사유에 해당하게 된 때

③ 면허증을 다른 사람에게 대여한 때

면허가 취소되거나 정지명령을 받은 자는 지체 없이 관할 시장·군수·구청장에게 면허증을 반납하여야 하며, 반납한 면허증은 그 면허정지기간 동안 관할 시장·군수·구청장이 이를 보관하여야 한다.

(2) 면허증의 기재사항에 변경(성명 및 주민등록번호의 변경에 한함)이 있는 때, 면허증을 잃어버린 때, 면허증이 헐어 못 쓰게 된 때에는 시장·군수·구청장에게 면허증의 재교부를 신청할 수 있다 : 면허증의 원본, 6개월 이내 찍은 상반신 사진 제출

(3) 면허증을 잃어버린 후 재교부 받은 자가 그 잃어버린 면허증을 찾은 때에는 지체 없이 재교부 받은 시장·군수·구청장에게 이를 반납하여야 한다.

(4) 미용사의 수수료

① 이용사 또는 미용사 면허를 신규로 신청하는 경우 : 5천 500원

② 이용사 또는 미용사 면허를 재교부 받고자 하는 경우 : 3천원

5. 업무

1) 미용사의 업무 범위 등(제8조)

(1) 미용사의 면허를 받은 자가 아니면 미용업을 개설하거나 그 업무에 종사할 수 없다. 다만,

미용사의 감독을 받아 미용 업무의 보조를 행하는 경우에는 그러하지 아니하다.

(2) 미용의 업무는 영업소 외의 장소에서 행할 수 없다. 다만, 보건복지가족부령이 정하는 특별한 사유가 있는 경우에는 그러하지 아니하다.

① 질병 기타의 사유로 인하여 영업소에 나올 수 없는 자에 대하여 미용을 하는 경우

② 혼례 기타 의식에 참여하는 자에 대하여 그 의식 직전에 미용을 하는 경우

③ 「사회복지사업법」 제2조제4호에 따른 사회복지시설에서 봉사활동으로 이용 또는 미용을 하는 경우

④ 방송 등의 촬영에 참여하는 사람에 대하여 그 촬영 직전에 이용 또는 미용을 하는 경우

⑤ 이외 특별한 사정이 있다고 시장·군수·구청장이 인정하는 경우

미용사의 업무범위

1. 미용사

2007년 12월 31일 이전에 미용사 자격을 취득한 자로 미용사 면허를 받은 자 파마, 머리카락 자르기, 머리카락 모양내기, 머리피부손질, 머리카락 염색, 머리감기, 손톱과 발톱의 손질 및 화장, 피부미용(의료기기나 의약품을 사용하지 아니하는 피부 상태 분석, 피부 관리, 제모, 눈썹손질을 말한다), 얼굴의 손질 및 화장

2. 미용사(일반)

2008년 1월 1일 이후 국가기술자격법에 의하여 미용사(일반)의 자격을 취득한 자 파마, 머리카락 자르기, 머리카락 모양내기, 머리피부손질, 머리카락 염색, 머리감기, 손톱과 발톱의 손질 및 화장, 의료기기나 의약품을 사용하지 아니하는 눈썹손질, 얼굴의 손질 및 화장

3. 미용사(피부)

2008년 1월 1일 이후 국가기술자격법에 의하여 미용사(피부)의 자격을 취득한 자 의료기기나 의약품을 사용하지 아니하는 피부상태 분석, 피부 관리, 제모, 눈썹손질

4. 미용사(네일)

· 2015년 4 17일 이후 국가기술자격법에 의하여 미용사(네일)의 자격을 취득한 자
· 손톱과 발톱의 손질 및 화장

5. 미용사(메이크업)

· 2016년 9월 23일 이후 국가기술자격법에 의하여 미용사(메이크업)의 자격을 취득한 자
· 얼굴 등 신체의 화장·분장 및 의료기기나 의약품을 사용하지 아니하는 눈썹손질

6. 행정지도 감독

1) 보고 및 출입 · 검사(제9조)
특별시장·광역시장·도지사 또는 시장·군수·구청장은 공중위생 관리 상 필요하다고 인정하는 때에는 공중위생영업자 및 공중이용시설의 소유자 등에 대하여 필요한 보고를 하게 하거나 소속 공무원으로 하여금 영업소·사무소·공중이용시설 등에 출입하여 공중위생영업자의 위생관리의무 이행 및 공중이용시설의 위생관리실태 등에 대하여 검사하게 하거나 필요에 따라 공중위생영업장부나 서류를 열람하게 할 수 있다.

(1) 보고 및 출입, 검사의 방법
관계공무원은 그 권한을 표시하는 증표를 지녀야 하며, 관계인에게 이를 내보여야 한다.

(2) 검사의뢰
특별시장·광역시장·도지사 또는 시장·군수·구청장은 소속 공무원이 공중위생영업소 또는 공중이용시설의 위생관리실태를 검사하기 위하여 검사대상물을 수거한 경우에는 수거증을 공중위생영업자 또는 공중이용시설의 소유자, 점유자, 관리자 등에게 교부하고 검사를 의뢰하여야 한다.
① 특별시·광역시 도의 보건환경연구원
② 국가표준기본법 제 23조 규정에 의해 인정을 받은 시험·검사기관
③ 시·도지사 또는 시장·군수·구청장이 검사능력이 있다고 인정하는 검사기관

(3) 출입 · 검사 결과의 기록
출입 검사를 실시한 관계 공무원은 당해 업소가 비치한 서식의 출입·검사 등의 기록부에 그 결과를 기록하여야 한다.

2) 공중위생영업소의 폐쇄(제11조)
(1) 시장·군수·구청장은 공중위생영업자가 공중위생관리법 또는 이 공중위생관리법에 의한 명

령에 위반하거나 또는 「성매매알선 등 행위의 처벌에 관한 법률」·「풍속영업의 규제에 관한 법률」·「청소년보호법」·「의료법」에 위반하여 관계행정기관의 장의 요청이 있는 때에는 6월 이내의 기간을 정하여 영업의 정지 또는 일부 시설의 사용 중지를 명하거나 영업소 폐쇄 등을 명할 수 있다.

(2) 영업의 정지, 일부 시설의 사용중지와 영업소 폐쇄 명령 등의 세부적인 기준은 보건복지가족부령으로 정한다.

(3) 시장·군수·구청장은 공중위생영업자가 영업소 폐쇄 명령을 받고도 계속 영업 시 다음의 조치를 할 수 있다.

① 해당 영업소의 간판 기타 영업표지물의 제거
② 해당 영업소가 위법한 영업소임을 알리는 게시물 등의 부착
③ 영업을 위하여 필수불가결한 기구 또는 시설물을 사용할 수 없게 하는 봉인
④ 같은 종류의 영업 금지

- 성매매알선 등 행위의 처벌에 관한 법률·풍속영업의 규제에 관한 법률·청소년보호법을 위반하여 폐쇄령을 받은 자는 2년이 경과하지 아니한 때에 같은 종류의 영업을 할 수 없다.
- 그 외의 법률을 위반하여 폐쇄명령을 받은 자는 1년이 경과하지 아니한 때에는 같은 종류의 영업을 할 수 없다.
- 성매매알선 등 행위의 처벌에 관한 법률·풍속영업의 규제에 관한 법률·청소년보호법을 위반하여 폐쇄명령이 있은 후 1년이 경과하지 아니한 때에는 누구든 그 폐쇄명령이 이루어진 영업장소에서 같은 종류의 영업을 할 수 없다.
- 그 외의 법률 위반으로 폐쇄명령이 있은 후 6개월이 경과하지 아니한 때에는 누구든 그 영업장소에서 같은 종류의 영업을 할 수 없다.

3) 청문(제12조)

시장·군수·구청장은 미용사의 면허취소나 면허정지, 공중위생영업의 정지, 일부 시설의 사용중지 및 영업소 폐쇄명령 등의 처분을 하고자 하는 때에는 청문을 실시하여야 한다.

7. 업소위생등급

1) 위생서비스 수준의 평가(제13조)

(1) 위생서비스 수준의 평가는 2년마다 실시한다.

시·도지사는 위생서비스평가계획을 수립하여 시장·군수·구청장에게 통보하고, 시장·군수·구청장은 평가한다.

(2) 위생관리등급의 구분

① 최우수업소 : 녹색등급

② 우수업소 : 황색등급

③ 일반관리대상 업소 : 백색등급

(3) 위생관리 등급 판정을 위한 세부 항목, 등급 결정 절차와 기타 위생서비스 평가에 필요한 구체적인 사항은 보건복지가족부장관이 정하여 고시한다.

2) 공중위생감시원(제15조)

(1) 공중위생감시원의 배치

관계 공무원의 업무를 행하게 하기 위하여 특별시·광역시·도 및 시·군·구에 공중위생감시원을 둔다.

(2) 공중위생감시원의 자격 및 임명

시·도지사 또는 시장·군수·구청장은 다음에 해당하는 소속 공무원 중에서 공중위생감시원을 임명한다.

① 위생사 또는 환경기사 2급 이상의 자격증이 있는 자

② 고등교육법에 의한 대학에서 화학, 화공학, 환경공학 또는 위생학 분야를 전공하고 졸업한 자 또는 이와 동등 이상의 자격이 있는 자

③ 외국에서 위생사 또는 환경 기사의 면허를 받은 자

④ 3년 이상 공중위생행정에 종사한 경력이 있는 자

※ 예외 : 시·도지사 또는 시장·군수·구청장은 위생에 해당되는 자만으로 공중위생감시원의 인력확보가 곤란하다고 인정되는 때에는 공중위생행정에 종사하는 자 중 공중위생감시에 관한 교육훈련을 2주 이상 받은 자를 공중위생행정에 종사하는 기간 동안 공중위생감시원으로 임명할 수 있다.

(3) 공중위생감시원의 업무 범위
① 공중위생영업의 신고에 의한 설비 및 설비의 확인
② 공중위생영업자의 위생관리의무 등에 의한 공중위생영업 관련 시설 및 설비의 위생상태 확인·검사, 공중위생영업자의 위생관리 의무 및 영업자 준수사항 이행 여부의 확인
③ 공중이용시설의 위생관리에 의한 공중이용시설의 위생관리상태의 확인·검사
④ 위생지도 및 개선명령에 의한 위생지도 및 개선명령 이행 여부의 확인
⑤ 공중위생영업소의 폐쇄 등에 의한 공중위생영업소의 영업의 정지, 일부 시설의 사용중지 또는 영업소 폐쇄명령 이행 여부의 확인
⑥ 위생교육에 의한 위생교육 이행 여부의 확인

(4) 명예공중위생감시원의 자격
명예공중위생감시원은 시·도지사가 다음에 해당하는 자 중에서 위촉한다.
① 공중위생에 대한 지식과 관심이 있는 자
② 소비자 단체, 공중위생관련 협회 또는 단체의 소속 직원 중에서 당해 단체 등의 장이 추천하는 자

(5) 명예공중위생감시원의 업무
① 공중위생 감시원이 행하는 검사대상물의 수거 지원
② 법령위반 행위에 대한 신고 및 자료 제공
③ 그 밖에 공중위생에 관한 홍보·계몽 등 공중위생관리업무와 관련하여 시·도지사가 따로 정하여 부여하는 업무

(6) 명예공중위생감시원의 운영

① 시·도지사는 명예감시원의 활동지원을 위하여 예산의 법위 안에서 시·도지사가 정하는 바에 따라 수당 등을 지급 할 수 있다.

② 명예감시원의 운영에 관하여 필요한 사항은 시·도지사가 정한다.

8. 위생교육(제17조)

1) 공중위생영업자는 매년 3시간씩 위생교육을 받아야 한다.
2) 시장·군수·구청장은 위생교육의 전문성을 높이기 위해 필요하다고 인정하는 경우에는 관련 전문기관 또는 단체로 하여금 위생교육을 실시할 수 있다. 이 경우 위생교육을 실시하는 기관 또는 단체는 교육목적과 교육대상자별로 적절한 교육교재를 편찬하여 교육대상자에게 제공하고, 수료증을 교부하여야 한다.
3) 교육 대상자 중 질병 등 부득이한 경우로 위생교육을 받을 수 없는 자는 통지된 교육일로부터 6월 이내에 받게 할 수 있다.
4) 공중위생영업신고를 하고자 하는 자는 미리 위생교육을 받아야 한다.

위생교육을 받아야 하는 자 중 영업에 직접 종사하지 아니하거나 2곳 이상의 장소에서 영입을 하고자 하는 자는 종업원 중 공중위생에 관한 책임자를 지정하는 경우 그 책임자로 하여금 위생교육을 받게 할 수 있다.

5) 시장·군수·구청장은 교육대상자 중 교육 참석이 어렵다고 인정되는 도서·벽지 등의 영업자에 대하여는 교육교재 배부하여 숙지·활용하도록 함으로써 교육에 갈음할 수 있다.
6) 위생교육 실시한 기관 및 단체는 교육실시의 결과를 교육 후 1월 이내에 관할 시장·군수·구청장에게 보고하여야 하며, 교육에 관한 기록을 2년 이상 보관·관리하여야 한다.

9. 벌칙(제20조)

1) 1년 이하의 징역 또는 1천만 원 이하의 벌금
(1) 공중위생영업을 하고자 하는 자는 공중위생영업의 종류별로 보건복지부령이 정하는 시설 및 설비를 갖추고 시장·군수·구청장(자치구의 구청장에 한한다. 이하 같다)에게 신고하여야 한다는 다음규정에 의한 신고를 하지 아니한 자
(2) 공중위생 영업소의 영업정지명령 또는 일부 시설의 사용중지명령을 받고도 그 기간 중에 영업을 하거나 그 시설을 사용한 자
(3) 영업소 폐쇄명령을 받고도 계속하여 영업을 한 자

2) 6월 이하의 징역 또는 500만 원 이하의 벌금
(1) 보건복지부령이 정하는 중요사항을 변경하고자 하는 때 변경신고를 하지 아니한 자
(2) 공중위생영업자의 지위를 승계한 자로서 신고를 하지 아니한 자
(3) 건전한 영업질서를 위하여 공중위생영업자가 준수하여야 할 사항을 준수하지 아니한 자

3) 300만 원 이하의 벌금
(1) 위생관리기준 또는 오염허용기준을 지키지 아니한 자로서 개선명령에 따르지 아니한 자
(2) 면허가 취소된 후 계속하여 업무를 행한 자 또는 동조동항의 규정에 의한 면허정지기간 중에 업무를 행한 자
(3) 규정에 위반하여 미용 업무를 행한 자

3) 과태료(제22조)
(1) 300만 원 이하의 과태료
① 규정을 위반하여 폐업신고를 하지 아니한 자
② 보고를 하지 아니하거나 관계 공무원의 출입·검사 기타 조치를 거부·방해 또는 기피한 자
③ 개선명령에 위반한 자

(2) 200만 원 이하의 과태료
① 미용업소의 위생관리 의무를 지키지 아니한 자
② 영업소 외의 장소에서 미용업무를 행한 자
③ 위생교육을 받지 아니한 자

4) 과태료의 부과징수절차(제23조)
(1) 과태료는 대통령령이 정하는 바에 의하여 시장·군수·구청장이 부과·징수한다.
(2) 과태료처분에 불복이 있는 자는 그 처분의 고지를 받은 날부터 30일 이내에 처분권자에게 이의를 제기할 수 있다 : 10일 이상의 기간을 정하여 과태료처분 대상자에게 구술 또는 서면에 의한 의견진술의 기회 부여
(3) 과징금의 부과 및 납부

시장·군수·구청장은 영업정지가 이용자에게 심한 불편을 주거나 그 밖에 공익을 해할 우려가 있는 경우에는 영업정지처분에 갈음하여 3천만 원 이하의 과징금을 부과할 수 있다. 다만, 「풍속영업의 규제에 관한 법률」 등에 의하여 처분을 받게 되는 경우를 제외한다.

① 시장·군수·구청장은 공중위생사업자의 사업규모, 위반행위의 정도 및 횟수 등을 참작하여 과징금의 금액의 1/2 범위 안에서 이를 가중 또는 경감할 수 있다. 이 경우 가중하는 과징금의 총액이 3천만 원을 초과할 수 없다.
② 과징금을 부과하고자 할 때에는 그 위반행위의 종별과 과징금의 금액 등을 명시하여 이를 납부할 것을 서면으로 통지하여야 한다.
③ 통지를 받은 날부터 20일 이내에 과징금을 시장·군수·구청장이 정하는 수납기관에 납부 하여야 한다. 다만, 천재, 지변 그 밖의 부득이한 사유로 인하여 그 기간 내에 과징금을 납부할 수 없을 때에는 그 사유가 없어진 날부터 7일 이내에 납부하여야 한다.
④ 과징금의 수납기관은 과징금을 수납한 때에는 지체 없이 그 사실을 시장·군수·구청장에게 통보하여야 한다.
⑤ 과징금은 이를 분할하여 납부할 수 없다.
⑥ 과징금의 징수 절차는 보건복지가족부령으로 정한다.

위반 행위	과태료 한도
규정에 의한 보고를 하지 아니하거나 관계 공무원의 출입·검사 기타 조치를 거부·방해 또는 기피한 자	100만원
규정에 의한 개선명령을 위반한 자	100만원
미용업의 위생관리 의무를 지키지 아니한 자	50만원
영업소 외의 장소에서 미용업무를 행한 자	70만원
위생교육을 받지 아니한 자	20만원

5) 개선명령

시·도지사 도는 시장·군수·구청장은 다음에 해당하는 자에 대하여 즉시 또는 일정한 기간을 정하여 그 개선을 명할 수 있다.

(1) 공중위생영업의 종류별 시설 및 설비 기준을 위반한 공중위생영업자

(2) 위생관리의무 등을 위반한 공중위생영업자

(3) 위생관리의무를 위반한 공중위생시설의 소유자 등

6) 개선기간

시·도지사 또는 시장·군수·구청장은 위반사항의 개선에 소요되는 기간 등을 고려하여 즉시 그 개선을 명하거나 6월의 범위 내에서 기간을 정하여 개선을 명하여야 한다. 단, 천재지변 기타 부득이한 사유로 인하여 개선기간 이내에 개선을 완료할 수 없을 경우 그 기간이 종료되기 전 연장 신청 가능하며, 이 경우 6월의 범위 내에서 개선 기간을 연장 할 수 있다.

개선명령을 한 때에는 위생관리기준, 발생된 오염물질의 종류, 오염허용기준을 초과한 정도와 개선기간 명시하여야 한다.

7) 행정처분기준

(1) 일반기준

① 위반 행위가 2 이상인 경우로서 그에 해당하는 각각의 처분기준이 다른 경우에는 그 중 중한

처분기준에 의하되, 2 이상의 처분기준이 영업정지에 해당되는 경우에는 가장 중한 정지처분기간에 나머지 각각의 정지처분기간의 2분의 1을 더하여 처분한다.

② 위반행위의 차수에 따른 행정처분기준은 최근 1년간 같은 위반행위로 행정처분을 받은 경우에 이를 적용한다. 이때 그 기준적용일은 동일 위반사항에 대한 행정처분일과 그 처분 후의 재적발일을 기준으로 한다.

③ 행정처분권자는 위반사항의 내용으로 보아 그 위반정도가 경미하거나 해당 위반사항에 관하여 검사로부터 기소유예의 처분을 받거나 법원으로부터 선고유예의 판결을 받은 때에는 개별기준에 불구하고 그 처분기준을 다음의 구분에 따라 경감할 수 있다.

영업정지의 경우에는 그 처분기준일수의 2분의 1의 범위 안에서 경감할 수 있다.

영업장폐쇄의 경우에는 3월 이상의 영업정지처분으로 경감할 수 있다.

(2) 행정처분기준

위반 사항	근거 법령	행정처분 기준			
		1차 위반	2차 위반	3차 위반	4차 위반
1. 미용사의 면허에 관한 규정을 위반한 때	법 제7조 제1항				
가. 국가기술자격법에 따라 미용사자격이 취소된 때		면허취소			
나. 국가기술자격법에 따라 미용사자격 정지처분을 받은 때		면허정지(국가기술자격법에 의한 자격 정지처분 기간에 한한다.)			
다. 법 제6조 제2항 제1호 내지 제4호의 결격사유에 해당한 때		면허취소			
라. 이중으로 면허를 취득한 때		면허취소(나중에 발급받은 면허를 말한다.)			
마. 면허증을 다른 사람에게 대여한 때		면허정지 3월	면허정지 6월	면허취소	
바. 면허정지 처분을 받고 그 정지 기간 중 업무를 행한 때		면허취소			

위반 사항	근거 법령	행정처분 기준			
		1차 위반	2차 위반	3차 위반	4차 위반
2. 법 또는 법에 의한 명령에 위반한 때	법 제 11조 제 1항				
가. 시설 및 설비기준을 위반한 때	법 제 3조 제1항	개선명령	영업정지 15일	영업정지 1월	영업장 폐쇄명령
나. 신고를 하지 아니하고 영업소의 명칭 및 상호 또는 영업장 면적의 3분의 1 이상을 변경한 때	법 제 3조 제1항	경고 또는 개선명령	영업정지 15일	영업정지 1월	영업장 폐쇄명령
다. 신고를 하지 아니하고 영업소의 소재지를 변경한 때	법 제 3조 제1항	영업장 폐쇄명령			
라. 영업자의 지위를 승계한 후 1월 이내에 신고하지 아니한 때	법 제3조의 2 제4항	개선명령	영업정지 10일	영업정지 1월	영업장 폐쇄명령
마. 소독을 한 기구과 소독을 하지 아니한 기구를 각각 다른 용기에 넣어 보관하지 아니하거나 1회용 면도날을 2인 이상의 손님에게 사용한 때	법 제4조 제 4항	경고	영업정지 5일	영업정지 10일	영업장 폐쇄명령
바. 피부미용을 위하여 약사법 규정에 의한 의약품 또는 의료용구를 사용하거나 보관하고 있는 때	법 제4조 제7항	영업정지 2월	영업정지 3월	영업장 폐쇄명령	
사. 공중위생업자의 위생관리의무 등을 위반한 때	법 제4조 제 4항 및 제 7항				
(1) 점빼기·귓볼뚫기·쌍커풀수술·문신·박피술 그 밖에 이와 유사한 의료행위를 한 때		영업정지 2월	영업정지 3월	영업장 폐쇄명령	
(2) 미용영업신고증, 면허증원본 및 미용요금표를 게시하지 아니하거나 업소내 조명도를 준수하지 아니한 때		경고 또는 개선명령	영업정지 5일	영업정지 10일	영업장 폐쇄명령
아. 영업소 외의 장소에서 업무를 행한 때	법 제 8조 제 2항	영업정지 1월	영업정지 2월	영업장 폐쇄명령	
자. 시·도지사, 시장·군수·구청장이 하도록 한 필요한 보고를 하지 아니하거나 거짓으로 보고한 때 또는 관계공무원의 출입·검사를 거부·기피하거나 방해한 때	법 제 9조 제1항	영업정지 10일	영업정지 20일	영업정지 1월	영업장 폐쇄명령
차. 시·도지사 또는 시장·군수·구청장의 개선명령을 이행하지 아니한 때	법 제 10조	경고	영업정지 10일	영업정지 1월	영업장 폐쇄명령

위반 사항	근거 법령	행정처분 기준			
		1차 위반	2차 위반	3차 위반	4차 위반
카. 영업정지처분을 받고 그 영업 정지 기간 중 영업을 한 때	법 제 11조 제 1항	영업장 폐쇄명령			
타. 위생교육을 받지 아니한 때	법 제17조				
3. 성매매알선 등 행위의 처벌에 관한 법률·풍속영업의 규제에 관한 법률· 의료법에 위반하여 관계행정기관장의 요청이 있는 때 가. 손님에게 성매매알선 등 행위 또는 음란행위를 하게 하거나 이를 알선 또는 제공한 때	법 제 11조 제 1항				
(1) 영업소		영업정지 2월	영업정지 3월	영업장 폐쇄명령	
(2) 미용사(업주)		면허정지 2월	면허정지 3월	면허취소	
나. 손님에게 도박 그 밖에 사행행위를 하게 한 때		영업정지 1월	영업정지 2월	영업장 폐쇄명령	
다. 음란한 물건을 관찰·열람하게 하거나 진열 또는 보관한 때		개선명령	영업정지 15일	영업정지 1월	
라. 무자격안마사로 하여금 안마사의 업무에 관한 행위를 하게 힌 때		영업정지 1월	영업정지 2월	영업장 폐쇄명령	

10. 시행령 및 시행규칙 관련사항

1) 공중위생영업의 종류별 시설 및 설비기준

(1) 일반기준

① 공중위생영업장은 독립된 장소이거나 공중위생영업 외의 용도로 사용되는 시설 및 설비와 분리되어야 한다.

② 제1호에도 불구하고 영 제4조제2호 각 목에 해당하는 미용업을 2개 이상 함께하는 경우로서

다음 각 목의 요건을 모두 갖추는 경우에는 미용업의 영업장소를 각각 별도로 구획하지 아니하여도 된다.

㉠ 해당 미용업의 영업신고는 1인(공동명의로 신고한 경우를 포함한다)으로 되어 있을 것

㉡ 나. 각각의 영업에 필요한 시설 및 설비기준을 모두 갖출 것

(2) 개별기준

① 미용업

㉠ 미용업(일반), 미용업(손톱·발톱) 및 미용업(화장·분장)
- 미용기구는 소독을 한 기구와 소독을 하지 아니한 기구를 구분하여 보관할 수 있는 용기를 비치하여야 한다.
- 소독기·자외선살균기 등 미용기구를 소독하는 장비를 갖추어야 한다.
- 작업장소, 응접장소, 상담실 등을 분리하기 위해 칸막이를 설치할 수 있으나, 설치된 칸막이에 출입문이 있는 경우 출입문의 3분의 1 이상을 투명하게 하여야 한다. 다만, 탈의실의 경우에는 출입문을 투명하게 하여서는 아니 된다.

㉡ 미용업(피부) 및 미용업(종합)
- 피부미용업무에 필요한 베드(온열장치포함), 미용기구, 화장품, 수건, 온장고, 사물함 등을 갖추어야 한다.
- 미용기구는 소독을 한 기구와 소독을 하지 아니한 기구를 구분하여 보관할 수 있는 용기를 비치하여야 한다.
- 소독기·자외선살균기 등 미용기구를 소독하는 장비를 갖추어야 한다.
- 작업장소, 응접장소, 상담실 등을 분리하기 위해 칸막이를 설치할 수 있으나, 설치된 칸막이에 출입문이 있는 경우 출입문의 3분의 1 이상을 투명하게 하여야 한다. 다만, 탈의실의 경우에는 출입문을 투명하게 하여서는 아니 된다.
- 작업장소 내 베드와 베드 사이에 칸막이를 설치할 수 있으나, 설치된 칸막이에 출입문이 있는 경우 그 출입문의 3분의 1 이상은 투명하게 하여야 한다.

화장품학

part 1
화장품학 개론

1. 화장품의 정의

"화장품"이란 인체를 청결·미화하여 매력을 더하고 용모를 밝게 변화시키거나 피부·모발의 건강을 유지 또는 증진하기 위하여 인체에 사용되는 물품으로서 인체에 대한 작용이 경미한 것을 말한다.
다만, 「약사법」 제2조제4호의 의약품에 해당하는 물품은 제외한다.

2. 화장품의 분류

분 류	종 류
기초화장품	수렴·유연·영양 화장수, 마사지 크림, 에센스, 오일, 파우더, 바디 제품, 팩, 마스크, 눈 주위 제품, 로션, 크림, 클렌징 제품 등
색조화장용	볼연지, 페이스 파우더, 리퀴드·크림·케이크 파운데이션, 메이크업 베이스, 메이크업 픽서티브(make-up fixatives), 립스틱, 립라이너, 립글로스, 립밤, 바디페인팅, 분장용 제품, 아이브라우 펜슬, 아이 라이너, 아이 섀도, 마스카라, 아이 메이크업 리무버 등
면도용	애프터셰이브 로션(aftershave lotions), 남성용 탈쿰(talcum), 프리셰이브로션(preshave lotions), 셰이빙 크림(shaving cream), 셰이빙 폼 등
목욕용	목욕용 오일, 정제, 캡슐, 염류(鹽類), 바블 바스(bubble baths) 등
두발용	헤어 컨디셔너, 헤어 토닉, 헤어 그루밍 에이드(hair grooming aids), 헤어 크림·로션, 헤어 오일, 포마드(pomade), 헤어 스프레이, 무스, 왁스, 젤, 샴푸, 린스, 퍼머넌트 웨이브, 헤어 틴트(hair tints), 헤어 칼라스프레이(hair color sprays) 등

손발톱용	베이스코트, 네일에나멜, 탑코트, 네일 크림, 로션, 에센스, 네일에나멜 리무버 등
어린이용	어린이용 샴푸, 린스, 로션, 크림, 오일, 세정용 제품, 목욕용 제품 등
방향용	향수, 분말향, 향낭(香囊), 코롱(cologne) 등

part 2
화장품 제조

1. 화장품의 원료

화장품 제조 시 사용되는 원료는 보통 2,500여 종에 이르고 제품이 하나 제조될 때 사용되는 원료는 약 20종~50종정도이다. 화장품 제조에는 수성원료와 유성원료가 필요하고 두 원료가 잘 혼합되기 위해 유화제가 필요하다. 성분의 변질을 막기 위한 방부제, 산화방지제, 그 외에도 색소, 보습제, 향, 그리고 화장품의 특정 효과를 위한 활성 성분이 가미되어야 한다.

> **화장품 제조**
> 수성원료+유성원료+유화제+보습제+방부제+착색료+향료+산화방지제+활성성분

1) 수성 원료

흡수력을 지속시키고 다른 성분과 공존성과 안정성이 높아야 한다. 무색, 무취, 가능한 저휘발성 이면서 피부와 친화성이 있어야 한다.

(1) 물(정제수, 증류수)

화장품에서 가장 기본적으로 사용되는 성분으로 가장 깨끗한 물로 화장품을 만들어야 변질의 우려가 없으므로 칼슘, 마그네슘 등의 금속이온의 여과, 자외선 소독 등의 과정을 거친 정제수를 사용한다.

(2) 에탄올(ethanol, ethyl alcohol)

다른 물질과 혼합해서 그것을 녹이는 성질을 가진다. 피부에 청량감과 탈지 및 가벼운 수렴효과를 부여하며 배합률이 높아지면 수렴효과 외 살균·소독작용이 있다. 민감성, 노화피부에는 피부장벽의 손상을 초래할 수 있으므로 주의하여 사용하여야 한다.

(3) 보습제

피부를 촉촉하게 하는 작용을 하며 크게 폴리올(글리세린, 프로필렌글리콜 등), 천연보습인자(솔비톨, 아미노산, 요소, 젖산염 등), 고분자 보습제(히아루론산염, 콘드로이친 황산염, 가수분해 콜라겐 등)로 나눌 수 있다.

(4) 카보머(carbomer, 점도증가제)

제품의 점도를 조절하는 목적으로 사용한다. 천연 점액질로 팩틴, 젤라틴, 스타치(녹말), 알긴산, 한천 등이 있으며 최근에는 합성 점액질이 많이 사용된다.

2) 유성 원료

피부 및 모발에 유연성을 부여하고 용매효과에 의한 피부 청결작업을 한다. 피부 표면에 친유성 막을 형성하여 보호막 역할 및 외부로부터 유해물질의 침투를 방지하고 바람 및 차가운 기온에 대한 수분 증발을 억제하며 지용성 용매로서 작용한다.

(1) 오일

보통 유지라고 통칭하는데 상온에서 액체인 것을 지방유(油, oil), 고체인 것을 지방(脂, fat)이라고 한다. 화장품에 사용되는 오일은 크게 천연오일과 화학적으로 합성된 합성오일로 구분하며 천연유지는 채취 원료에 의하여 동물유지와 식물유지, 광물성유지로 나뉜다.

분 류		특 징		종 류
천연오일	식물성	식물의 잎이나 열매에서 추출하며 피부 흡수가 늦고 부패하기 쉽다.	호호바유	호호바의 종자로부터 얻어지며 전통적으로 캐리어 오일 또는 마사지 오일로 사용된다. 산화가 잘 되지 않으며 내온성도 우수하여 안전성, 안정성, 사용성이 좋다. 기초화장품에 널리 사용된다.
			올리브유	각질형성세포, 콜라겐, 엘라스틴 등의 합성력이 있다.
			아몬드유	화장품에 사용되는 것은 sweet almond oil이며 크림, 로션의 에몰리엔트제(피부를 촉촉하고 부드럽게 하는 화장품, 연화제), 마사지 오일 등에 사용된다.
			아보카도유	비타민 A, B2가 함유되어 있어 건성피부에 특히 효과적이고 피부 친화성, 퍼짐성이 좋아 에몰리엔트 크림, 샴푸, 헤어린스 등에 사용된다.
	동물성	동물의 피하나 장기에서 추출하며 피부친화성이 좋고 흡수가 빠르다.	밍크오일	밍크의 피하지방에서 추출하며 피부 친화력이 좋고, 퍼짐성, 보호 작용이 있어 건조 피부, 거친 피부에 사용되고 특히 겨울철 피부 보호에 좋다.
			스쿠알렌	상어의 간에서 추출한 스쿠알렌에 수소를 첨가하여 산화를 방지한 것으로 피부에 잘 퍼지며 쉽게 흡수되고 유화된다.
			난황오일	계란노른자에서 추출하며 레시틴을 함유하고 있어 유화제로 쓰인다.
	광물성	석유 등 광물질에서 추출하며 피부흡수가 비교적 좋고 산패나 변질의 문제는 없으나 유성감이 강하여 피부호흡을 방해할 수 있다. • 파라핀, 바셀린 등		
합성오일		화학적으로 합성한 오일로 식물성이나 광물성 오일에 비해 쉽게 변질되지 않으며 사용감이 좋다. 천연오일에 비해 사용감과 안정성이 좋고 피부 호흡을 방해하지 않는다. • 실리콘계오일(디메치콘, 싸이클로메치콘, 메틸페닐폴리실록산 등)		

(2) 왁스

왁스는 기초화장품이나 메이크업 화장품에 널리 사용되는 고형의 유성성분으로 화장품의 굳기를 증가시켜 주며 립스틱을 비롯한 크림, 탈모왁스 등에 널리 사용된다.

분류	특징	종류	
식물성	열대식물의 잎이나 열매에서 추출	카르나우바 왁스	카르나우바 잎에서 추출하며 광택성이 우수하다. 피마자유와 잘 섞이고 립스틱, 제모제에 사용
		칸데릴라 왁스	칸데릴라 식물의 줄기에서 추출하며 립스틱에 주로 사용된다.
동물성	벌집과 양모 등에서 얻어짐	밀납	벌집에서 추출하며 유연한 촉감을 부여하나 피부 알레르기를 유발 할 수 있으며 크림, 로션 등에 사용된다.
		라놀린	양모(羊毛, 양의 털)에서 추출하며 피부의 수분 증발을 억제하고 피부에 대한 친화성과 부착성이 우수하다.

3) 계면활성제

표면 활성제라고도 하며 한 분자 내에 물을 좋아하는 친수성기(hydrophilic group)와 기름을 좋아하는 친유성기(lipophilic group, 소수기)를 함께 갖는 물질로 물과 기름의 경계면, 즉 계면의 성

계면활성제의 세정 작용

음이온성 계면활성제는 세정작용이 있으며 물에 용해되면 알칼리성을 나타내어 피부의 노폐물을 제거한다. 강알칼리성류의 세정제를 사용하면 세정작용은 뛰어나나 피부의 산성막이 파괴되어 점차 건성 피부가 되며 지속적 사용 시 민감성 피부가 된다.

[그림] 계면활성제에 의한 오염물질 제거 단계

질을 변화시킬 수 있는 특성을 갖고 있는 물질이다.

분 류	특 징	종 류
양이온 계면활성제	살균, 소독 작용이 크며 유연효과, 정전기 발생을 억제하고 피부자극이 강함	헤어린스, 헤어트리트먼트, 섬유린스, 살균소독제 등
음이온 계면활성제	세정작용과 기포형성 작용이 우수하며 탈지력이 강해 피부가 거칠어짐	샴푸, 비누, 클렌징 폼 등
양쪽성 계면활성제	음이온성과 양이온성을 동시에 가지며 피부 자극과 독성이 적고 피부 세정력과 정전기 방지의 효과가 있음	베이비 샴푸, 저자극 샴푸 등
비이온성 계면활성제	물에 용해되어도 이온이 되지 않으며 피부 자극이 적어 기초 화장품 분야에 많이 사용됨	기초화장품의 가용화제, 크림의 유화제, 색조 화장품의 분산제 등

피부자극 : 양이온성 > 음이온성 > 양쪽성 > 비이온성
세정작용 : 음이온성 > 양쪽성 > 양이온성·비이온성

4) 보습제

다른 성분과 혼용성이 좋으며 수분을 끌어당기고 수분 보유 성질이 강한 성분이다. 건조한 피부를 촉촉하게 만들며 제품의 수분증발억제와 점도, 경도 유지 및 동결을 방지한다.

종 류	특 징
글리세린(glycerin)	시럽같이 끈끈한 상태로 물과 알코올에 잘 녹고 보습력이 뛰어나다. 고농도 시 주변 수분까지 끌어당겨 더 건조해질 수 있다.
솔비톨(solbitol)	식물계에 널리 존재하며 해조류에도 있다. 보습력이 탁월하고 인체 안정성이 높아 다양한 화장품과 의약품에 사용한다.
히알루론산(hyaluronic acid)	과거 닭벼슬에서 추출했으나 지금은 미생물발효에 의해 대량 생산한다.
천연보습인자(NMF)	아미노산, 요소, 젖산염 등으로 구성

5) 색재류(착색료)

화장품 특히 메이크업 화장품에서 파운데이션, 립스틱, 볼터치, 아이 메이크업, 손톱용 화장품에는 필수적으로 색을 입히는 착색료가 필요하다. 화장품에 사용하는 착색료는 유기합성색소와 무기색소(안료), 천연색소이다.

(1) 염료(dye)

물 또는 오일에 녹는 색소로 주로 섬유의 착색에 사용된다. 물에 녹으면 수용성염료, 오일에 녹으면 유용성염료라 한다. 화장품의 내용물에 적당한 색상을 부여하기위해 기초, 모발화장품 등에 사용되는데 수용성염료는 화장수, 로션, 샴푸 등에 사용되고 유용성염료는 헤어오일 등의 유성화장품 착색에 사용된다.

(2) 안료(pigment)

물과 오일에 모두 녹지 않기 때문에 메이크업 화장품을 만드는 데 주로 사용한다.

· 무기안료

색상은 화려하지 않지만 빛, 산, 알칼리성에 강하고 커버력이 우수하여 주로 마스카라의 색소로 사용된다.

· 유기안료

타르색소로 빛, 산, 알칼리에 약하나 유기합성 색소 종류가 많고 립스틱과 같이 색상이 선명하고 화려함을 표현하는 데 주로 사용된다.

· 레이크(lake)

수용성인 염료에 알루미늄, 칼륨, 마그네슘, 지르코늄염을 가해 침전시켜 만든 불용성 색소를 말하며 대개 알루미늄염으로 만들어진다.

(3) 천연색소

헤나, 카르타민, 카로틴, 클로로필 등 동·식물에서 얻어지며 안전성이 높으나 대량생산이 불가능하고 착색력, 광택성, 지속성이 약해 많이 사용하지 않는다.

6) 방부제

화장품은 사용기간이 길고 손을 통해 오염되기 쉬우므로 미생물에 의한 화장품의 변질을 방지하고 세균의 성장을 억제·방지하기 위해 첨가하는 물질이다.

종류	특징
파라옥시안식향산 (파라벤, paraben)	파라벤류로 화장품에 가장 많이 사용되는 방부제로 알레르기 반응이 낮음
이미디아졸리디닐 우레아 (imidazolidinyl urea)	파라벤류의 보조 방부제로 사용되며 독성이 적어 기초 화장품, 유아용 샴푸 등에 사용됨
페녹시에탄올 (phenoxy ethanol)	화장품에서 사용 허용량을 1% 미만으로 하며 메이크업 제품에 많이 사용함
이소치아졸리논 (isothiazolinone)	샴푸처럼 씻어내는 제품에 사용됨

7) 산화방지제

화장품에는 천연유지, 왁스류, 광물유, 합성 에스테르, 향료, 고분자 물질을 원료로 하는 것이 많지만 이들 원료는 공기 중 분자형태의 산소를 흡수하여 자동산화를 일으키고 산패된다. 산패에 의한 생성물은 자극의 원인이 되기 때문에 산패를 억제하기 위해 산화방지제를 첨가한다. 방부제 기능도 있다.

· BHA(부틸히드록시아니솔), BHT(부틸히드록시툴루엔), 몰식자산 에스테르, 비타민 E(토코페롤), EDTA(ethylendiamine tetraacetic acid)

8) pH 조절제

화장품 제형 안정화나 피부 안전성을 위해 사용하는 산, 알칼리 및 완충용액을 말한다.

· 구연산(citric acid) : 항산화성 성질로 화장품의 pH를 산성화시킨다.
· 암모늄 카보나이트 : 화장품의 pH를 알칼리화시킨다.

9) 향료

화장품에 있어 향은 각종 원료의 냄새를 줄이고 화장품의 이미지를 높이기 위한 필수 성분이다.

향료는 천연향료와 인공향료로 구분되고 일반 화장품은 주로 인공향료를 사용하여 향에 의한 피부 독성과 자극이 생기기도 한다.

> **천연향료**
> 피부 자극이나 독성이 없고 안정하나 가격이 비싸다. 식물의 꽃, 잎, 줄기, 과피 등에서 추출한 식물성 향료와 사향(사향노루의 생식선의 분비물을 건조), 해리향(castor, 시베리아 등지에 서식하는 비버의 암수 음경 또는 음핵포피 내면으로 열린 샘을 말려 가루로 만든 것)과 같은 동물성 향료가 있다.
>
> **인공향료**
> 피부 자극과 독성이 있어 알레르기 발생이 높고 가격이 저렴하다.

10) 활성성분
(1) 건성용

종 류	특 징
콜라겐(collagen)	과거에는 송아지에서 추출하였으나 현재는 돼지 또는 식물에서 추출하는 것으로 3중 나선구조로 이루어져 있고 열과 자외선에 쉽게 파괴된다. 보습 작용이 우수하여 피부에 촉촉함을 부여한다.
엘라스틴(elastin)	동물성 단백질의 일종으로 피부이 탄력유지에 매우 중요한 역할을 하며 피부의 파열을 방지하는 스프링 역할을 한다.
히알루론산(hyaluronic acid)	황산콘드로이틴 등과 함께 주요한 뮤코다당류로 과거에는 닭 벼슬에서 추출하였으나 현재는 미생물 발효에 의해 추출한다. 자신의 부피에 비해 최소 수백 배의 수분을 흡수하므로 보습효과가 뛰어나다.
아미노산(amino acid)	천연보습인자(NMF) 성분으로 피부에 자극이 없고 보습 효과가 있다.
세라마이드(ceramide)	각질 간 접착제 성분으로 수분증발 억제, 유해 물질 침투를 억제한다.
글리세롤(glycerol)	글리세린(glycerin, glycerine)이라고도 부르는 무색, 무취의 액체로 점성이 매우 강한 특징이 있다. 지방산과 마찬가지로 유지 성분이며, 공업적으로도 유지를 분해함으로써 얻어진다. 피부에 수분을 공급하는 보습제의 기능을 가진다.
레시틴(lecithin)	콩, 계란노른자에서 추출하며 보습제, 유연제로 사용한다.
알로에(aloe)	항염증, 진정 작용을 하여 화농성 여드름, 민감 피부에 효과적이며 보습 작용이 있어 건성, 노화 피부에도 효과적이다.

(2) 노화용

비타민E(토코페롤)	지용성 비타민으로 피부 흡수력이 우수하며 항산화, 항노화, 재생작용이 뛰어나다.
레티놀(비타민 A)	잔주름 개선 효과, 각화과정 정상화, 재생 작용이 있으며 여드름 치료 분야에서도 우수한 성분으로 알려진다.
SOD(Super Oxide Dismutase)	활성화 억제 효소로 노화 억제에 효과가 있다.
프로폴리스(propolis)	밀랍에서 추출하며 피부진정, 상처 치유, 항염증 작용, 면역력 향상 작용이 있다.
플라센타(placenta)	과거에는 소에서 추출하였으나 최근에는 사람, 돼지의 태반에서 추출하는 것으로 피부 신진대사와 재생작용이 있다.
알란토인(allantoin)	과거에는 구더기, 요산에서 추출하였으나 현재는 컴프리 뿌리에서 추출하는 것으로 보습, 상처 치유, 재생작용을 하며 미세한 각질 제거 효과가 있다.
인삼 추출물 (ginseng extract)	인삼에서 추출하는 것으로 비타민과 호르몬이 함유되어 피부에 영양을 공급해 재생, 부종, 상처 치유 작용이 있다.
은행 추출물 (ginko extract)	은행잎에서 추출하는 것으로 항산화, 항노화, 혈액순환 촉진 작용이 있다.

(3) 민감성용

아줄렌(azulene)	캐모마일에서 추출하며 항염증, 진정, 상처 치유 효과가 있다.
비타민P, 비타민K	모세혈관 벽을 강화시킨다.
위치하젤(witch hazel)	하마멜리스에서 추출하며 살균, 소독, 수렴, 항염 효과가 있다.
판테놀(비타민B5)	항염증, 보습, 치유 작용이 있고 선번(sun bun)을 진정시킨다.

(4) 지성, 여드름용

글리시리진산 (glycyrrhizinate)	감초 중의 함량은 6~10%로 그리스어의 glykys(달다), rhiza(뿌리)를 어원으로 하여 글리시리진이라 하며 항염 및 항균작용이 있다.
살리실산 (salicylic acid)	지용성으로 BHA(β-Hydroxy Acid)라고 부르며 피부 각질층을 부드럽게 하고 항염 및 항균작용이 있다.
유황(sulfur)	노란색을 띠며 각질제거, 피지 조절, 살균 작용이 있다.
캄퍼(camphor)	사철나무에서 추출하며 혈액순환 촉진, 피지조절, 항염증, 살균, 수렴 작용이 있다.

(5) 미백용

알부틴(arbutin)	월귤나무 잎에서 추출한 것으로 멜라닌 색소를 만들어내는 효소인 티로시나아제의 활성을 억제하여 색소침착 억제 효과가 있다.
하이드로퀴논 (hyeroquinone)	미백효과가 뛰어나며 의약품에서만 사용된다. 부작용으로 백반증을 유발 할 수 있다.
비타민 C	수용성 비타민으로 항산화, 항노화, 미백, 재생, 모세혈관을 강화하고 멜라닌 생성 억제 효과가 있다.
닥나무 추출물 (broussonetia extract powder)	닥나무에서 추출하며 미백, 항산화 효과가 있다.
코직산(kojic acid)	누룩곰팡이에서 추출하며 티로시나아제 활성을 억제하여 색소침착 억제 효과가 있다.

2. 화장품의 기술

1) 가용화

향료나 기름 등 물에 용해되지 않는 성분을 계면활성제를 이용해 투명하게 물에 녹이는 것으로 물에 소량의 오일성분이 있을 때 계면활성제가 이 오일성분을 둘러싸고 미셀(micelle)을 형성한다. 이때 미셀의 크기가 가시광선의 파장보다 작아 빛이 투과되어 투명하게 보인다.

· 화장수, 향수, 에센스, 포마드 등

> **미셀**
>
> 비누와 같은 계면활성제 용액 안에서 일정한 농도 이상이 되면 생기는 분자 또는 이온의 집합체로 용액에서 계면 활성제가 회합하여 형성된 입자이다.

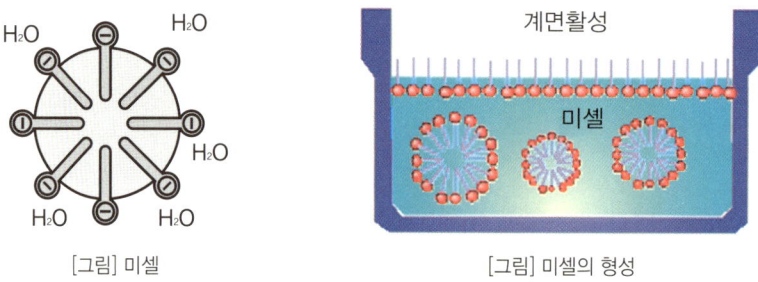

[그림] 미셀   [그림] 미셀의 형성

2) 유화

물과 오일성분이 계면활성제에 의해 우유 빛으로 백탁화된 상태의 제품으로 두 액체 중 한 액체가 다른 액체 속에 계면활성제에 의해 미세한 입자 형태로 분산되어 있는 상태이며 미셀이 커서 가시광선을 통과하지 못하므로 불투명하게 보인다.

· 로션, 크림류 등

종 류	형 태	특 징	종 류
O/W (수중유형에멀젼)		수분 베이스에 오일의 입자를 분산시켜서 제조하는 것으로 오일층은 외부 윤활제로 표면을 부드럽게 해주고 유화 상태 속의 수분은 내적 윤활제로 작용하여 물에 쉽게 제거됨	로션류 : 보습로션, 선탠로션
W/O (유중수형 에멀젼)		오일 베이스 내에 수분 입자가 흩어져 있는 것으로 O/W형 보다 유분감이 있음	크림류 : 영양크림, 헤어크림, 클렌징크림, 썬크림

혼합방법

- 호모믹서(Homo-mixer) : 터빈형의 회전날개를 원통으로 둘러싼 구조로 균일하고 미세한 유화입자가 만들어짐

- 희석법(稀釋法) : 비교적 농도가 진한 소량의 시료를 검사할 때 희석하여 시험하는 방법으로 유화 형태를 판별하기 위해서는 물을 첨가하여 시행
- 검화법 : 비누의 제조방법 중 지방산의 글리세린에스테르와 알칼리를 함께 가열하면 유지가 가수 분해되어 비누와 글리세린이 얻어지는 방법

3) 분산

> **립스틱 제조**
>
> 색소를 피마자유(castor oil) 일부에 섞어 3단 롤밀로 분쇄 혼합 한다. 70℃로 가열 용해한 그 외 유성성분과 혼합한 후 호모믹서에서 균일하게 분산한다. 성형기에 채워 넣고 냉각기에 넣어 급냉 시킨다.

물 또는 오일 성분에 미세한 고체 입자가 계면활성제에 의해 균일하게 혼합된 상태의 제품을 만들 때 사용된다.
- 립스틱, 아이섀도, 네일 에나멜, 마스카라, 아이라이너, 파운데이션 등

3. 화장품의 특성

1) 화장품 4대요건

요 건	내 용
안전성	피부에 대한 자극, 알레르기, 독성이 없어야 한다.
안정성	보관에 따른 변질, 변색, 변취, 미생물의 오염이 없어야 한다.
사용성	피부에 사용 시 손놀림이 쉽고 피부에 잘 스며들어야 한다. 사용감(피부친화력, 촉촉함), 편리성(크기, 기능성, 휴대성), 디자인
유용성	피부에 적절한 보습, 노화 억제, 자외선 차단, 미백, 세정, 색체 효과 등을 부여하여야 한다.

2) 화장품과 의약부외품 및 의약품의 구별 기준

구 분	화장품	의약부외품	의약품
대 상	정상인	정상인	환자
사용목적	청결, 미화	위생, 미화	치료 및 진단
사용기간	장기간	장기간	단기간
사용범위	전신	특정부위	특정부위
부 작 용	없어야 함	없어야 함	어느 정도 인정
해당제품	스킨, 크림	치약, 여성청결제	감기약, 연고, 진통제

3) 화장품 취급 시 주의 사항

(1) 화장품 선택 시

· 팔 안쪽이나 귀 뒷부분에 첩포시험(patch test)을 한 후 선택한다.
· 피부 타입, 피부 상태 및 성질에 알맞은 화장품을 선택한다.
· 제조 연월일을 확인한다.
· 자극적인 성분이 들어 있는 것은 되도록 피하여야 한다.

(2) 화장품 사용 시

· 손을 청결히 하여 제품을 사용하고 되도록 화장 도구를 사용한다.
· 손에 덜은 내용물을 다시 용기에 넣지 않도록 한다.
· 변질된 제품은 사용하지 않는다.

(3) 화장품 보관 시

· 직사광선, 온도가 너무 높거나 낮은 곳, 습기가 있는 곳은 피한다.
· 일정한 온도(18~20℃)에서 보관한다.
· 뚜껑을 잘 덮어 보관하고 사용할 때마다 용기 입구를 청결히 관리한다.

part 3
화장품의 종류와 기능

1. 기초화장품

기초화장품은 피부를 청결하게 하며 세안에 의해 상승된 피부의 pH를 정상적인 상태로 돌리고 피부결을 정돈해 준다. 또한 피부 표면의 천연보호막을 보충하는 작용을 통해 건조를 방지하여 노화를 예방하고 공기 중의 세균이 침입하는 것을 막아준다.

1) 세안용 화장품

대부분의 세안제는 알칼리성의 성질을 가지고 있어 피부의 산, 염기 균형에 영향을 미치므로 가능한 피부 생리 균형을 유지할 수 있는 제품을 사용하는 것이 바람직하다. 피부유형에 따라 적절한 제품을 선택하여 피부 노폐물, 메이크업 잔여물을 제거함으로써 피부를 청결한 상태로 유지시킨다. 이를 통해 피부세포의 호흡과 신진대사를 원활하게 하고 제품 흡수를 효율적으로 할 수 있다.

분 류	특 징
클렌징 크림 (cleansing cream)	친유성(W/O)과 친수성(O/W)의 크림 제형으로 세정력이 뛰어나 진한 메이크업을 지울 때 적합하다. 친유성 제품은 피부에 남아 있는 유분이 모공을 막아 피부장애를 일으킬 수 있으므로 반드시 이중세안을 해야 한다. 지성 피부나 예민 피부에는 부적당하다.
클렌징 로션 (cleansing lotion)	친수성(O/W) 로션 상태의 제형으로 클렌징크림에 비해 느낌이 가볍고 산뜻하나 세정력이 약하다. 이중세안이 필요 없으며 자극이 적고 건성, 노화, 민감 피부에 적당하다.

분류	특징		
클렌징 오일 (cleansing oil)	물과 친화력이 있는 오일 성분을 배합시킨 제품으로 물에 용해가 잘 되며 건성, 노화, 수분부족 지성 피부 및 민감성 피부에 적당하다. 포인트메이크업 리무버 용도로 사용되기도 한다.		
클렌징 젤 (cleansing gel)	오일성분이 전혀 함유되지 않은 제품으로 세정력이 우수하며 이중세안이 필요 없고 지방에 예민한 피부, 알레르기성 피부, 여드름 피부에 적당하다.		
클렌징 워터 (cleansing water)	화장수, 계면활성제, 에탄올을 소량 배합한 제품으로 가벼운 화장 제거용으로 적당하다. 포인트 메이크업 리무버 용도로 사용되기도 한다.		
클렌징 티슈 (cleansing tissue)	액상 타입의 클렌징 제품이 티슈에 적셔져 있는 타입으로 가벼운 화장의 제거용으로 적당하며 건성, 노화, 예민 피부에 부적당하다.		
클렌징 폼 (cleansing foam)	계면활성제형 세안화장품으로 비누처럼 거품이 나며 비누의 단점인 피부 당김과 자극을 제거한 제품이다. 피부에 남아 있는 유성클렌징 제품의 잔여물을 제거하는 이중세안용으로 사용된다. 수성 더러움은 단독으로 세정이 가능하다.		
비누(soap)	알칼리 작용으로 비누 수용액이 오염과 피부 사이에 침투하여 부착을 약화시켜 떨어지기 쉽게 한다. 거품이 풍성하고 잘 헹구어져야 한다. 탈수·탈지 현상을 일으켜 피부를 건조하게 만든다. 메디케이티드 비누는 소염제를 배합한 제품으로 여드름, 면도 상처에 사용한다.		
딥클렌저 (일반 클렌징으로 제거되지 않은 모공 깊숙이 있는 피지와 피부 각질층의 노화된 각질을 제거)	물리적	스크럽	알갱이가 있으며 얼굴에 도포한 후 마찰을 통하여 각질을 제거한다.
		고마쥐	도포 후 적당히 말랐을 때 근육의 결 방향으로 밀어서 노화된 각질을 제거한다.
	화학적	효소	단백질을 분해하는 효소가 촉매제로 작용하여 노화된 각질을 분해하며 효소의 작용을 촉진하기 위해서는 적절한 온도와 습도가 필요하다.
		AHA	무독성 천연 과일에서 추출한 과일산으로 각질의 응집력을 약화시켜 각질이 쉽게 제거한다. | 종류 | 추출물 | |---|---| | 글리콜릭산(glycolic acid) | 사탕수수에서 추출 | | 주석산(tartaric acid) | 포도에서 추출 | | 젖산(lactic acid) | 우유에서 추출 | | 사과산(malic acid) | 사과에서 추출 | | 구연산(citric acid) | 감귤류에서 추출 |

2) 화장수(조절용 화장품)

세안 후 지워지지 않은 피부의 잔여물을 제거하고 피부표면의 pH를 약산성 상태로 조절시켜준다. 각질층에 수분을 공급하고 다음 단계에 사용할 제품의 흡수를 용이하게 한다.

(1) 유연화장수(skin lotion, skin softner, skin toner)

수분 공급, 피부 유연효과가 있으며 건성, 노화 피부에 효과적이다.

(2) 수렴화장수(astringent, toning lotion)

수분 공급, 모공 수축 효과가 있으며 중성, 지성, 복합성피부에 적당하며 모공이 확장되고 피지와 땀에 오염되기 쉬운 여름철에는 모든 피부에 적당하다.

(3) 소염화장수

살균·소독에 목적을 두며 동시에 모공수축, 청량감을 준다. 기존에는 알코올 함량을 높게 제조하였으나 최근에 식물성 허브 추출물 등 활성성분을 이용한 무알콜 소염화장수가 제조되고 있다. 지성, 여드름 피부 및 복합성 피부의 T-존 부위나 염증이 생긴 피부에 적당하다.

3) 보호용 화장품

(1) 유액, 로션(lotion), 에멀젼(emulsion)

유분량이 적으며 유동성이 있어 피부에 수분과 영양을 공급해 준다. 피부흡수가 빠르고 사용감이 가볍다.

(2) 크림(cream)

세안 후 손실된 천연보호막을 일시적으로 보충하여 외부 환경으로부터 피부를 보호하고 피부를 매끄럽고 유연하게 유지시킨다. 유효 성분들이 피부 문제점을 개선한다.

시간별 분류	데이 크림	낮 전용 크림으로 햇빛, 건조한 공기, 공해 등 낮 동안 외부 자극으로부터 피부 보호
	나이트 크림	밤 전용 크림으로 피부재생, 영양, 보습효과 우수
기능적 분류	화이트닝 크림	피부 미백
	콜드 크림	마사지용 크림으로 혈액 순환과 신진대사 촉진
	모이스처 크림, 에몰리엔트 크림	피부 보습 및 유연 효과
	썬 크림	자외선 차단
	안티링클 크림, 아이크림	눈가의 잔주름 완화 및 예방효과

(3) 에센스(essence), 세럼(serum), 컨센트레이트(concentrate), 부스터(booster)

흡수가 빠르고 사용감이 가벼우며 고농축 영양성분을 함유하여 피부를 보호하고 영양을 공급한다. 에센스와 비슷한 뜻으로 사용되는 앰플이란 에센스에 비해 입자가 작고 고농축 영양성분을 1회 사용분만큼씩 담아 제품화한 것이다.

[그림] 앰플과 에센스

4) 팩(마스크)

Package 의 '포장하다·둘러싸다'에서 유래되었으며 팩과 마스크로 나눌 수 있다. 피부에 영양을 공급하는 재료를 피부에 두껍게 바른 후 외부 공기가 통하여 얇은 피막을 만들거나 굳어지지 않는 것을 '팩'이라 하며 단단하게 굳어 외부 공기가 통하지 않아 공기유입과 수분증발이 차단된 것을 '마스크'라 한다. 팩에 사용되는 주성분 중 피막제 및 점도 증가제로 폴리비닐알코올(PVA), 잔탄검(xanthan gum)이 사용된다.

(1) 제거방법에 따른 분류

종류	특징
필오프 타입 (Peel-off type)	· 젤 또는 액체형태의 수용성으로 바른 후 건조되면서 필름 막을 형성하고 제거 시 피지나 죽은 각질 세포가 함께 제거됨으로 피부 청청효과를 준다.
워시오프 타입 (Wash-off type)	· 물로 씻어서 제거하는 팩으로 보습효과가 뛰어나고 피부에 자극을 주지 않으며 가볍게 제거하므로 사용 후 상쾌한 느낌을 받는다. · 크림팩, 머드팩 등
티슈오프 타입 (Tissue-off type)	· 크림 형태로 되어 있으며 거즈나 티슈로 닦아내는 팩으로 보습과 영양공급 효과가 뛰어나 건성, 노화피부에 적당하다. · 크림팩 등
시트 타입 (Sheet type)	· 시트형태로 되어 있어 일정시간 붙였다가 떼어내는 타입으로 건성, 노화, 예민피부에 특히 좋다.

(2) 재료 형태에 따른 분류

종류	특징
분말타입 (Powder Type)	· 약초 추출물, 해조 추출물, 한방재료 등을 분말화 한 것으로 증류수, 화상수 등과 혼합하여 사용 · 해초가루, 율피가루 등
크림 타입 (Cream Type)	· 피부타입에 따라 다양하게 사용되며 유화형태이므로 사용감이 부드럽고 침투가 쉽다. 사용량만큼 필요한 부위에 바르고 필요에 따라 호일, 랩, 적외선 램프 등을 병행 사용하면 효과적 · 크림팩, 머드팩 등
페이스트 타입 (Paste Type)	· 진흙, 점토 등이 주성분으로 카올린(caolin), 탈크(talc), 아연, 이산화티탄 등의 분말 성분을 혼합하여 만든 제품으로 피지를 흡착하고 살균, 소독 및 항염 작용이 있어 지성 및 여드름피부에 사용 · 클레이팩
시트 타입 (Sheet Type)	· 콜라겐이나 다른 활성성분을 건조시킨 종이를 증류수, 화장수 등의 용액에 적신 팩이다. 시트형태로 되어 있어 일정시간 붙였다가 떼어내는 것으로 건성피부, 노화피부, 민감성피부 등에 좋다. · 벨벳마스크, 아이 시트마스크 등

(3) 마스크

종 류	특 징
석고	석고와 물의 교반작용 후 열을 발산하며 굳어지는 것으로 도포 후 온도가 40℃ 이상 올라가며 피부를 완전히 밀폐시킨다. 발산되는 열은 혈액순환을 촉진시켜 피부에 탄력을 주고 피지 및 노폐물 배출을 촉진시킨다. 노화 및 건성 피부에 필요한 유효 성분을 깊숙이 흡수 시키는데 매우 효과적이다. 민감성 피부, 모세혈관 확장 피부, 화농성 여드름 피부는 피한다. [그림] 석고마스크
고무	해초 추출물인 알긴산을 원료로 하며 피부의 노폐물을 제거하고 유효성분이 보다 효과적으로 흡수 된다. 신진대사 촉진, 진정, 탄력효과 증진, 수분 공급, 소염, 재생효과가 뛰어나 모든 피부에 효과적이다. [그림] 고무마스크
파라핀	워머(warmer)에 녹여서 사용하는 것으로 파라핀의 열과 오일이 모공을 열어 노폐물을 제거하고 유효성분을 피부 깊숙이 침투시킨다. 발열작용으로 혈액순환을 촉진하며 피부를 코팅하는 과정에서 발한 작용이 발생한다. 민감성 피부, 모세혈관 확장 피부, 화농성 여드름 피부는 피한다. [그림] 파라핀 마스크

콜라겐 벨벳	주로 시트타입으로 되어 있으며 콜라겐을 건조시킨 종이 형태기 때문에 증류수, 화장수 등을 이용해 피부에 침투시키며 기포가 생기면 마스크의 성분이 피부에 침투하지 않기 때문에 기포가 생기지 않게 밀착시키는 것이 중요하다. 피부의 수분 밸런스를 회복시키며 세포 재생과 노화방지, 피부탄력 강화, 미백에 효과적이다.  [그림] 콜라겐 벨벳 마스크

5) 자외선 차단제

자외선으로부터 피부를 보호하며 광알레르기, 광노화, 과색소를 예방한다.

자외선 A는 피부 깊숙이 침투해 주름을 늘리고 멜라닌 색소를 증가시킨다. 자외선 B는 장시간 노출되면 일광 화상을 입힌다. 따라서 자외선 차단제를 선택할 때에는 자외선 A와 B를 모두 차단해주는 것을 선택하여야 한다. 외출하기 30분 전에 미리 발라야 제 기능을 발휘하며 차단력이 높은 차단제라도 3~4시간에 한 번씩 덧발라주는 것이 좋다. 태양 광선이 강렬한 오전 10시부터 오후 3시까지는 외출을 삼가고 구름이 자외선을 차단하지는 못하므로 흐린 날이더라도 자외선 차단제를 꼭 바른다.

구 분	자외선 산란제(자외선 물리적 차단제)	자외선 흡수제(자외선 화학적 차단제)
원 리	자외선이 피부에 흡수되지 못하도록 피부 표면에서 빛을 반사 또는 산란시키는 방법	자외선이 피부 속에 침투하기 전 자외선을 열에너지로 변화시켜 제거시키는 방법
대표성분	이산화티탄	파라아미노안식향산(PABA)
	산화아연	파라아미노안식향산글리세릴
	탈크	살리실산유돗체
	카올린	옥틸메톡시신나메이트
SPF (Sun Protection Factor)	· 자외선B(UVB)를 차단하는 수치 · 자외선B(UVB) 차단 지수 계산법 $$SPF = \frac{\text{자외선 차단제를 도포한 피부의 최소 홍반량}}{\text{자외선 차단제를 도포하지 않은 피부의 최소 홍반량}}$$ · SPF 지수(자외선 차단 시간) 1은 10~15분 차단	
PA (protect UV A)	· 자외선A(UVA)를 차단하는 수치 · + 하나에 자외선 A를 약 4시간 동안 차단(최대 PA+++까지 표기)	

(1) 자외선 산란제

무기물질로 차단효과 우수하고 불투명 분말로 알레르기 자극이 없다. 파운데이션이나 파우더 등 메이크업 화장품에 이용된다.

· 이산화티탄(TiO2) : 피부에 밀착감과 착색력이 아주 좋다. 냄새와 맛이 없는 분말로 파운데이션과 가루분에 사용

· 산화아연(Zinc Oxide) : 냄새와 맛이 없는 흰색의 미세한 가루분말이다.

· 탈크(Talc) : 하얀색의 분말로 아주 미세한 가루로 이루어져 있고 활석이라고도 한다. 퍼짐성과 광택효과가 좋다.

· 카올린(Kaolin) : 백분의 원료로 사용되며, 물에 용해되지 않고 커버력이 좋고 흡착력이 좋다. 토닉작용으로 수렴효과가 있다.

(2) 자외선 흡수제

유기물질로 투명하여 바르기는 좋으나 접촉성피부염을 유발할 수 있어 성분배합 함량을 엄격히 규제한다. 기초 화장품인 선크림, 선로션에 이용된다.

- 파라아미노안식향산(PABA p-aminobenzoic acid), 파라아미노안식향산글리세릴(glyceryl p-aminobenzoate) : 자외선 흡수효과 우수하나 안전성 문제
- 옥틸메톡시신나메이트(Octylmethoxy cinnamate, OMC), 부틸메톡시디벤조일메탄(Butyl methoxydibenzoyl methane, BMDM) : 널리 사용되고 있음
- 벤조페논(Benzophenone)계 : 피부에 대한 안전성 좋지 않음

2. 메이크업 화장품

피부색을 균일하게 정돈하고 색채감을 부여하여 피부색을 아름답게 표현하는 미적효과가 있으며 장점은 강조하고 피부결점은 보완한다. 자외선으로부터 피부를 보호하고 심리적인 만족감과 자신감을 생기게 한다.

구 분			내 용
메이크업 베이스			피부에 인공 피지막을 형성하여 피부를 보호하고 피부를 자연스럽고 투명한 색으로 표현한다. 파운데이션의 밀착성과 퍼짐성을 높여 화장이 들뜨는 것을 방지하고 화장의 지속성을 높인다.
파운데이션			피부에 색조 효과를 주고 피부의 결함을 감추어주며 피부의 보호, 건조방지를 위하여 사용되는 제품이다.
	리퀴드		액체 형으로 사용감이 가볍고 투명감 있게 마무리 되므로 피부에 결점이 별로 없는 경우에 사용
	크림		유분을 많이 함유하고 있어 무거운 느낌을 주며 결점 커버력이 우수
	케이크 타입		트윈 케이크나 파우더 파운데이션과 같은 고형 케이크 타입은 파우더보다 피복력이 우수하고 매끈하게 표현된다. 물에 젖은 퍼프나 마른 퍼프 두 가지 모두 사용 가능
파우더	페이스 파우더		가루분, 루스 파우더(loose powder)라고 하며 피지에 의한 광택과 번들거림을 억제하여 뽀송뽀송하고 투명감 있는 피부를 표현

구 분		내 용
파우더	콤팩트 파우더	고형분, 프레스 파우더(pressed powder)라고 하며 페이스 파우더에 소량의 유분감을 첨가하여 가루날림을 없애 페이스 파우더의 불편한 점을 개선하여 휴대하기에 편리 하도록 압축시킨 제품
눈가 전용	아이브로펜슬	눈썹 모양을 그리고 눈썹 색을 조정하기 위해 사용
	아이섀도	눈 주위에 명암과 색채감을 주어 보다 아름다운 눈매나 입체감을 연출
	아이라이너	눈의 윤곽을 또렷하게 하고 눈의 모양을 조정
	마스카라	속눈썹에 도포하여 속눈썹을 짙고 길어 보이게 하며 눈동자가 또렷해 보임
립스틱		입술에 색을 주어 얼굴을 돋보이게 하는 것으로 화장 효과가 가장 크며 추위, 건조, 자외선으로부터 입술을 보호하고 입술모양을 수정·보완한다.
볼터치		블러셔(blusher), 치크(cheek)라고도 한다. 볼 부위에 도포하여 얼굴색을 건강하고 밝게 보이게 하며 윤곽에 음영을 주어서 얼굴을 입체적으로 보이게 한다.

3. 모발 화장품

1) 세정용

(1) 샴푸(shampoo)

'머리를 씻다'라는 사전적인 의미로 모발 및 두피를 세정하여 비듬과 가려움을 덜어주며 건강하게 유지시키기 위해 사용된다. 두피를 자극하여 혈액순환을 좋게 하고 모근을 강화한다.

(2) 린스(rince)

'헹군다'는 의미로 샴푸 후에 모발에 제거되지 않은 불용성 알칼리 성분을 중화 시켜주고 샴푸에 감소된 모발에 유분을 공급하여 자연스러운 윤기를 준다. 따라서 모발에 유연성을 주어 빗이나 브러쉬가 잘 되게 하여 정전기 발생을 방지하고 모발의 표면을 보호한다.

2) 정발용

모발 세정 후 모발을 원하는 형태로 만드는 스타일링의 기능과 모발의 형태를 고정시켜 주는 세팅의 기능을 목적으로 한다.

구 분	특 징
헤어 오일	유분과 광택을 주며 모발을 정돈하고 보호
헤어 크림	보습효과와 광택을 주며 유분이 많아 건조한 모발에 적합
헤어 로션	모발에 수분을 공급하여 보습을 주며 끈적임이 적다.
헤어 젤	투명하고 촉촉하며 바른 후 원하는 헤어스타일을 연출
헤어 무스	거품을 내어 모발에 바른 후 원하는 헤어스타일을 연출
스프레이	세팅한 모발에 골고루 분무하여 헤어스타일을 일정한 형태로 유지
포마드	남성용 정발제로 반 고체 상태의 젤리형태로 모발에 광택을 주고 정돈

3) 트리트먼트용

모발이 손상되는 것을 방지하고 손상된 모발을 복구하는 것을 목적으로 사용된다.

구 분	특 징
헤어 트리트먼트크림	대부분 유화형으로 퍼머, 염색, 헤어드라이 사용, 공해 등으로 손상된 모발에 영양물질을 공급하고 모발의 건강 회복을 목적으로 한다.
헤어 팩	손상 모발을 회복시키기 위해 사용하는 유화형태의 제품으로 대부분 씻어내는 타입이며 집중적인 트리트먼트 효과를 나타낸다.
헤어에센스	고분자 실리콘을 사용하여 갈라진 모발의 회복과 모발 갈라짐을 예방할 목적으로 사용한다

4) 염모제(染毛劑)

모발의 염색, 탈색(헤어 블리치)을 목적으로 한다.

5) 탈모·제모용

털을 물리적, 화학적으로 제거하는 것을 목적으로 한다.

6) 퍼머넌트 웨이브용
모발에 영구적인 웨이브를 만들어 멋을 표현하기 위해 사용한다.

7) 양모제(養毛劑)
헤어토닉(hair tonic)이라 하며 살균력이 있어 두피나 모발을 청결히 하고 시원한 느낌과 쾌적함을 주고 모근과 두피에 영양공급과 혈액순환을 좋게 하여 털의 성장을 돕는다.

8) 발모용
두피기능을 정상화시켜 발모, 육모 촉진효과와 탈모를 예방하는 것을 목적으로 한다.

4. 바디(body)관리 화장품

종류		특징	
세정제	전신	세정력이 중요하며 풍부한 거품과 거품유지 능력 필요	바디 클렌져(샴푸), 비누, 버블 바스(입욕제)
각질 제거제		노화된 각질 제거	바디 스크럽, 바디 솔트
바디 트리트먼트	전신	바디 세정 후 피부 표면을 보호, 보습	바디 로션, 바디 오일, 바디 크림
	손	알코올을 주 베이스로하여 청결과 소독을 주된 목적으로 하고 물을 사용하지 않고 직접 바름	핸드 새니타이져(hand sanitizer)
	발	노화된 각질을 연화, 보호, 보습	풋 크림
슬리밍(slimming)제품	신체 특정부위	셀룰라이트가 생기기 쉬운 부분의 혈액순환 도와 노폐물 배출에 도움	슬리밍 크림, 지방분해 크림
체취 방지제	겨드랑이	피부 상재균의 증식을 억제하는 항균기능을 통해 체취를 억제	데오드란트
일소 방지 (자외선 차단)	전신	자외선으로부터 피부를 보호	선크림, 선로션

5. 네일 화장품

네일 화장품은 손톱에 광택과 색채를 주어 전체적인 아름다움을 향상시키는 메이크업 기능이 있으며 손톱에 영양을 공급하여 보호하고 건강한 손톱을 유지한다.

1) 네일 에나멜(nail enamel), 폴리쉬(polish)
손톱에 광택과 색채를 주어 전체적인 아름다움을 향상시키는 메이크업 기능이 있으며 손톱의 표면에 딱딱하고 광택이 있는 피막을 형성한다.

2) 베이스 코트(base coat)
네일 에나멜이 착색되거나 변색되는 것을 방지하고 손톱 표면의 틈을 메워줌으로써 네일 에나멜의 밀착성을 좋게 한다. 네일 에나멜 도포 전에 도포한다.

3) 탑 코트(top coat)
네일 에나멜의 피막 위에 도포하여 광택과 굳기를 증가시켜 내구성을 좋게 한다.

4) 에나멜 리무버(enamel remover), 폴리시 리무버(polish remover)
네일 에나멜의 피막을 용해시켜 제거한다.

5) 큐티클 리무버(cuticle remover), 큐티클 오일(cuticle oil)
손톱 주변의 죽은 세포를 정리하거나 제거 할 때 사용하며 손톱 표면의 더러움을 제거하거나 손톱을 아름답게 보호하기 위해 사용한다.

6) 네일 보강제(Nail treatment, Nail hardener)
자연손톱에 바르는 투명 팔리쉬 형태의 네일 영양제로 손톱 끝의 케라틴층이 분리되거나 단백질이 부족하여 손톱이 얇게 자라 손톱 끝이 휘어지고 찢어지는 손톱에 효과적이다. 네일 컬러링 전에 베이스코트 대용으로 바르기도 한다.

6. 방향 화장품

방향화장품은 향수류로 퍼퓸, 방향파우더, 향수비누 등을 포함한다. 현대로 오면서 생활수준이 향상되고 체취에 대한 후각적 아름다움에도 관심을 가지면서 생활의 필수품으로 자리 잡았다. 인간이 향을 이용하기 시작한 기원은 신성한 재단 앞에서 향나무 등을 태워 나는 연기를 종교 의식에서 사용하면서 발전되어 왔으며 향수의 영어단어인 퍼퓸(perfume)은 라틴어 per(통하여)와 fume(연기)의 합성어이다.

1) 향수의 조건
- 향의 특징이 있어야 하고 확산성이 좋아야 한다.
- 향기가 적절히 강하고 지속성이 있어야 하며 조화가 적절해야 한다.

2) 보관법 및 주의사항

보관법	주의사항
· 직사광선, 고온과 온도 변화가 심한 장소는 피해야 한다. · 공기와 접촉되지 않도록 한다. · 사용 후 용기의 뚜껑을 잘 닫아 향 발산을 막는다.	· 땀이 나기 쉬운 곳에는 뿌리지 않는다. · 얇거나 연한색의 옷에는 직접뿌리면 얼룩이 생길 수 있다. · 파티나 식사 때에는 특히 줄여서 사용한다.

3) 조합향료의 구성

탑 노트(top note)	향수의 첫 느낌으로 알코올이 날아가기 전후의 휘발성이 강한향
미들 노트(middle note)	알코올이 날아간 다음 나타나는 향
베이스 노트(base nate)	자신의 체취와 섞여 마지막까지 은은하게 유지되는 휘발성이 낮은 향

4) 향수의 구분

유형	부향률	지속시간	특징/ 용도
퍼퓸 (perfume)	15~30%	6~7시간	향이 풍부하고 완벽해서 고가이며 향기를 강조하고 싶거나 오래 지속시키고 싶을 때 사용
오데퍼퓸 (eau de pdrfume)	9~12%	5~6시간	퍼퓸에 가까운 지속성과 향의 깊이가 있으며 풍부한 향을 가지고 있음
오데토일렛 (eau de toilette)	6~8%	3~5시간	퍼퓸의 지속성과 오데코롱의 가벼운 느낌을 동시에 가짐
오데코롱 (eau de colongne)	3~5%	1~2시간	상쾌한 향취가 특색이며 향수를 처음 접하는 사람에게 적합함
샤워코롱 (shower colongne)	1~3%	약 1시간	전신용 방향제로 샤워 후 나만의 향으로 산뜻함을 유지할 수 있음 ▶ 출제빈도 2/14

7. 에센셜오일 및 캐리어오일

에센셜오일 및 캐리어오일은 아로마테라피에 많이 사용되는데 아로마테라피는 aroma(향기)와 therapy(치료)의 합성어로 식물에서 추출한 향기물질을 이용하여 육체적, 성신석 사극을 조절히고 면역력을 향상시켜 신체 건강을 유지·증진시키는 것이다.

1) 에센셜오일

식물의 꽃, 잎, 줄기, 뿌리, 열매 등에서 추출한 오일로 정제(精製)한 방향유이다. 수많은 식물 종이 존재하지만 그중에서 오직 수천 종의 식물에서 얻은 정유에 대해서만 그 특성과 성분이 확인됐다. 이러한 정유는 식물의 샘(腺) 내에 미세한 방울로 저장되어 있으며 샘의 세포벽을 통해 방울이 확산된 후 식물표면에 넓게 퍼지고 증발되어 향기를 발산하게 된다.

(1) 에센셜오일 추출 방법

물 & 수증기 증류법 (water & steam distillation)	가장 오래된 방법으로 많이 이용되고 있으며 식물의 향기부분을 물에 담가 가온하거나 수증기에 쐬어 증발된 기체를 냉각하면 물 위에 향기 물질이 뜨게 되는데 이것을 분리하여 순수한 천연향을 얻어내는 방법이다. 이는 대량으로 천연향을 얻어낼 수 있는 장점이 있으나 고온에서 일부 향기성분이 파괴될 수도 있는 단점이 있다. 5~6톤의 장미꽃을 수증기 증류하면 약 1kg의 장미유가 얻어진다. [증류 장치 도해: 증기와 오일증기의 혼합물, 증기가 아로마 재료와 증발 오일을 통과, 증류기, 증기, 상부에서 에센셜 오일 추출, 냉각기, 온수, 냉수, 분리기, 하부에서 증류 향료 추출]
압착법 (expression)	식물의 과실, 특히 감귤류의 껍질 등을 직접 압착하여 천연향을 얻어내는 방법으로 레몬, 오렌지, 버가못, 라임과 같은 감귤류의 향기성분을 얻는 데 이용된다.
용매 추출법 (solvent extraction)	벤젠이나 에테르와 같은 휘발성용매를 이용하여 식물에 함유된 열에 불안정한 정유, 수증기에 녹지 않는 정유, 수지에 포함된 정유 등을 추출한다. 용매에 담가서 온도를 약간 올려주어 추출된 오일을 콘크리트라 하며 이에 에탄올을 가미하여 다시 추출한 오일을 앱솔루트라 한다. | 온침법	꽃과 잎을 누른 후 따뜻한 식물유에 넣어 식물의 정유가 흡수되게 하여 추출
냉침법	동물성 기름인 라드(lard)를 바른 종이 사이사이에 꽃잎을 넣어 추출
초임계 이산화탄소	최근 개발된 추출법으로 초임계 이산화탄소가 용매 작용을 한다. 초저온에서 추출하므로 열에 약한 정유 성분도 추출할 수 있으며 이물질이 남지 않는다.	

(2) 에센셜오일의 종류

종류	특징	효능	주의사항
라벤더 (lavender)	라벤더 꽃을 수증기로 증류하여 추출	일광화상, 상처치유, 소염, 항박테리아, 불면증, 정신적 스트레스	통경(通經) 작용을 하므로 임신초기에는 사용 금지
티트리 (tea tree)	티트리 잎을 수증기 증류	살균, 소독작용(여드름, 비듬 치료에 효과적), 항곰팡이작용(무좀, 습진 해소)	피부에 자극을 줄 수 있으므로 민감성 피부 사용 금지
캐모마일 (chamomile)	달콤한 사과 향취로 캐모마일 꽃을 수증기 증류	항균, 살균, 항염증, 신경이완 및 회복, 피부 회복, 근육통 및 류마티스 관절염에 효과	임신 초기에 사용 금지
오렌지 (orange)	오렌지 열매 껍질을 냉동 압착	피부 재생, 콜라겐 생성 촉진, 기미 완화, 배뇨 촉진	광과민성이 있으므로 사용 후 바로 햇빛에 노출하지 않는 것이 좋음
레몬 (lemon)	레몬 껍질을 냉동 압착 또는 수증기 증류	항박테리아, 부스럼 치유, 살균, 미백작용, 기미, 주근깨, 티눈, 사마귀 제거	햇빛 노출 시 민감한 피부나 광과민성 피부에 자극을 주고 색소를 유발할 수 있으므로 주의
로즈 (rose)	장미꽃을 수증기 증류, 용매추출(물 층에 향 성분이 남은 것이 로즈워터)	분노, 우울함, 수렴, 진정, 배뇨 촉진, 여성과 관련된 대부분의 질병	생리 조절기능 있으므로 임신 중에는 사용 금지
로즈마리 (rosemary)	로즈마리 꽃과 잎을 수증기 증류	기억력 증진, 집중력 강화, 두통제거, 혈행 촉진, 배뇨촉진, 진통 해소, 심신의 균형	간질, 고혈압, 임산부는 사용금지
페퍼민트 (peppermint)	산뜻하고 시원한 박하 향취로 페퍼민트 잎을 수증기 증류	피로회복, 졸음 방지, 기분 상승 효과, 기관지염 및 천식 해소, 세정작용, 진정, 통증 완화, 순환계, 호흡계, 소화계에 뛰어난 효과	피부에 자극을 줄 수 있으며 간질, 발열, 심장병이 있는 사람 사용 금지
몰약 (myrrh)	몰약을 수증기 증류	방부(미이라를 방부 할 때 사용), 기관지염, 항염, 항균, 피부주름	임신 중에는 사용금지

(3) 에센셜오일의 활용 방법

분류	활용방법
마사지법	마사지를 하는 목적에 맞는 에센셜 오일을 선택하여 캐리어 오일에 알맞은 용도로 희석하여 원하는 부위에 도포하여 부드럽게 신체의 흐름에 맞추어 마사지한다.
흡입법	공기 중에 발산된 향기를 들이마시는 방법으로 천식, 감기, 기침, 두통, 호흡기 감염에 효과적이다. · 건식흡입법 : 티슈, 손수건 등에 에센셜 오일을 묻혀 3~5분 정도 냄새를 맡는 방법으로 가장 간단하게 할 수 있다. · 증기흡입법 : 향이 잘 증발되도록 끓인 물에 정유를 떨어뜨린 후 코로 들이마시는 방법으로 인체에서 에센셜 오일의 흡수 속도가 가장 빨라 호흡기 질환에 효과적이다.
확산법	아로마 램프, 스프레이, 오일버너, 아로마 디퓨저(diffuser: 훈증기)를 이용하여 에센셜오일 입자를 공기 중에 발산시킨다.
목욕법	욕조에 에센셜오일을 떨어뜨리고 전신욕, 반신욕, 족욕, 좌욕 등을 하는 방법이다.
습포법	통증이 있는 부위에 에센셜오일을 떨어뜨려 찜질하는 방법으로 염증, 타박상, 염좌에는 냉습포 방법을 이용하고 혈액순환촉진, 통증 완화, 어깨 결림에는 온습포 방법을 이용한다.
얼굴 증기용	따뜻한 물에 에센셜오일을 섞은 후 수증기와 함께 발산되는 정유를 얼굴에 쐬어 피부로 흡수시킨다.

(4) 주의 사항

· 갈색 유리병에 보관하고 반드시 뚜껑을 닫아 서늘하고 어두운 곳에 보관한다.

· 감귤류 계열은 색소 침착의 우려가 있으므로 감광성(感光性)에 주의한다.

· 개봉한 정유는 1년 이내에 사용하고 1회 사용 분만 사용 직전 제조하여 사용한다.

· 희석하지 않은 원액의 정유는 피부에 바로 사용을 금한다.

· 임산부, 고혈압, 간질 환자에게 사용이 금지된 정유는 사용하지 않는다.

· 사용하기 전에 미리 첩포시험(patch test)을 한다.

2) 캐리어오일(Carrier oil)

캐리어는 운반이란 뜻으로 에센셜오일을 브랜딩 하여 마사지 할 때 사용된다. 에센셜오일은 고농도로 농축되어 있으므로 피부 사용 시 반드시 식물성 오일에 희석하여 사용하여야 한다. 식물의 꽃, 씨, 열매 등에서 추출되며 인체에 유익한 영양성분을 함유하고 있어 그 자체만으로 효과를 발휘할 수 있다. 에센셜오일의 향을 방해하지 않도록 무향이여야 하고 피부 친화력이 좋아야 한다.

종류	특징 및 효능
호호바 오일 (Jojoba oil)	· 인간의 피지와 화학구조가 매우 유사한 오일로 피부염을 비롯하여 여드름, 습진, 건선 피부에 안심하고 사용할 수 있음 · 침투력과 보습력이 우수하여 일반 화장품에도 많이 함유되어 있음
아몬드 오일 (almond oil)	· 스위트 아몬드에서 압출한 것으로 향이 적고 피부연화제로 피부를 부드럽게 해주며 모든 마사지에 적합 · 단백질과 비타민, 미네랄이 풍부해 가려움증 해소, 피부 보습효과, 항염, 살균, 염증성 질환에 효과
아보카도 오일 (avocado oil)	· 과일열매에서 추출한 것으로 '밀림의 버터'라고 할 만큼 유분이 많아 건성 피부에 사용하고 침투력이 강해서 지방조직에 사용 · 비타민, 단백질, 레시틴, 지방산, 피부보습효과, 탈수현상완화, 습진성 피부염에 효능
윗점(Wheatgerm)	밀배아에서 추출한 것으로 미네랄, 비타민 E를 함유한 짙은 황금색이다. 노화, 튼살에 좋고 세포재생효과
포도씨 오일 (grapeseed oil)	콜레스테롤이 없어 사용감이 부드럽고 피부 흡수가 빠르며 자극, 알레르기를 유발하지 않음. 지성피부의 피지 조절에 사용
올리브 오일 (olive oil)	지성 피부에는 부적당하며 민감성, 알레르기, 튼살, 건성 피부에 적당
달맞이꽃 종자유 (evening primrose oil)	감마레놀렌산이 함유되어 있어 항혈전, 항염증, 류머티즘, 생리 전·후 증후근, 건선, 습진에 효과적
로즈힙 오일 (rose hip oil)	카로티노이드, 리놀렌산, 비타민 C를 함유하고 있으며 수분유지, 세포재생, 색소침착 및 예방, 화상에 효과적
칼렌둘라 오일 (Calendula oil)	금잔화 추출물로 문제성 피부, 간지럽고 갈라진 피부, 건성 습진, 염증에 효과적
코코넛 오일 (Coconut oil)	정유를 잘 용해시키고 부드럽고 점성이 약해 모든 피부에 거부감 없이 적용 가능

8. 기능성 화장품

"기능성화장품"이란 화장품 중에서 다음 각 목의 어느 하나에 해당되는 것으로서 총리령으로 정하는 화장품을 말한다.

가. 피부의 미백에 도움을 주는 제품
나. 피부의 주름개선에 도움을 주는 제품
다. 피부를 곱게 태워주거나 자외선으로부터 피부를 보호하는 데 도움을 주는 제품

1) 피부의 미백에 도움을 주는 제품의 성분 및 함량(9종)

연번	성분명	함량
1	닥나무추출물	2%
2	알부틴	2~5%
3	에칠아스코빌에텔	1~2%
4	유용성감초추출물	0.05%
5	아스코빌글루코사이드	2%
6	마그네슘아스코빌포스페이트	3%
7	나이아신아마이드 (니코틴산아마이드)	2~5%
8	알파-비사보롤	0.5%
9	아스코빌테트라이소팔미테이트	2%

2) 피부의 주름개선에 도움을 주는 제품의 성분 및 함량(4종)

연번	성분명	함량
1	레티놀	2,500IU/g
2	레티닐팔미테이트	10,000IU/g
3	아데노신	0.04%
4	폴리에톡실레이티드레틴아마이드	0.05~0.2%

3) 피부를 곱게 태워주거나 자외선으로부터 피부를 보호하는 데 도움을 주는 제품의 성분·함량(29종)

연번	성분명	함량
1	글리세릴파바	0.5%~3%
2	드로메트리졸	0.5%~7%
3	디갈로일트리올리에이트	0.5%~5%
4	4-메칠벤질리덴캠퍼	0.5%~5%
5	멘틸안트라닐레이트	0.5%~5%
6	벤조페논-3	0.5%~5%
7	벤조페논-4	0.5%~5%
8	벤조페논-8	0.5%~3%
9	부틸메톡시디벤조일메탄	0.5%~5%
10	시녹세이트	0.5%~5%
11	에칠헥실트리아존	0.5%~5%
12	옥토크릴렌	0.5%~10%
13	에칠헥실디메칠파바	0.5%~8%
14	에칠헥실메톡시신나메이트	0.5%~7.5%
15	에칠헥실살리실레이트	0.5%~5%
16	파라아미노벤조익애씨드(파바)	0.5%~5%
17	페닐벤즈이미다졸설포닉애씨드	0.5%~4%

연번	성분명	함량
18	호모살레이트	0.5%~10%
19	징크옥사이드	25% (자외선차단성분으로 최대함량)
20	티타늄디옥사이드	25% (자외선차단성분으로 최대함량)
21	이소아밀p-메톡시신나메이트	10%(최대함량)
22	비스-에칠헥실옥시페놀메톡시페닐트리아진	10%(최대함량)
23	디소듐페닐디벤즈이미다졸테트라설포네이트	산으로 10%(최대함량)
24	드로메트리졸트리실록산	15%(최대함량)
25	디에칠헥실부타미도트리아존	10%(최대함량)
26	폴리실리콘-15(디메치코디에칠벤잘말로네이트)	10%(최대함량)
27	메칠렌비스-벤조트리아졸릴테트라메칠부틸페놀	10%(최대함량)
28	테레프탈릴리덴디캠퍼설포닉애씨드 및 그 염류	산으로 10%(최대함량)
29	디에칠아미노하이드록시벤조일헥실벤조에이트	10%(최대함량)

네일 미용 기술

part 1

손톱, 발톱 관리

1. 재료와 도구의 활용

1) 네일 도구 및 재료

(1) 손 소독제(Antiseptic)
네일 서비스 시술 전 시술자와 고객의 손을 청결하게 소독할 때 사용한다.

(2) 네일 폴리쉬 리무버(Nail polish remover, Nail enamel remover)
네일 컬러링을 제거할 때 사용되는 제품이다. 네일 팁과 실크 익스텐션, 아크릴릭 등과 같은 인조 손톱이 녹는 손상을 일으키지 않는 넌 아세톤 리무버(Non-acetone Remover) 제품도 있다.

(3) 오렌지 우드스틱(Orange wood stick)

천연항균 소재인 오렌지 나무재질인 우드스틱은 푸셔대신 큐티클을 밀어 올리거나 폴리쉬의 잔여물 제거 등의 다양한 네일 서비스 시술에 활용되는 도구이다.

(4) 파일(File)

자연 네일과 인조 네일 시술시 손톱의 모양과, 길이조정, 표면을 다듬을 때 사용되는 도구이다. 거칠기가 그리트(Grite)에 따라 다양하며 그리트의 수가 높을수록 파일의 입자가 곱고 부드럽고, 그리트의 수가 낮을수록 파일의 입자가 거칠고 강하다. 자연 네일에는 180~220 그리트의 파일(우드파일)을 적용시킬 수 있으며, 인조 손톱에는 100 그리트 파일부터 적용할 수 있다.

(5) 샌딩 블록(Sanding block, Sanding buffer)

자연 네일 또는 인조 네일의 표면을 정리하는 데 사용된다. 샌딩 블록은 자연네일의 유분기 제거와 표면을 버핑하는 화이트 샌드와 인조네일 시술시 파일링 후 표면을 버핑하는 블랙 샌드가 있다. 화이트 샌드보다 블랙 샌드의 그리트(Grite)가 낮다.

(6) 라운드 패드(Round pad, Disk pad)

자연 네일과 인조 네일의 파일링 후 네일 뒷면의 거스러미를 제거하는 데 사용한다.

(7) 더스티 브러쉬(Dusty brush)

네일 서비스 시술 시 발생되는 손톱 위의 먼지 및 이물질 등을 털어낼 때 사용된다. 큐티클과 손톱표면의 자극을 방지하기 위하여 위에서 아랫방향으로 사용해준다. 브러쉬에 미생물의 번식과 감염 및 위생을 위하여 천연모 소재의 브러쉬 종류는 피하는 것이 좋다.

(8) 핑거볼(Finger bowl)

습식매니큐어 시술과정에 손을 담가 큐티클을 불리기 위한 도구로 미온수에 소독제나 손톱미백제 등을 용해시켜 사용하기도 하며, 손과 손톱의 이물질을 제거시키는 데 도움을 준다.

(9) 큐티클 리무버(Cuticle remover)

큐티클을 부드럽게 연화시켜 손톱주변의 거스러미와 굳은살을 정리하기 편하도록 돕는 역할을 한다. 소디움과 글리세린이 함유되어 있다.

(10) 큐티클 오일(Cuticle oil)

습식매니큐어 시술 시 큐티클을 정리하기 전에 도포하여 큐티클을 유연하게 연화시켜 시술을 용이하게 돕는 역할과 손톱 주변 피부와 손톱자체에 영양분을 공급하여 유·수분 밸런스를 맞추어 주는 역할을 한다.

(11) 큐티클 니퍼(Cuticle nipper)

손톱 주위의 큐티클과 거스러미를 정리할 때 사용하는 도구로 올바르지 못한 니퍼 사용과 비위생적인 도구보관으로 감염시킬 수 있으므로 소독과 위생적인 보관처리가 필요하다.

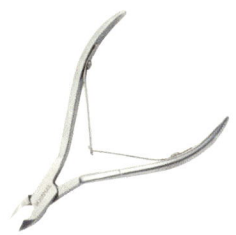

(12) 푸셔 (Pusher)

큐티클을 밀어 올릴 때 사용되는 도구로 메탈푸셔와 스톤푸셔 등으로 구분된다. 손톱표면에 손상이가지 않도록 45° 각도를 유지하여 사용하여야 한다. 메탈푸셔는 금속성분의 재질이며, 스톤푸셔는 입자가 고운 광물질 성분으로 구성되어 있다. 때에 따라서 오렌지 우드스틱을 푸셔 대용으로 사용하기도 한다.

(13) 토우 세퍼레이터(Toe seperator)

패디큐어 시술 시 발가락 사이에 끼워 주는 도구로 패디에 컬러링이나 아트 서비스가 손상되지 않도록 하는 역할을 한다.

(14) 베이스 코트(Base coat)

손톱 표면을 보호하고 유색 폴리시의 안료가 착색되는 것을 방지하는 코팅막 역할과 네일 폴리쉬가 잘 접착되도록 하여 네일 컬러링을 바르기 전에 바른다.

(15) 네일 폴리쉬(Nail polish)

손톱에 도포하는 유색 네일 화장품으로 네일 에나멜(Nail Enamel), 네일 컬러(Nail Color), 네일 락카(Nail Lacquer) 등 다양한 이름으로 불린다.

(16) 탑 코트(Top coat)

탑 코트는 네일 폴리쉬를 보호하고 스크래치나 벗겨지는 등의 손상을 방지해주는 역할을 한다. 유색 폴리쉬 위에 바르는 제품으로 니트로 셀룰로오즈 성분이 함유되어 있어 광택을 내고 피막을 형성한다.

(17) 베이스 젤 (Base gel)

젤 네일 서비스 시 자연 손톱에 유색 젤에 의한 착색방지와 손톱의 표면을 매끄럽게 만들어주어 주는 역할을 한다.

(18) 탑 실러 (Top sealer)

젤 네일 서비스의 마지막 단계에서 사용하여 광택과 지속력을 높여 주는 역할을 한다.

(19) 젤(GEL)

젤은 점성이 높은 아크릴릭 제품으로 UV램프나 LED램프 빛에 큐어링(경화)하여 사용한다.

(20) 젤 클리너(GEL cleaner)

젤 네일 서비스 후 끈적이는 젤의 잔여물(미경화 젤)을 제거하기 위하여 사용된다.

(21) 젤 브러쉬(GEL brush)

젤의 볼을 뜰 때 사용되는 젤 네일 전용 브러쉬이다. 젤 네일 서비스 시술시 UV램프나 LED램프의 빛에 브러시가 노출되면 큐어링되어 굳을 수 있으므로 주의해야 한다.

(22) 젤 브러쉬 클리너(GEL brush cleaner)

젤 네일 서비스 후 끈적이는 젤의 잔여물을 제거하기 위하여 사용되며 브러쉬의 정리 및 이물질 등을 제거할 때에도 사용된다.

(23) 팁(Tip)

자연 네일의 길이를 연장할 때 사용하며 재질은 플라스틱, 나일론, 아세테이트 등의 소재로 되어 있으며 유연성과 탄력성을 갖고 있다. 팁을 접착 시 주의 사항을 정확히 숙지하여야 한다. 팁의 종류로는 레귤러 팁, 풀 팁, 프렌치 팁, 디자인 팁, 컬러 팁 등 다양한 종류가 있다.

(24) 라이트 글루(Light glue)

네일 전용 글루로서 인조 팁이나 실크 접착과 네일 표면을 전체적으로 도포할 때 사용된다.

(25) 팁 커터기(Tip Cutter)

인조 팁 시술 시 팁의 길이를 조절할 때에는 후리엣지 부분을 잘라서 길이 조절을 한다.

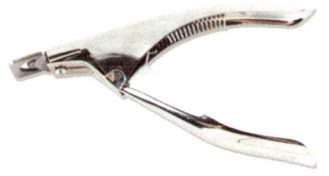

(26) 필러 파우더(Filler powder)

팁이나 실크를 이용한 인조손톱 연장 시술 시 라이트 글루와 함께 사용하여 손톱의 두께를 보강하고 견고함을 위하여 사용된다.

(27) 젤 글루(Gel glue)

점성이 있는 네일 전용 글루로서 인조 팁 접착 작업과 팁과 실크를 이용한 인조 손톱 마무리 단계에 네일 표면을 전체적으로 도포하여 두께감과 코팅효과를 주어 강도를 보강하는 작업에 사용된다. 대부분 브러쉬의 형태로 많이 사용되고 있다.

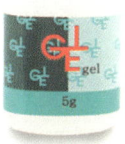

(28) 글루 드라이어(Glue dryer, Activator)

인조 손톱 시술 시 사용되는 글루(라이트 글루, 젤 글루)를 빠르게 건조시켜 네일 서비스 시간을 단축하기 위하여 사용되는 스프레이 형태의 글루 냉각용 제품이다. 인화성이 강하므로 보관 시 화기에 노출되지 않도록 주의한다. 글루 드라이어제품을 사용할 때는 인조 손톱과의 작업거리를 10~15cm 정도 떨어진 거리에서 분사하여야 한다.

(29) 실크(Silk)

사용되는 랩의 종류로는 실크, 화이버글래스, 린넨 등이 있다. 약하거나 손상된 자연 네일을 보강해주는 네일 랩 작업과 실크를 사용하여 자연 네일의 길이를 연장하는 실크 익스텐션 작업에 사용된다.

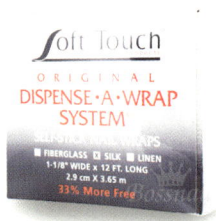

(30) 실크 가위(Silk scissors)

실크로 시술 시 실크를 재단할 때 사용한다.

(31) 아크릴릭 리퀴드(Acrylic liquid, Monomer)

아크릴릭 리퀴드는 액체상태로 아크릴 파우더를 반죽하는 데 사용한다. 휘발성 용액으로 보관 시 환기와 통풍이 잘되는 서늘한 곳에 보관하는 것이 좋다.

(32) 디펜디쉬(Dappen dish)

아크릴릭 리퀴드 용액을 담아서 사용하는 용기이다. 살롱 내 공기오염을 방지하기 위하여 뚜껑이 있는 디펜디쉬를 선택해서 사용하는 좋으며, 시술 후에는 뚜껑을 닫아서 보관한다.

(33) 아크릴릭 파우더(Acrylic powder, Polymer)

아크릴 리퀴드를 고체화시킨 파우더 타입의 제품으로 자연손톱의 길이를 연장하거나 강도를 보강하기 위하여 아크릴 리퀴드와 혼합하여 아크릴 볼을 만들어 사용한다.

(34) 아크릴 브러쉬(Acrylic brush)

아크릴릭 리퀴드와 파우더를 혼합하여 볼을 만들 때 사용되는 아크릴릭 전용 브러쉬이며, 아크릴릭 네일 서비스 작업 후 브러쉬 클리너에 세척하여 보관해야 한다.

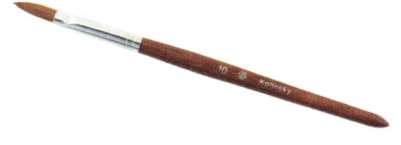

(35) 아크릴릭 폼(Acrylic form)

인조네일 스컬프처 서비스 시술 시 인조 손톱의 길이를 연장할 수 있게 지지대 역할을 해주는 일회용 종이 폼이다.

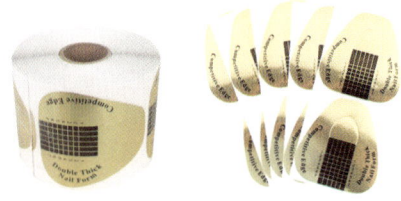

(36) 쓰리웨이 버퍼(3-Way buffer)

주로 인조 손톱 시술의 마지막 단계에 적용되는 버퍼로 파일 하나에 3가지 그리트(Grite) 기능이 포함되어, 자연 손톱의 표면과 인조 손톱의 표면의 스크래치(Scratch)를 없애주고 광택을 내주는 역할을 한다.

(37) 브러쉬 클리너(Brush cleaner)

아크릴릭 브러시에 아크릴 볼이 뭉쳐있을 때 녹여주거나 깨끗하게 세척할 때 사용하는 브러쉬 전용세척제이다. 아크릴릭 파우더와 혼합하여 아크릴릭 3D 작업을 할 때도 사용된다.

(38) 소독용 알코올(Alchol)

네일 서비스 시술 전·후 70% 농도의 알코올을 사용하여 네일 기구 및 도구 등을 소독한다.

(39) 지혈제

네일관리 시술 중 큐티클을 정리할 때 잘못된 니퍼의 사용 등으로 인한 출혈이 발생될 경우 출혈 부위에 떨어트려 혈액을 응고시켜주는 제품이다.

(40) 클리퍼(Nail clipper)

자연 손톱과 인조 손톱의 길이를 조절할 때 사용한다. 네일 서비스에 사용되는 클리퍼는 일자형 헤드를 사용한다.

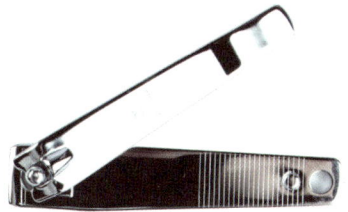

(41) 디스펜서(Dispenser)

디스펜서는 리무버나 알콜올 등을 담아서 사용하는 용기로 플라스틱 재질과 도자기 재질 등이 있다.

(42) 핸드로션(Hand lotion)

네일 서비스 시술 시 손과 발을 마사지할 때 수분과 유분을 공급해주는 역할을 한다.

(43) 프라이머(Primer)

아크릴릭 네일 서비스 작업 전에 자연 손톱의 표면에 발라주어 유분기를 제거하는 역할과 아크릴릭이 네일표면에 잘 부착할 수 있도록 접착력을 높여주는 역할을 한다. 메타크릴산(Methacrylic acid)이 주요성분으로 세균번식을 막아주는 역할도 한다.

(44) 젤 본더(Gel bonder)

젤 네일 서비스 시술 전에 자연 손톱에 소량 도포하여 젤의 접착력을 높여준다.

(45) 패디 파일(Pedi file)

패디큐어 시술 시 발바닥의 굳은살을 제거하거나 콘 커터 사용 후에 발바닥 표면을 매끄럽게 버핑하기 위하여 사용된다.

(46) 콘 커터(Con cutter)

패디큐어 시술 시 발바닥의 굳은살을 제거하기 위한 도구이다. 콘 커터기 안에 면도날을 끼워서 사용하므로 상처가나지 않도록 주의하여 사용해야 한다. 면도날은 1회용으로 시술 후 반드시 안전하게 처리하여 폐기하여야 한다.

(47) 폴리쉬 띠너(Polish thinner)

폴리쉬 제품이 굳어 있을 때 폴리쉬를 유화시켜주는 제품이다.

(48) 폴리쉬 드라이어(Polish dryer)

네일 폴리시 종류의 제품을 빠르게 건조시켜주는 역할을 하는 스프레이 형태의 제품이다.

(49) 네일 미백제(Nail bleach)

네일 블리치는 20볼륨(volume)의 과산화수소와 구연산으로 구성된 제품으로 손톱 표면을 탈색시켜 미백을 돕는 제품이다. (유색 폴리시로 인한 착색, 담배, 잉크 등의 외부오염 물질로부터 누렇게 변색된 자연손톱에 도포)

(50) 네일 보강제(Nail treatment, Nail hardener)

자연 손톱에 바르는 투명 폴리시 형태의 네일 영양제로 손톱 끝의 케라틴층이 분리되거나 단백질이 부족하여 네일이 얇게 자라 손톱 끝이 휘어지고 찢어지는 손상되고 약한 손톱에 효과적이다. 네일 컬러링 전에 베이스코트 대용으로 바르기도 한다.

2) 네일기구

(1) 네일 테이블(Nail table)

네일 미용사와 고객이 편안하게 네일 서비스 시술을 받을 수 있도록 고안된 네일 전용테이블이다. 네일 화학제품에 의한 손상과 부식이 낮은 재질을 선택하고 네일 서비스에 필요한 기기 및 도구, 재료 등을 위생적으로 정리 및 보관할 수 있는 수납공간이 확보되고 시술이 편리한 테이블을 선택한다.

(2) 시술의자(Nail chair)

네일 미용사와 고객에 체형에 맞추어 높낮이를 조절할 수 있으며, 폴리쉬 등 화학제품 및 이물질의 제거가 용이한 것과 네일 서비스 소요시간동안 편안하고 안락한 의자를 선택한다.

(3) 손목받침대(Hand cushion)

네일 서비스 시술 시 고객의 손을 편안하게 올려놓을 수 있는 쿠션이다.

(4) 시술패드(Pad)

네일 서비스 시술시 네일 재료로 인한 네일 테이블 오염을 방지하기 위한 시술패드이다.

(5) 파일꽂이

네일 서비스에 사용되는 파일 또는 오렌지 우드스틱 등의 스틱형태의 재료 등을 정리하여 꽂아

놓는다.

(6) 재료 받침대(Supply tray)

네일 테이블에 네일 도구 및 재료 등을 정돈하여 수납하는 바구니 형태의 받침대 등을 말한다.

(7) 솜 보관기(Supply tray)

네일 서비스에 사용되는 화장솜을 보관하는 용기이다.

(8) 자외선 살균 소독기(UV sterilizer)

네일케어 시술 시 큐티클 제거에 사용되는 특히 메탈소재로 되어있는 니퍼, 푸셔 및 패디큐어에 사용되는 콘 커터(1회용 면도날은 제외) 등을 자외선으로 소독하는 살균기이다. 니퍼, 푸셔, 콘 커터 등은 매 시술 시 소독된 제품으로 교체하여 네일 서비스를 해야 한다.

(9) 습식 소독기(Water sterilizer)

네일 도구를 소독제에 담가 소독하는 용기로 유리 재질로 되어 있다. 도구소독은 알코올 70%에 20분 이상 담가 소독한다.

(10) 각탕기

페디큐어 시술 시 따뜻한 물에 발을 불려주어 발바닥의 각질제거를 용이하게 도와는 주는 기기로 발의 피로회복에도 도움을 준다. 각탕기 전용 솔트를 첨가할 수 있다.

(11) 네일 드라이어(Nail dryer)

네일 컬러링 시술 후 네일 폴리시를 빠르게 건조시켜 주는 전기도구이다.

(12) 젤 램프(Nail gel lamp)

네일 젤 시술 시 젤을 빛으로 응고시키는 큐어링(경화) 기기로 UV와 LED램프가 있다.

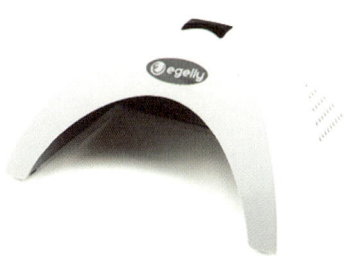

(13) 파라핀기(Paraffin machine)

파라핀기는 고체상태의 파라핀을 액체상로 녹여주는 기기이다. 용해된 파라핀액에 손을 담가 파라핀팩의 형태로 관리해줌으로써 큐티클의 거스러미가 발생하는 행네일이나 거친 손에 유·수분 및 보습을 주는 효과가 있다.

(14) 에어 컴프레셔(Air compressor) & 에어브러쉬 건(Airbrush gun)

컴프레셔는 에어브러시 작업에 필요한 공기를 만들어내는 기계이다.

에어브러쉬 건은 에어브러쉬 물감을 담아 분사(시술하는 부위)시키는 도구이다.

(15) 네일 드릴(Nail drill)

손톱과 발톱의 관리 시 자연 네일의 표면이나 인조손톱을 표면, 발 각질제거를 빠르게 정리할 때 사용되는 전동 기기이다.

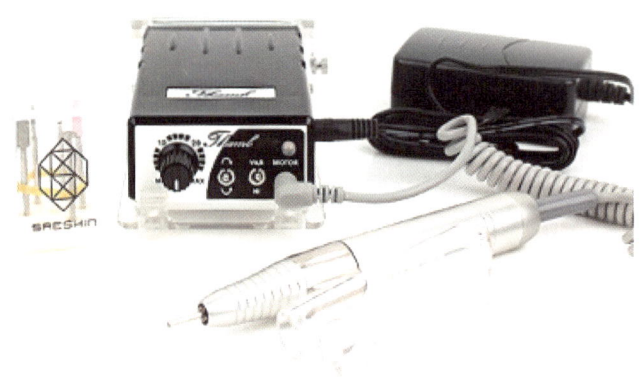

2. 매니큐어

매니큐어란?

네일관리의 가장 기본이 되는 시술로 '손을 아름답게 건강하게 관리하는 손질하다'라는 의미를 갖는다. 매니큐어(Manicure)는 라틴어인 Manus(손)+Cura(관리, 손질)의 합성어이다. 매니큐어는 일반적으로 상식화되어 통용되는 손톱 화장제가 아닌 손톱관리 및 손질이라는 네일 미용서비스 행위를 일컫는다.

(1) 습식매니큐어

가장 기본적인 매니큐어로 자연손톱의 본연의 아름다움을 찾도록 돕고 건강함과 청결함을 유지시켜주는 매니큐어로 네일미용사 자격증 시험과제이다.

(2) 핫 오일 매니큐어(Hot oil manicure)

크림 속에 Oil이 들어 있어 부드럽고 촉촉하며 건조하거나 거친 손에 좋고 거스러미 없는 깔끔한 손톱으로 관리하는 데 도움이 된다. 핫 오일(크림) 매니큐어는 습식 매니큐어 과정과 별 차이가 없으며 특별히 오랜 시간을 요하지 않아도 되는 방법이다. 이것은 건조하고 갈라지는 손과 손톱, 물어뜯는 손톱에 특히 필요하며, 여름철보다는 겨울철에 효과적이다. 핫 오일(크림) 매니큐어의 장점은 손의 상태를 부드럽고 유연하게 증진시켜 준다는 것이다. 인조손톱의 경우에는 손톱 연장 서비스가 끝난 후에 핫 오일(크림) 매니큐어를 할 수 있다.

(3) 파라핀 매니큐어(Paraffin manicure)

몸의 혈 행을 도와주는 데 관절이 아프거나 손이 구부러진 사람에게 효과가 있고 피부가 거칠(건조)거나 물리치료(근육이완작용)시에도 사용한다. 파라핀 피부관리는 원래 오래 전부터 의사 및 물리치료사들에 의해 치료 목적으로 행해졌으며 뛰어난 습진치료 효과와 운동 또는 과로로 인한 긴장과 피로감, 스트레스 등을 감소하는 데 효과적이다.

네일서비스 시 사용하는 파라핀에는 파라핀 왁스 자체에 콜라겐 성분과 비타민 E(토코페롤), 유컬립터스, 멘솔 및 식물성 오일과 각종 미용성분 등을 첨가해 인체의 피부관리에 도움이 되고 무해하도록 개발한 미용 전용 파라핀을 사용한다.

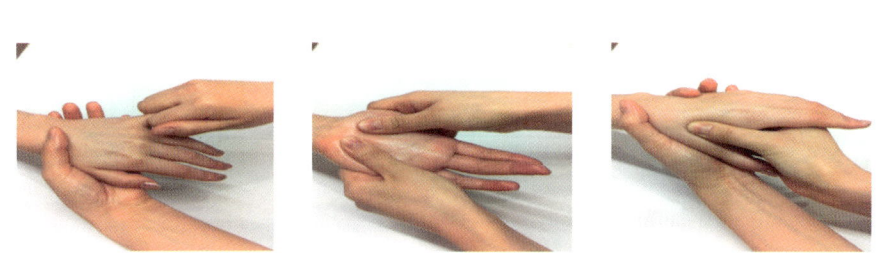

우리의 신체 중에서 가장 많은 활동을 하는 손은 여러 활동으로 인하여 외부 물질과의 접촉 빈도가 높아 쉽게 오염되는 부위이며 또 그만큼 자주 씻기 때문에 피부의 피지막 부분이 손상되기 쉽다. 날씨나 사용빈도에 따라 건조해지기 쉬운 손을 혼자서 관리할 수 있는 방법은 손을 씻은 다음 반드시 핸드크림을 발라 건조한 손에 영양과 보습을 주고 핸드크림을 바를 때마다 적당한 마사지를 해주어 혈액순환에 도움을 주도록 한다.

3. 매니큐어 컬러링

매니큐어 컬러링 시술 순서

① 시술자의 손을 소독한 후 피시술자의 손을 소독한다.

② 오래된 네일 컬러(Polish)를 제거한다.

③ 손톱의 모양을 한 방향으로 파일링하여 만든다.

④ 큐티클을 부드럽게 만든 후 큐티클을 정리한다.

⑤ 손 소독을 다시 한 번 한다.

⑥ 리무버를 사용하여 손톱 표면의 유분기를 제거한다.

⑦ 컬러링을 한다.(베이스코트 → 네일컬러 2회 → 탑코트 → 손톱 피부주면 정리)

(1) 컬러링 순서(풀코트)

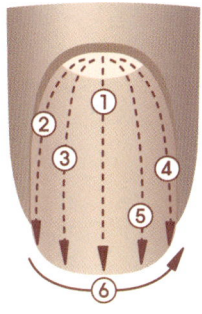

1 Coat

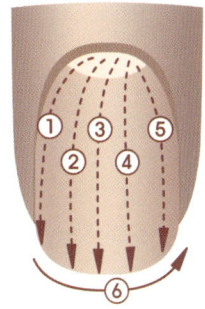

2 Coat

1coat 방법
1. 큐티클 1mm 정도 아래에서 시작하여 큐티클쪽으로 살짝 올렸다가 프리엣지 방향으로 쓸어내린다.
2. 왼편 곡선을 따라 자연스럽게 쓸어내린다.
3. ①과 ②사이에 줄을 없애는 방법으로 발라준다.
4. ②와 마찬가지로 곡선을 따라 자연스럽게 쓸어내린다.
5. ①과 ④사이에 겹치는 부분을 쓸어내린다.
6. 프리엣지의 단면을 왼쪽에서 오른쪽으로 발라준다.

2coat 방법
1. ①에서 ⑤까지 왼쪽에서 오른쪽으로 순서대로 도포한다.
   브러쉬를 누르지 않고 빠르게 바른다.
2. 프리엣지 단면을 마지막에 도포한다.

> Point
> 라인을 균일하게 하고 색상이 울퉁불퉁 하지 않게 완성한다.
> 큐티클 라인이 일정하게 유지될 수 있도록 한다.
> 손톱 주변에 폴리쉬가 묻지 않도록 한다.
> 프리엣지 단면에 컬러를 도포하지 않았을 때 감점요인이 된다.

(2) 네일 컬러 바르기(8가지 종류의 컬러링)

네일 컬러링의 종류

① Full coat

② Slim line, Free walls
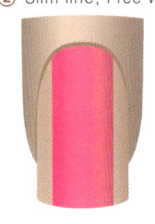

③ Free edge

④ Lunula, Half moon

⑤ Hairline tip

⑥ Gradation

⑦ French

⑧ Deep French

8가지 컬러링의 종류

① Full coat : 손톱 자체인 네일 바디 전체를 꽉 채워 컬러링
  사이드월, 큐티클라인, 프리엣지까지 꼼꼼히 도포한다.

② Slim line, Free walls : 손톱을 좁고, 얇아 보이게 하는 컬러링

③ Free edge : 프리엣지 부분을 제외하고 바르는 컬러링

④ Lunula, Half moon : 루눌라 부분을 제외하고 바르는 컬러링

⑤ Hairline tip : 풀코트 방법으로 컬러를 도포 후 프리엣지 끝 부분만 지워주는 컬러링

⑥ Gradation : 프리엣지에서 큐티클라인쪽으로 갈수록 연해지는 컬러링
  얼룩이 지지않고, 큐티클부분은 투명감을 표현한다.

⑦ French : 자라나온 옐로우 라인의 둥근선에 맞추어 스마일라인을 만들어 준다.
  라인을 만들 때 일정하고 깔끔하게 바른다.

⑧ Deep French : 손톱 전체의 1/2 이상 큐티클라인쪽으로 들어가 스마일라인을 만들고
  스마일라인 부터 프리엣지까지 도포하는 컬러링

4. 패디큐어

1) 패디큐어란?

패디큐어(Pedicure)는 라틴어의 Padis(발)과 Cura(관리)에서 유래 된 말로 발과 발톱의 미용적 개념과 더불어 건강과도 깊은 관련이 있다. 발과 발톱을 손질하고 발의 피로를 풀어주어 청결하고 아름답게 발을 가꾸어주는 것을 패디큐어라 한다. 발톱손질·발 마사지·발 화장 등 발 전체의 미용을 말한다.

2) 발 관리의 역사

발 관리는 수 천년 전 중국의 황실에서 발 마사지가 성행하면서 일반인들도 쉽게 발마사지를 했고 중국에 선교사업을 위해 들어온 서양인들이 발 마사지의 효용을 알게 돼 서양으로 전파하게 됐다.

중국의 발관리는 2500년 전(BC772-221) 중국에서 시작되었다. 발 반사 요법은 중국의 전통 의학가운데 하나로 중국의 고대 의학서인 황제내경의 소녀경 편에 기록되어 있는 관지법, 혹은 족심도의 발의 혈도를 자극하고 그 반사원리를 이용하여 치료 효과를 얻어내는 발 반사요법의 원형이라 할 수 이다. 이것을 한나라의 화타가 진나라 이전의 관지법을 다시 연구하여 그 시대 상황에 맞도록 족심도를 다시 저술하였다.

16세기의 발 관리 유럽에서는 16세기에 처음으로 라이프찌히 출신의 Dr.Ball에 의해 발 반사 요법이 학문적 이론의 체계를 갖추면서 서서히 일반인에게 알려지기 시작하였다.

19세기의 발 관리는 1883년 파블로프와 동료가 뇌는 외부로부터 오는 자극을 받아들이고 응답하는 방식을 통해 보다 많은 반사 기관들을 돕는다고 처음으로 발표 하였으며, 이후 미국에서는 일정한 신체 부위가 발에서 신경반사가 이어지고 있다는 것을 임상을 통해 발표하였다. 이렇게 발의 상응부위에 대한 주름과 마사지는 단'몇 초간의 징후'라는 제목으로 발간되어 유럽에서 차츰 발의 반사부위에 관심을 갖기 시작하였다.

20세기에 접어들면서 독일에서는 '발의 상응 부위'라는 책을 펴내 본격적으로 독일에서의 발관리에 관한 방향을 제시해 주었다. 미국에서는 손과 발의 반사구역을 스스로 자극하는 본능에 착안 이 구역이 체내기간과 상호 연결되어 있음을 밝히고 반사요법을 창시하였으며 1935년경부터 반사요법은 물리치료사들에 의해 쉽게 응용되었다. 이와는 다른 분야인 패디큐어의 발톱정리, 물집, 티눈, 굳은 살 등은 발 관련 화장품, 발 관리 도구, 기계, 발 건강 신발 및 기능성 보장구, 서적, 의약품 등의 산업, 유통경제도 크게 활성화시켰다.

5. 패디큐어 컬러링

1) 패디큐어 컬러링 시술 순서
① 시술자의 손을 소독한 후 피시술자의 발을 소독한다.
② 오래된 네일 컬러(Polish)를 제거한다.
③ 발톱의 모양을 한 방향으로 파일링하여 만든다.
④ 큐티클을 부드럽게 만든 후 큐티클을 정리한다.
⑤ 발 소독을 다시 한 번 한다.
⑥ 리무버를 사용하여 발톱 표면의 유분기를 제거한다.
⑦ 발가락 사이에 토우세퍼레이터를 끼운다.
⑧ 컬러링을 한다.(베이스코트 → 네일컬러 2회 → 탑코트 → 발톱 피부주변 정리)

2) 네일살롱 서비스 시 패디큐어 시술 순서
① 살균 비눗물 준비한다.(족탕기에 2/3 정도 물을 채우고 살균 비눗물을 넣어 준비)
② 손과 발 소독한다.
③ 오래된 네일 컬러(Polish)를 제거한다.
④ 발톱의 길이와 모양을 잡는다.
⑤ 발톱표면 정리한다.(발톱 표면을 부드러운 파일로 갈고 버퍼로 마무리)
⑥ 발을 족탕기에 넣어 5~7분 정도 불려 큐티클을 부드럽게 만든다.

⑦ 큐티클정리한다.

⑧ 콘커터나 패디파일로 굳은 살(캘루스) 제거한다.(패디스크럽을 묻혀 족문의 결 방향)

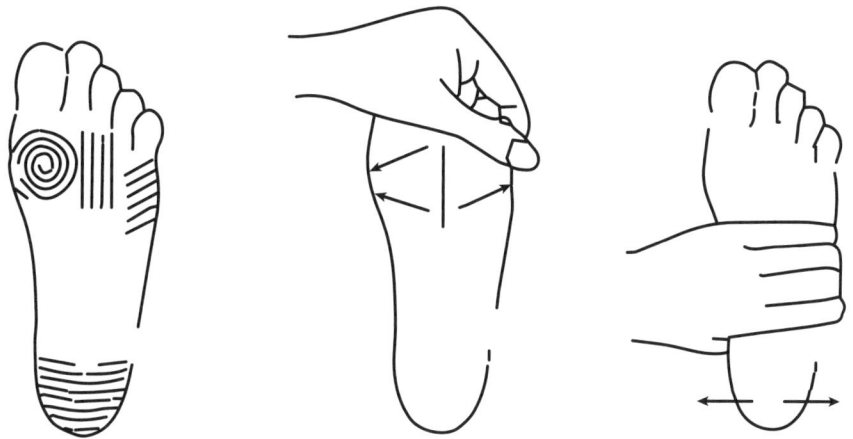

⑨ 발을 씻어내고 안티셉틱으로 소독한다.

⑩ 로션을 다리 전체에 바르고 마사지해준다.

⑪ 발톱의 유분기를 오렌지 우드스틱을 이용하여 제거한다.

⑫ 발가락 사이에 토우세퍼레이터를 끼운다.(컬러링 시작전 슬리퍼를 신게 한다.)

⑬ 컬러링을 한다.(베이스코트 → 네일컬러 2회 → 탑코트 → 발톱 피부주변 정리)

인조 네일관리

part 2

1. 재료와 도구의 활용

1) 인조네일이란 자연네일 보강이나 길이 연장을 위해 인공적으로 만들어지는 모든 손톱(아티피셜네일)을 말한다. 아티피셜네일을 위해서 반드시 자연네일 전처리과정(Preparation)이 필요하다. 네일의 유·수분기를 제거하여 박테리아 번식 및 인조네일 사이의 들뜸 현상을 방지하여 자연네일을 보호하고 인조네일을 잘 유지할 수 있도록 한다. 올바른 인조네일관리를 위하여 각 과정별 재료 및 도구의 올바른 사용법을 숙지하는 것이 중요하다.

2) 파일을 이용한 여러가지 쉐입(Shape) 형태 만들기

쉐입(Shape)의 종류

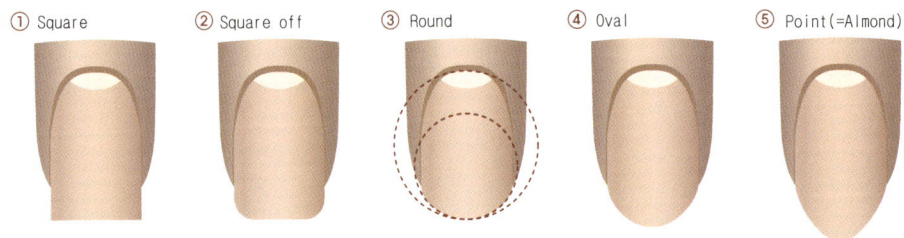

① Square   ② Square off   ③ Round   ④ Oval   ⑤ Point(=Almond)

① Square- 직각

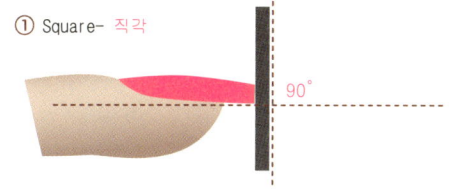

② Square off- 스퀘어에서 각만을 제거

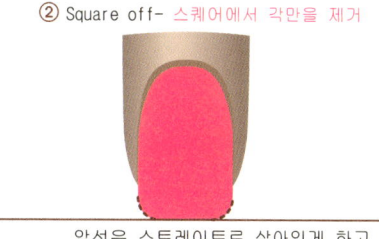

앞선은 스트레이트로 살아있게 하고
모서리만 라운드

③ Round- 측면의 사이드 스트레이트는 직선이고
　　　　　어느 곳에도 각이 남아 있으면 안됨
④ Oval- 스트레스포인트 부터 각이 없이 굴려 파일링
⑤ Point- 오발보다 더 뾰족하게 파일링

5가지 프리엣지 형태

① Square : 강한느낌의 모양으로 네일의 양끝 모서리 부분이 사각의 형태이다.
　　　　　 인조네일 대회에서 많이 활용되는 형태이다.

② Square off : 스퀘어 네일에서 양끝 모서리만 부드럽게 만든 것이다.
　　　　　　　발톱의 형태, 손톱의 형태에 많이 활용된다.

③ Round : 스트레스 포인트에서 부터 직선이 살아있는 것이 중요 핵심이다.
　　　　　원의 일부를 옮겨다 놓듯이 표현한다.

④ Oval : 손이 길어 보이며 여성스러운 느낌을 준다.

⑤ Point : 손이 길고 가늘어 보인다. 아트 작업시 쓰이나
　　　　　내근성이 약하므로 일반 손님에겐 권하지 않는다.

3) 인조네일 시 파일링(File step) 적용 방법

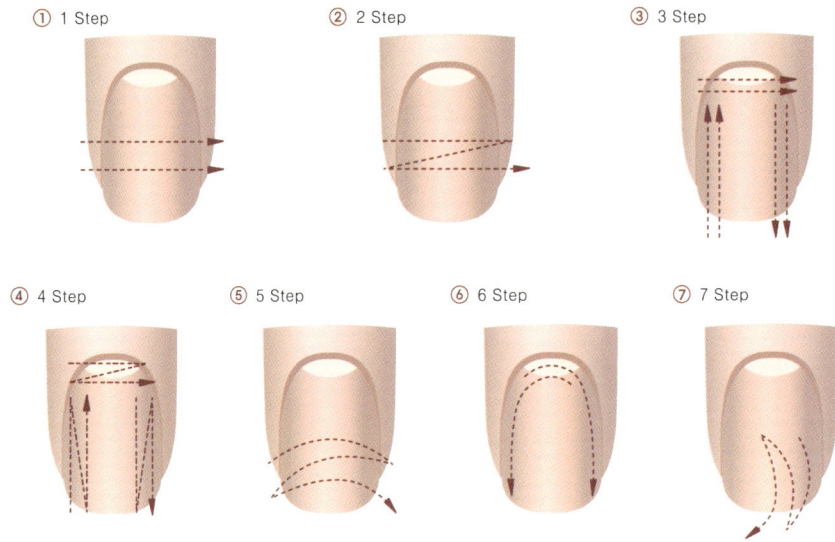

```
┌─ File 7 step ─────────────────────────────────────────────┐
│                                                           │
│ ① 1 Step : 엄지와 검지로 파일의 오른쪽 끝 부분을 잡고 시작해서 들어갈 때는 엄지와
│            검지만으로 나올 때는 중지, 약지, 소지가 함께 잡는다. 끊어서 파일한다.
│
│ ② 2 Step : 1Step과 같은 방식으로 파일을 잡고 연결해서 파일한다.
│            들어갈 땐 힘을 주고 나올 땐 힘을 뺀다.
│
│ ③ 3 Step : 엄지와 검지만 사용해 파일의 윗부분을 잡고 아래에서 위로 길게 파일한다.
│            1Step과 같은식으로 연결하지않고 끊어서 파일한다.
│            파일의 방향을 아래쪽으로 바꾸어 중지, 약지, 소지로 파일을 잡고 검지가
│            파일의 지렛대 역할을 하게 끔 아래 쪽으로 파일한다.
│
│ ④ 4 Step : 3Step과 같은 방식으로 파일을 잡고 연결해서 파일한다.
│            들어갈 땐 힘을 주고 나올 땐 힘을 뺀다.
│
│ ⑤ 5 Step : 파일 전체를 이용해 각이 생긴 부분을 전체적으로 부드럽게 연결해 파일한다.
│            강, 약을 조절하고 손목의 스냅을 이용하며 엄지와 검지 사이에 파일을
│            끼고(이때 검지는 지렛대 역할) 손톱의 곡선을 살려 파일한다.
│
│ ⑥ 6 Step : 전체적으로 한번 훑어주며 마무리하는 단계로 파일의 전체를 사용하지 말고
│            앞부분으로만 파일한다. 이때 파일의 끝을 날리듯 하면 90°가 나와야 하는
│            사이드스트레이트를 갖기 때문에 일직선으로 내려오게 파일 해야 한다.
│
│ ⑦ 7 Step : 모델의 하이포인트와 맞는 각도로 오른쪽부터 연결해서 파일한다.
│            (#5~7은 마무리 단계 파일)
│
└───────────────────────────────────────────────────────────┘
```

2. 네일 팁

네일 팁은 나일론, 아세테이트, ABS, 플라스틱으로 만들어져 있다. 팁은 손톱의 길이 연장을 위해 자연 손톱 위에 접착되고 다른 종류의 인조손톱 시술 시 함께 쓰이는 롱 네일의 기본이다. 네일 팁은 위에 파우더를 올리는 방법과 실크를 접착하는 방법 또는 아크릴이나 젤시스템을 보강함으로서 견고성을 높일 수 있다. 네일 팁 선택 방법, 오버레이(Overlay)의 개념과 쓰이는 재료, 방법 및 주의 사항을 잘 숙지하는 것이 중요하다.

(1) 네일 팁의 종류

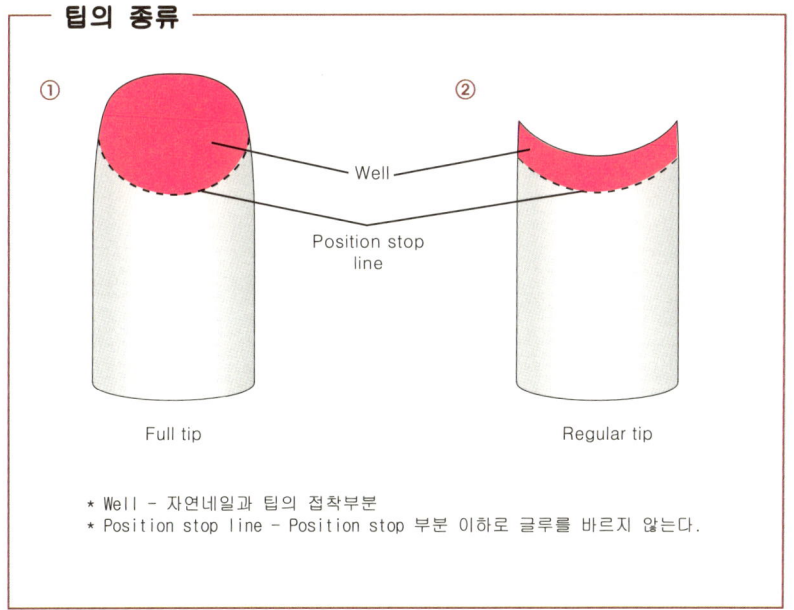

(2) 팁 위드 파우더

필요한 준비물 : 건식매니큐어 재료, 파일, 글루, 젤글루, 네일팁, 글루 드라이어, 필러파우더, 팁커터 등

① 시술자의 손을 소독한 후 피시술자의 손을 소독한다.
② 오래된 네일 컬러(Polish)를 제거한다.
③ 큐티클을 밀어 올린다.
④ 에칭작업 및 쉐입을 잡는다.
⑤ 네일 팁을 선택한다.
⑥ 네일 팁을 접착한다.
⑦ 팁 길이를 자르고 쉐입과 사이드를 다듬는다.
⑧ 팁 턱을 제거한다.
⑨ 라이트 글루 → 필러파우더 → 라이트 글루 순서로 바른다.
⑩ 파일링 및 모양을 만든다.
⑪ 샌딩블럭으로 표면 정리를 한다.
⑫ 글루/젤글루를 바른 뒤 샌딩블럭으로 표면을 마무리한다.
⑬ 오일을 바른다.

3. 네일 랩

손상되어 얇아지거나 찢어진 네일 위에 인조 팁을 사용하지 않고 페브릭 랩(Fabric Wrap)을 접착하여 네일의 강도를 높여주는 것으로 랩을 찢어진 부분만 올리거나 전체 표면에 맞춰 재단하여 보강 및 길이 연장을 해준다.

(1) 페브릭 랩(Fabric Wrap)의 종류

실크

린넨

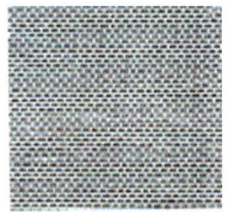
화이버 글래스

① 실크 (Silk)

매우 가는 명주실로 조직이 섬세하게 짜인 천으로 가볍고 얇으며 가장 많이 쓰인다.

② 린넨 (Linen)

굵은 소재(아마포) 천으로 짜여 다른 소재에 비해 강하고 오래 유지되지만, 두껍고 투박하며 천의 조직이 그대로 보이기 때문에 시술 후 컬러링한다. 컬러를 바른 후에도 비치는 경우가 있다.

③ 화이버 글래스 (Fiber glass)

인조유리섬유로 짜였고 실크보다 조직이 성글어서 글루가 잘 스며들어 자연스러워 보인다. 하지만 글루를 많이 필요로하기 때문에 넉넉히 사용해야 한다. 실크보다 질기고 오래 견디나 섬유 자재가 두껍고 강하기 때문에 충격에 더 잘 부러진다.

(2) 네일 랩

> **필요한 준비물** : 건식매니큐어 재료, 실크, 실크가위, 파일, 글루, 젤글루, 글루 드라이어, 필러 파우더 등

① 시술자의 손을 소독한 후 피시술자의 손을 소독한다.
② 오래된 네일 컬러(Polish)를 제거한다.
③ 큐티클을 밀어 올린다.
④ 에칭작업 및 쉐입을 잡는다.
⑤ 네일랩을 재단한다.(사다리꼴모양)
⑥ 네일랩을 접착한다.
⑦ 라이트 글루 → 필러파우더 → 라이트 글루 순서로 바른다.
⑧ 네일랩의 인조네일 형태를 잡아준다.(C커브)
⑨ 클리퍼로 길이를 자른 후 쉐입 및 사이드를 다듬어준다.

⑩ 파일링 및 모양을 만든다.

⑪ 샌딩블럭으로 표면 정리를 한다.

⑫ 글루/젤글루를 바른 뒤 샌딩블럭으로 표면을 마무리한다.

⑬ 오일을 바른다.

네일랩 재단 방법

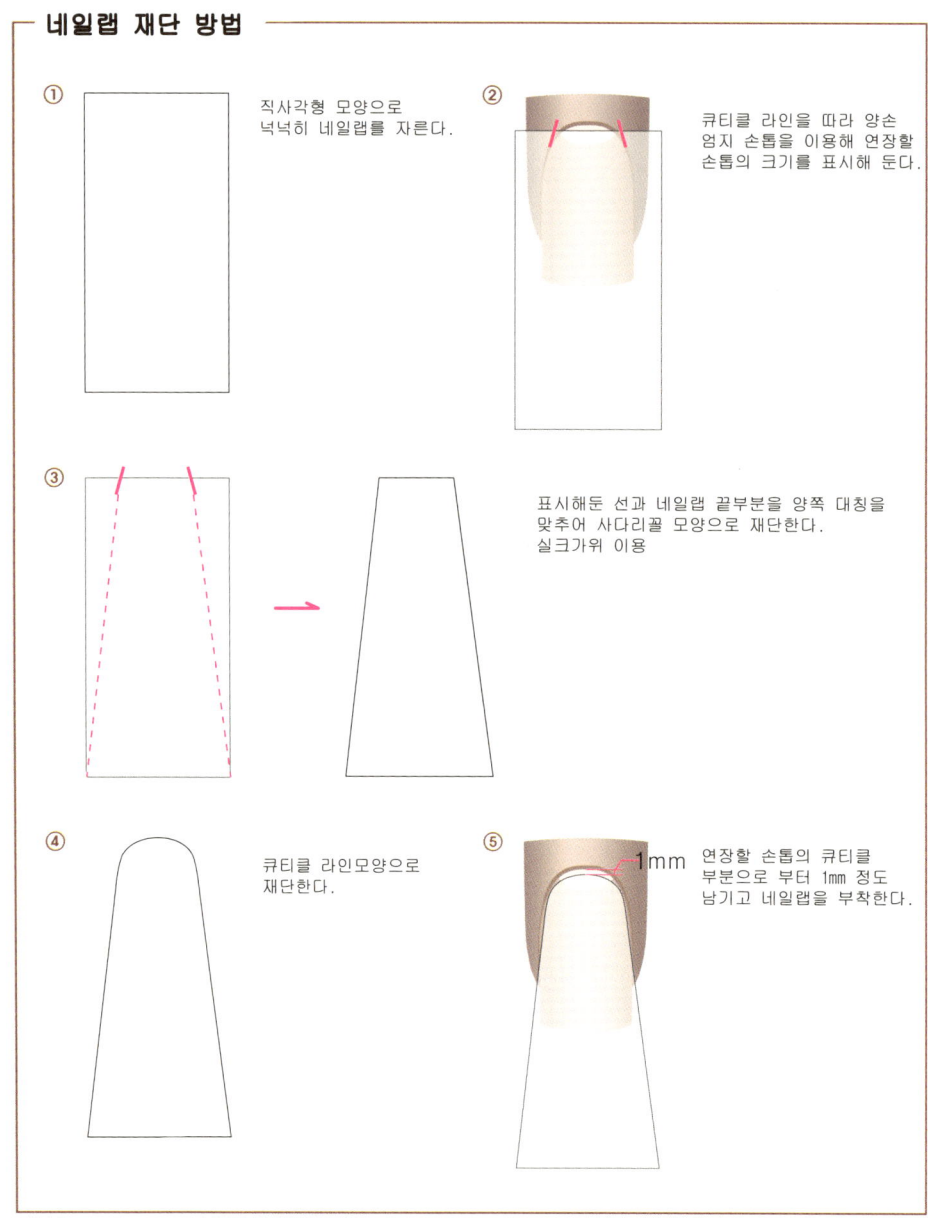

① 직사각형 모양으로 넉넉히 네일랩을 자른다.

② 큐티클 라인을 따라 양손 엄지 손톱을 이용해 연장할 손톱의 크기를 표시해 둔다.

③ 표시해둔 선과 네일랩 끝부분을 양쪽 대칭을 맞추어 사다리꼴 모양으로 재단한다. 실크가위 이용

④ 큐티클 라인모양으로 재단한다.

⑤ 연장할 손톱의 큐티클 부분으로 부터 1mm 정도 남기고 네일랩을 부착한다.

4. 아크릴릭 네일

아크릴릭 네일이란 리퀴드(모노머)와 파우더(폴리머)의 중합으로 만들어 지며 자연 손톱위에 직접 올리기도 하고 네일폼을 사용하여 연장하기도 한다. 아크릴릭 네일은 내수성이 강하고 투명하며 지속성이 좋다. 자연 네일, 인조 네일의 보강, 연장 등에 활용된다. 현재는 파우더와 리퀴드 모두 다양한 색깔이 제품화되고 있어 네일아티스트의 작품 창조에 활력을 불어 넣고 있다. 쓰이는 화학재료의 올바른 사용법을 숙지하는 것이 중요하다.

(1) 아크릴릭 브러쉬 사용법

Tip : 스마일 라인, 큐티클 라인, 디자인등 세밀한 작업시 사용하는 부분

Belly : 형태를 고르게 만들어줄 때 사용하는 부분

Back : 길이를 조절하거나 힘껏 누를때 사용하는 부분

(2) 아크릴릭 볼 뜨는 방법

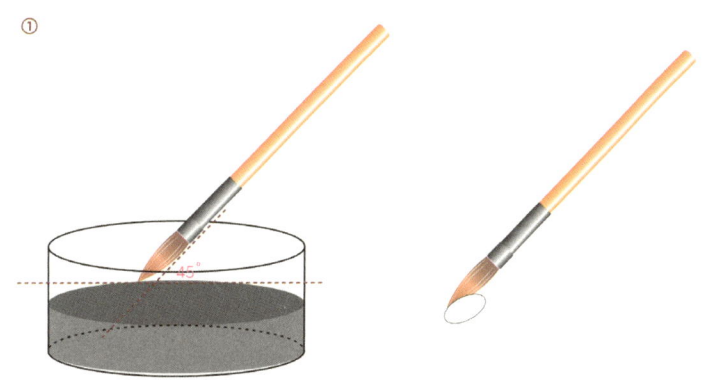

아크릴 브러쉬를 리퀴드에 적신 후 파우더를 묻혀서 적당량을 뜬다.
45도로 기울여 뜨면 많은 양을 뜰 수 있다.

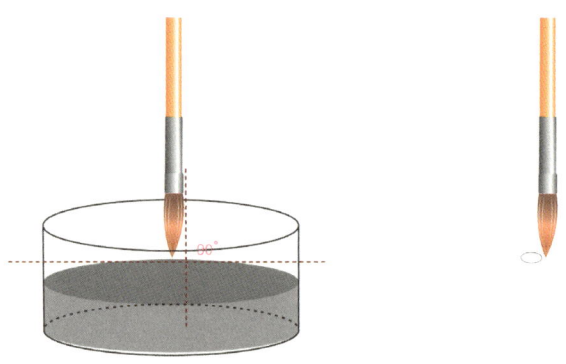

90도로 볼을 뜨면 적은 양을 뜰 수 있다.
적당량의 볼뜨기는 여러 번의 연습을 통해 기술을 습득할 수 있다.

(3) 올바른 폼 부착 방법

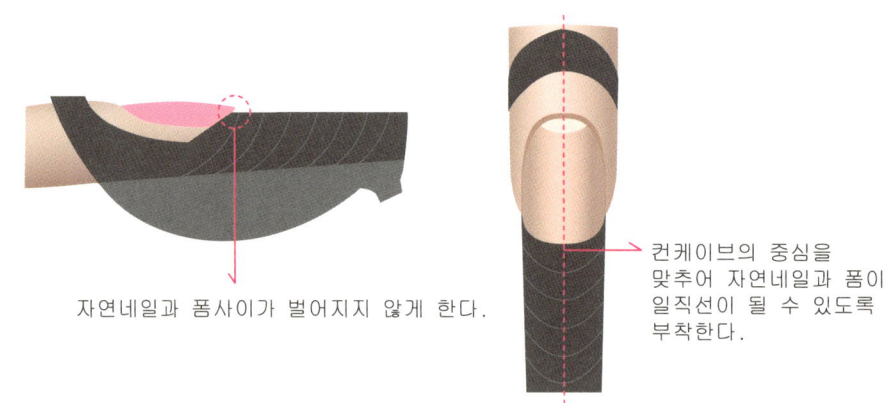

자연네일과 폼사이가 벌어지지 않게 한다.

컨케이브의 중심을 맞추어 자연네일과 폼이 일직선이 될 수 있도록 부착한다.

(4) 아크릴릭 스컬프쳐 볼 뜨기 순서

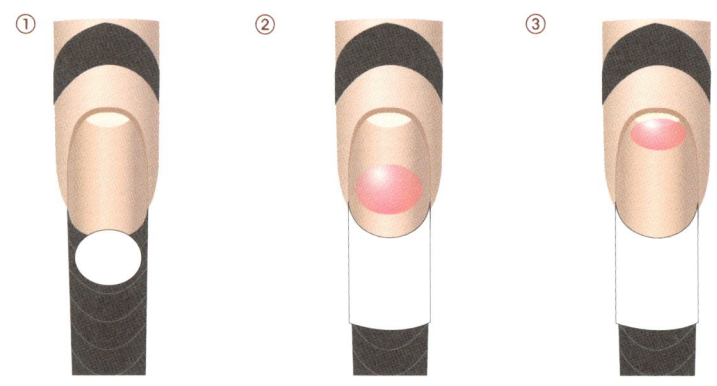

(5) 아크릴릭 스컬프쳐

> **필요한 준비물 :** 건식매니큐어 재료, 아크릴릭 리퀴드, 아크릴릭 파우더, 브러쉬, 프라이머(생략가능), 디펜디쉬, 네일폼 등

① 시술자의 손을 소독한 후 피시술자의 손을 소독한다.
② 오래된 네일 컬러(Polish)를 제거한다.
③ 큐티클을 밀어 올린다.
④ 에칭작업 및 쉐입을 잡는다.
⑤ 프라이머를 바른다.(생략가능)
⑥ 폼을 손톱에 맞게 재단한 후 끼운다.
⑦ 첫 번째 아크릴릭 볼을 올려 연장선을 만든다.
⑧ 두 번째 아크릴릭 볼을 올려 프리엣지 부분과 연결되도록 한다.
⑨ 세 번째 아크릴릭 볼을 올려 큐티클 라인을 따라 얇게 펴서 아래로 쓸어내린다.
⑩ 핀칭을 주어 C커브를 만든다.
⑪ 쉐입 및 사이드를 다듬고 표면을 파일링한다.
⑫ 샌딩블럭으로 표면 정리를 한다.
⑬ 오일을 바른다.

5. 젤 네일

젤 시스템은 광중합 반응으로 경화되는 올리고마라는 분자구조를 가지고 있는 젤을 이용하며 냄새가 없고 저자극성이며 지속성과 투명도가 높다. 자외선 혹은 할로겐 빛을 쪼여 젤을 굳게하는 라이트 큐어드 젤(Light cured gel)과 빛 대신 젤 응고제를 사용하여 젤을 굳게 하는 노 라이트 큐어드 젤(No light cured gel)이 있다.

(1) 젤 스컬프쳐

> **필요한 준비물** : 건식매니큐어 재료, 라이트 큐어드 젤(핑크/클리어), 젤 램프, 젤 브러쉬, 젤 클렌져, 네일폼 등

① 시술자의 손을 소독한 후 피시술자의 손을 소독한다.
② 오래된 네일 컬러(Polish)를 제거한다.
③ 큐티클을 밀어 올린다.
④ 에칭작업 및 쉐입을 잡는다.
⑤ 프라이머를 바른다.(생략가능)
⑥ 폼을 손톱에 맞게 재단한 후 끼운다.
⑦ 베이스 젤을 바르고 큐어링한다.
⑧ 첫 번째 젤을 올려 연장선을 만들고 큐어링한다.
⑨ 두 번째 젤을 올려 큐티클 라인을 따라 쓸어내려 프리엣지 부분과 연결되도록 한다.
⑩ 큐어링한다.(제품에 맞는 큐어링 시간을 지킨다)
⑪ 젤클렌져를 이용해 미경화 젤을 닦아낸다.
⑫ 쉐입 및 사이드를 다듬고 표면을 파일링한다.
⑬ 샌딩블럭으로 표면을 다듬는다.
⑭ 탑젤을 바르고 큐어링한다.
⑮ 젤클렌져를 이용해 미경화 젤을 닦아낸다.
⑯ 오일을 바른다.

6. 인조네일(손, 발톱)의 보수와 제거

인조네일은 손톱의 성장과 잦은 사용으로 손상된다. 리프팅으로 인해 자연네일과 인조네일 사

이에 생길 수 있는 곰팡이나 병을 방지해야한다. 보수기간은 재료에 따라 차이가 있으나 보통 1~2주일에 한 번씩 관리하여 손상된 인조 네일 부위를 정리해서 복구시켜주거나 자라나온 자연네일을 기존에 시술되어진 인조 네일과 자연스럽게 연결해주어야한다. 이러한 보수 작업을 터치업(Touch up), 필인(Fill-in)이라고 한다. 인조네일의 적절한 유지기간이 지나면 인조네일 제거를 해야 한다. 이는 손톱, 발톱 위에 부착된 다양한 네일 미용재료들의 제거를 말한다. 제거 전용 아세톤, 네일 파일, 네일 드릴 등을 사용한다.

(1) 인조네일 보수

- 리프팅(Lifting) : 큐티클 라인이나 프리엣지 부분부터 들뜸으로 틈이 생기는 현상으로 네일 전처리 과정이 소홀했거나 재료의 잘못된 사용 및 손님의 자연손톱 자체에 유분, 수분기가 많을 때 이러한 현상이 생긴다.
- 깨짐(Crack) : 충격으로 금이가는 현상으로 잘못된 파일링이나 손톱이 자라나면서 약해졌을 때 이러한 현상이 생긴다.
- 곰팡이(Fungus) : 자연손톱과 인조손톱 사이에 수분으로 인해 발생되는 곰팡이로 전처리 과정이 소홀해 사이가 들뜨거나 오랜 시간 보수 없이 인조네일을 유지했을 때 이러한 현상이 생긴다.

필요한 준비물 : 건식매니큐어 재료, 인조네일시 사용한 재료, 프라이머

① 시술자의 손을 소독한 후 피시술자의 손을 소독한다.
② 오래된 네일 컬러(Polish)를 제거한다.
③ 큐티클을 밀어 올린다.
④ 자연네일과 인조네일 사이에 들뜬 부분을 파일로 갈아 제거한다.
⑤ 전체 표면을 샌딩하여 다듬어준다.
⑥ 프라이머를 바른다.
⑦ 인조네일시 사용한 재료를 이용하여 자연스럽게 연결한다.

⑧ 표면을 파일링 하고 샌딩블럭으로 표면을 다듬는다.

⑨ 큐티클 정리를 한다.

(2) 인조네일 제거하기

> **필요한 준비물** : 습식매니큐어 재료, 알루미늄 호일, 퓨어아세톤 등

① 시술자의 손을 소독한 후 피시술자의 손을 소독한다.

② 오래된 네일 컬러(Polish) 및 인조네일 표면을 일정부분 제거한다.

③ 큐티클 오일을 손톱주변 피부에 바른다.

④ 퓨어아세톤을 적신 솜을 손톱에 올린 후 호일로 감싸준다.

⑤ 호일을 제거한다.

⑥ 남은 인조네일을 우드스틱이나 푸셔를 이용하여 아래로 밀어 제거해 준다.

⑦ 인조네일이 모두 제거되면 샌딩블럭으로 표면을 다듬는다.

⑧ 고객의 손을 깨끗이 씻은 후 습식매니큐어나 새로운 인조네일을 시술한다.

part 3
네일제품의 이해

1. 용제의 종류와 특성

네일 화장품은 표피세포의 변성으로 각질화 되는 손(발)톱을 보호하고 아름답게 하기 위한 목적으로 사용하고 있다.

- 손질제 : 큐티클을 제거 및 정리하고 갈라짐을 방지하며 안료의 지속성을 높인다. 소독제, 폴리쉬 리무버, 큐티클 오일, 프라이머 등이 있다.
- 색조화장제 : 균일한 막을 형성하여 지속력을 높이고 밀착성을 증가시켜 색소침착을 방지한다. 베이스코트, 네일 폴리쉬, 탑코트 등이 있다.
- 연장제 : 길이 연장을 하여 손톱을 아름답게 보이도록 하며 교정효과를 준다. 팁, 페브릭랩, 아크릴릭, 젤 등이 있다.

(1) 네일 폴리쉬의 기본 성분
① 필름형성제

피막형성제 - 일반적으로 니트로셀룰로오스(nitrocellulose)가 사용되며 건조 시 단단하거나 광이 나게 만들어준다.

② 수지

피막형성보조제 - 토실라미드(tosyla-mide)나 포름알데히드(formaldehyde)가 성분이며 네일 폴리쉬를 강하고 탄력 있게 만들어 준다.

③ 가소제

피막형성제 - 디부틸 프탈레이트(dibutyl phthalate)가 오랜 전부터 사용되었으며 네일 폴리쉬가 부스러지거나 갈라지지 않게 해준다.

④ 용제

진용제(초산 부틸, 초산 에틸), 조용제(이소프로판올, 에탄올)

⑤ 클레이

혼합 성분의 안정성을 유지시키고 네일 폴리쉬 사용을 쉽게 만들어준다.

⑥ 색소

무기·유기 안료를 사용해 색상 및 커버력을 위해 다양한 조합을 이룬다.

⑦ 자외선 방지제

햇빛이나 광선으로 인해 색이 변색되는 것을 방지해준다.

(2) 네일 화장품 종류와 주요성분

① 네일 폴리쉬 리무버(에틸아세톤, 오일, 부틸기아세톤베이스)

② 큐티클 리무버(글리세린, 소디움, 올레산, 수산화칼륨)

③ 큐티클 오일(라놀린, 비타민 A, 식물성 오일)

④ 베이스코트(부틸아세톤, 톨루렌, 니트로셀룰로오스, 나일론)

⑤ 네일 폴리쉬(부틸아세톤, 톨루렌, 니트로셀룰로오스, 색소, 포름알데히드)

⑥ 탑코트(부틸아세톤, 톨루렌, 부틸팔레이트, 니트로셀룰로오스)

⑦ 네일 폴리쉬 솔벤트(미네랄, 식물성오일, 라놀린, 식물성추출물)

⑧ 네일 폴리쉬 드라이어(미네랄오일, 올릭에이시드, 실리콘)

2. 네일 트리트먼트의 종류와 특성

자연손톱에 바르는 투명 폴리쉬 형태의 네일 영양제로 손톱 끝의 케라틴 층이 분리되거나 단백질이 부족하여 네일이 얇게 자라 손톱 끝이 휘어지고 찢어지는 손상된 손톱에 효과적이다. 네일 컬러링 전에 베이스코트 대용으로 바르기도 한다.

(1) 네일 하드너(Nail hardener)
네일 영양제, 보강제라고도 하며 케라틴과 칼슘, 단백질 등이 함유되어 있는 네일강화제로 건조하거나 부서지거나 유분, 수분이 부족한 손톱에 수축작용을 생성시켜 탄력이 생기게 도와준다.

(2) 릿지 필러(Ridge filler)
네일에 줄무늬가 있고 울퉁불퉁한 네일에 천연 실크성분으로 표면을 고르게 만들어준다.

3. 네일 폴리쉬의 종류와 특성

네일 폴리쉬는 유색의 컬러로 네일컬러, 네일에나멜, 네일락카라고도 하며 손톱위에 색을 입힐 때 사용한다. 요즘은 일반 네일 폴리쉬 보다는 폴리쉬 젤을 많이 사용하는데 이는 네일 에나멜처럼 손쉽게 사용할 수 있는 브러쉬 형태의 젤 시스템을 말한다. 또 폴리쉬 젤보다 점도가 높고 별도의 브러쉬를 이용해 사용하는 형태의 통에 담긴 젤을 '통 젤'이라고 한다.

4. 인조네일 재료의 종류와 특성

인조네일에 필요한 화학제품으로 올바른 사용법을 숙지한 후 사용하는 것이 중요하다.

(1) 제품의 화학적 이름과 용도

① 아크릴릭 리퀴드(Monomer) 아크릴릭 네일 조형시 폴리머와 믹스하여 사용한다.

② 아크릴릭 파우더(Polymer) 아크릴릭 네일 조형시 모노머와 믹스하여 사용한다.

③ 프라이머(Meta acrylic acid) 자연네일에 인조네일 접착을 강화시키기 위해 사용한다.

④ 레진, 글루(Cyano acrylate family) 접착제이며 페브릭랩 접착 시 사용한다.

⑤ 페브릭 랩(Fabric Wrap) 팁오버레이나 자연네일 랩핑 및 자연스런 연장에 사용한다.

⑥ 엑티베이터(Solvents freon) 천천히 굳는 접착제를 빨리 굳게 할 때 사용한다.

⑦ 젤시스템(Oligomer) 자연네일이나 팁 오버레이 시 사용한다.

(2) 아크릴릭 및 젤 시스템 기초

① 아크릴릭 시스템(상온화학중합)

액상의 아크릴릭 리퀴드(단량제)와 분말 성분의 아크릴릭 파우더를 혼합하여 사용한다. 이때 일어나는 중합을 상온화학중합이라 하며 상온에서 중합개시제의 반응으로 래디컬이 발생하여 경화가 시작되며 고분자의 아크릴릭 수지가 된다.

② 젤 시스템(광중합)

젤은 자외선 램프의 빛으로 인해 경화되며 제품의 광중합개시제의 활동으로 래디컬 반응이 일어난다. 이것을 광중합이라고 하며 이 반응으로 합성수지(폴리머, 중합체)가 된다.

5. 네일기기의 종류와 특성

네일 시술시 사용되는 전기 제품으로 용도에 따라 다양하며 올바른 사용법을 숙지한 후 사용하는 것이 중요하다.

① **자외선 소독기** : 자외선 빛을 이용해 네일 도구의 소독 및 살균에 사용한다.

② **젤 램프기기** : 젤 시스템 시술시 젤 경화를 위해 사용한다.

③ **네일드릴머신** : 자연손톱 및 인조네일 표면 정리 및 각질 관리 시 사용한다.

④ **네일 폴리쉬 드라이어** : 네일 폴리쉬를 건조시킬 때 사용한다.

⑤ **각탕기** : 발을 담가 세척하고 굳은 살을 부드럽게 해줄 때 사용한다.

⑥ **파라핀 워머기** : 손, 발의 피부 보습을 위해 사용되는 파라핀을 녹일 때 사용한다.

⑦ **컴프레셔** : 에어브러쉬 건을 연결하여 색소를 분사시킬 때 사용한다.

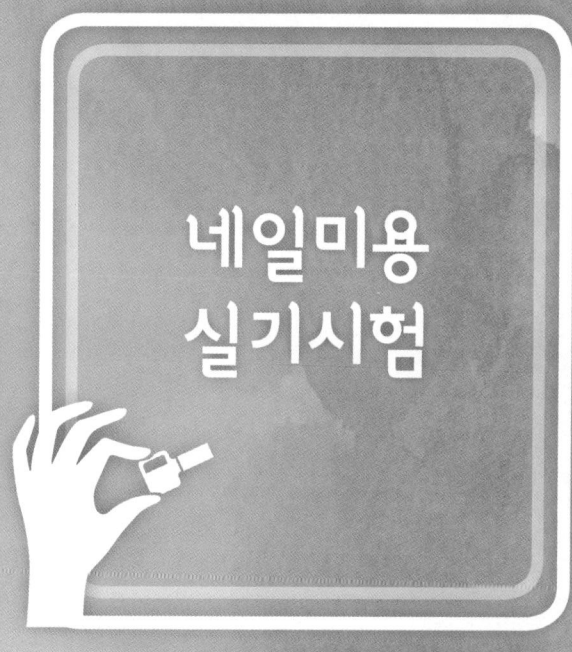

part 1
사전 심사

1. 수험자 및 모델의 복장

(모델)　　　　　　　　　　(수험자)

① 수험자 : 흰색 위생복, 긴바지(색상무관), 운동화 및 마스크, 보호안경
② 모 델 : 흰 색(무지) 티셔츠, 긴바지(색상무관), 운동화 및 마스크
　　　　　스퀘어 및 오프스퀘어 상태의 일주일 이상 정리되지 않은 자연 손, 발톱
　　　　　오른 손, 오른 발 펄이 함유되지 않은 빨강색 네일 폴리쉬 사전 도포
　　　　　보수는 각 부위별 2개까지 허용되며 오른손 3, 4지는 제외

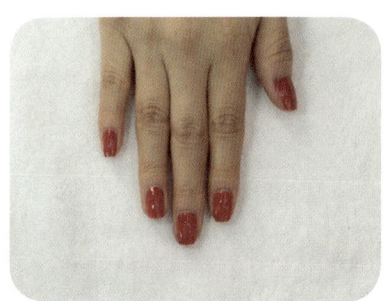 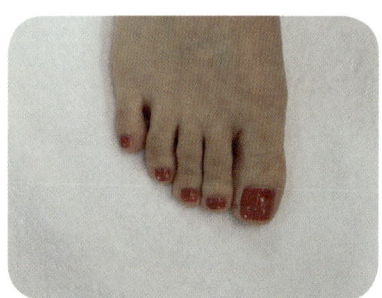

> **〈주의사항〉**
> 눈에 보이는 표식(문신, 헤나, 손톱장식 등)이 없을 것
> 액세서리(반지, 귀걸이, 팔찌, 목걸이, 시계) 착용금지
> 머리핀, 머리띠, 머리망 등의 머리카락 고정용품은 검은색만 허용

제1과제(60분) 매니큐어 및 패디큐어

1. 매니큐어

셰 이 프 : 스퀘어, 오프스퀘어 → 라운드

대상부위 : 오른손 1~5지 손톱

세부과제 : ① 풀코드레드
② 프렌치(스마일라인넓이 0.3~0.5cm)
③ 딥프렌치(손톱 전체의 1/2 이상 시술)
④ 그라데이션 화이트

배   점 : 20점

(1) 작업대 세팅

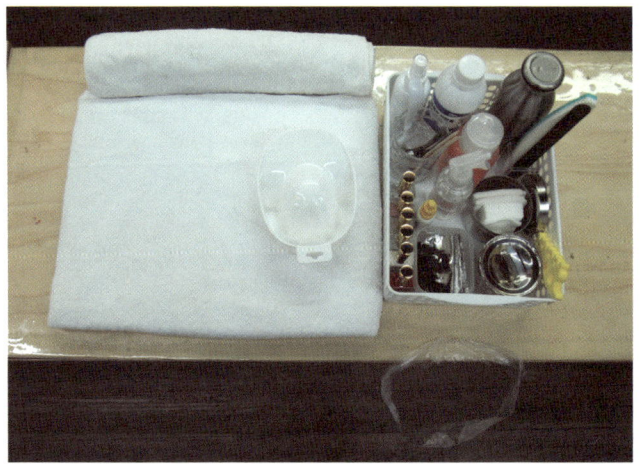

준비물

소독용기(푸셔, 니퍼, 우드스틱, 더스트브러쉬, 클리퍼), 스킨소독제, 탈지면, 멸균거즈, 키친타올, 지혈제, 핑거볼, 보온병, 폴리쉬리무버, 우드파일 디스크패드, 샌딩블럭, 큐티클리무버, 큐티클오일, 베이스코트, 레드폴리쉬, 화이트폴리쉬, 탑코트, 그라데이션용 스폰지, 그라데이션용 호일, 물분무기, 토우세퍼레이터(파일, 우드스틱, 샌딩블럭은 미사용품이어야 함)

(2) 매니큐어 시술과정

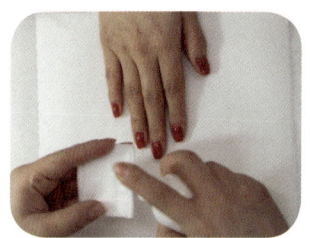
1. 소독하기

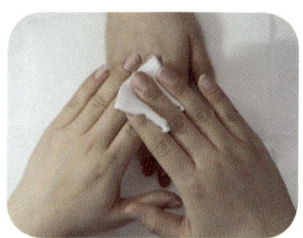
2. 시술자 손 소독

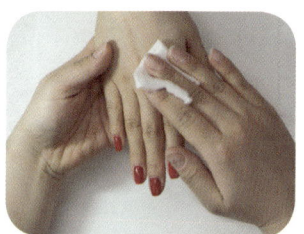
3. 모델 손 소독

4. 폴리쉬 제거

5. 쉐입잡기(라운드)

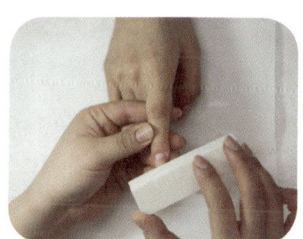
6. 표면 다듬기

7. 이물질 제거

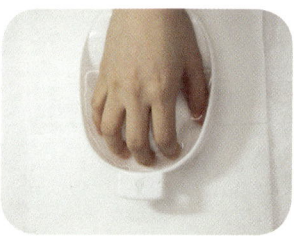
8. 큐티클 불리기

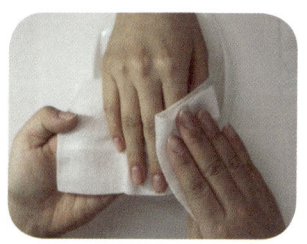
9. 물기 제거

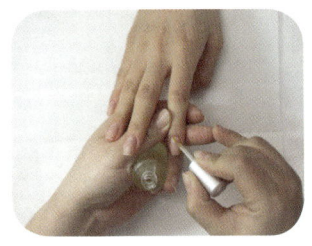
10. 오일 바르기

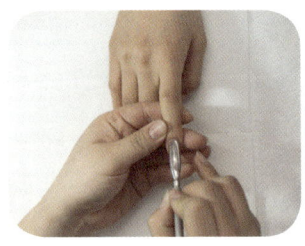
11. 큐티클 밀기

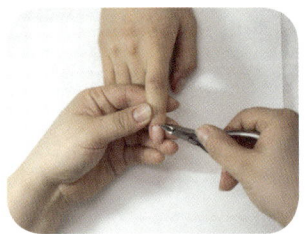
12. 큐티클 제거

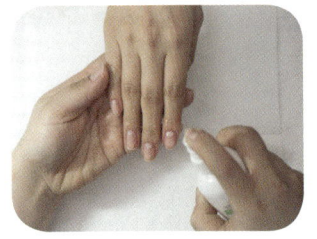
13. 손 소독하기

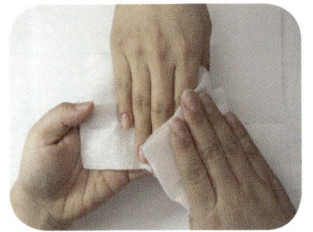
14. 소독제 제거

15. 유분기 제거

16. 베이스코트

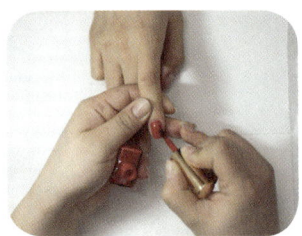
17. 컬러링(풀코트) 2회

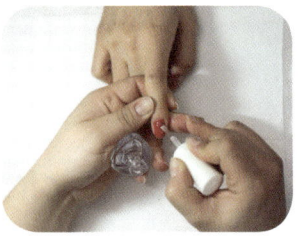
18. 탑코트 후 마무리

ex. 프렌치 컬러링

ex. 딥프렌치 컬러링

ex. 그라데이션 컬러링

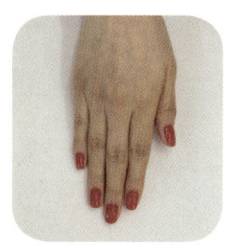 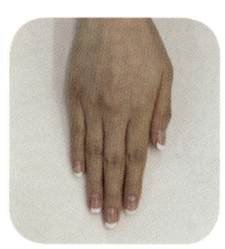  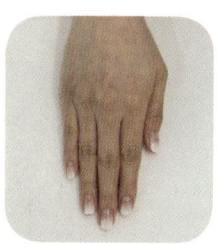

① 풀코드레드　② 프렌치　③ 딥프렌치　④ 그라데이션화이트

1. 페디큐어

셰 이 프 : 라운드, 오프스퀘어 → 스퀘어

대상부위 : 오른발 1~5지 발톱

세부과제 : ① 풀코드레드
　　　　　② 딥프렌치(손톱 전체의 1/2 이상 시술)
　　　　　③ 그라데이션 화이트

배　　점 : 20점

(1) 페디큐어 시술과정

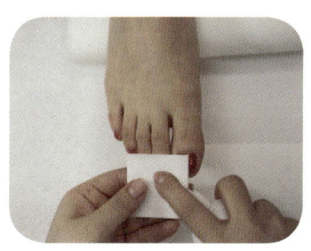 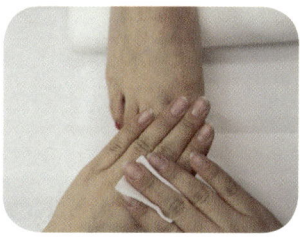 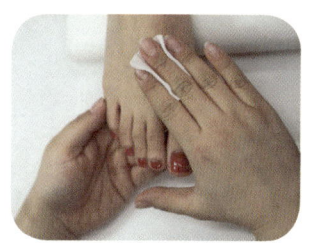

1. 소독하기　2. 시술자 손 소독　3. 모델 발 소독

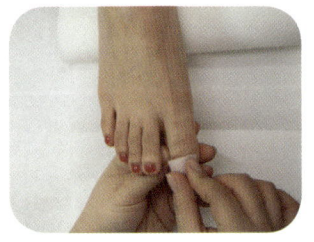
4. 폴리쉬 제거

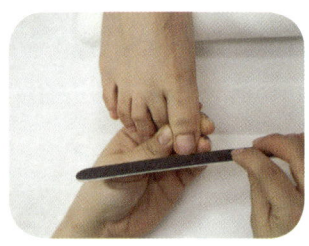
5. 쉐입잡기(스퀘어)

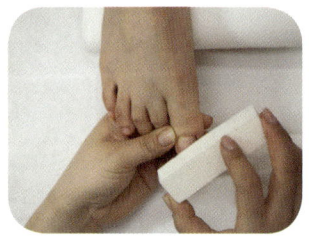
6. 표면 다듬기

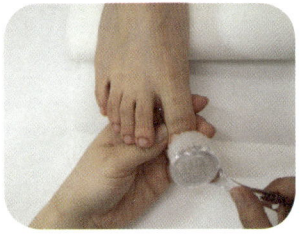
7. 이물질 제거

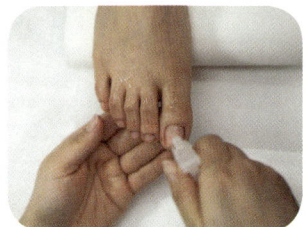
8. 큐티클 불리기

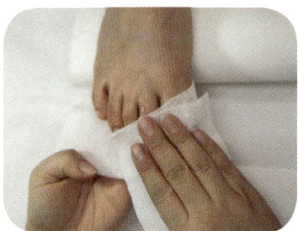
9. 물기 제거

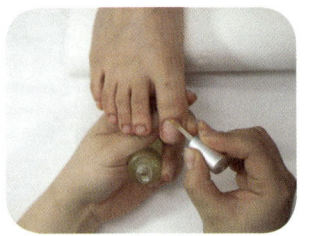
10. 오일 바르기

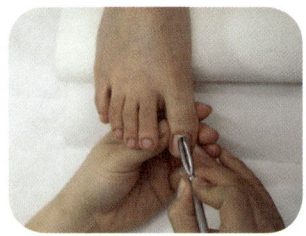
11. 큐티클 밀기

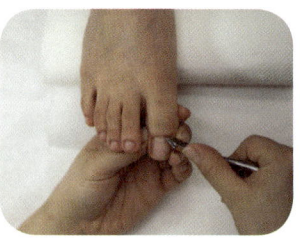
12. 큐티클 제거

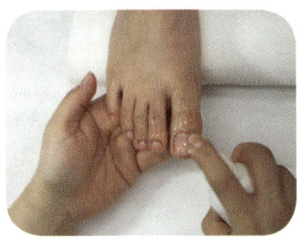
13. 발 소독하기

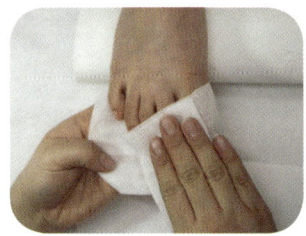
14. 소독제 제거

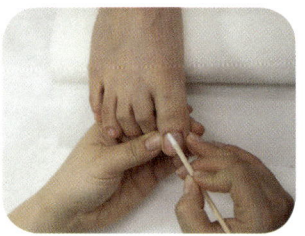
15. 유분기 제거

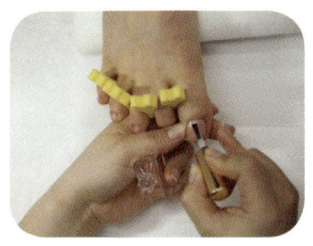
16. 베이스코트

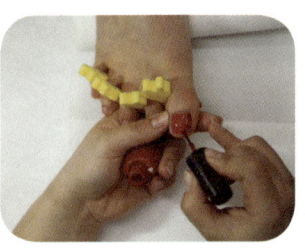
17. 컬러링(풀코트) 2회

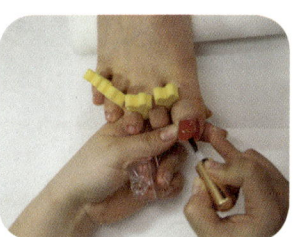
18. 탑코트 후 마무리

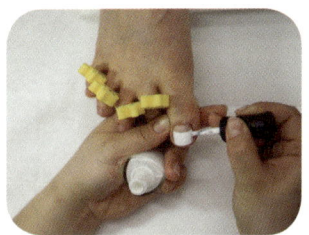
ex. 딥프렌치 컬러링

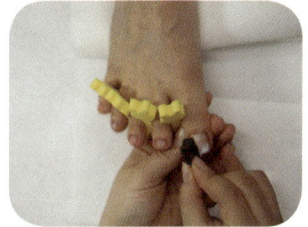
ex. 그라데이션 컬러링

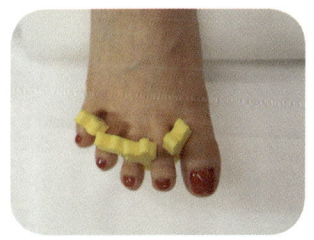
① 풀코트레드

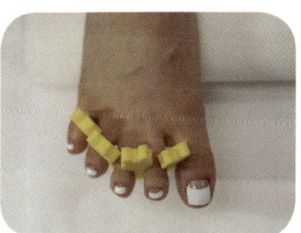
② 딥프렌치

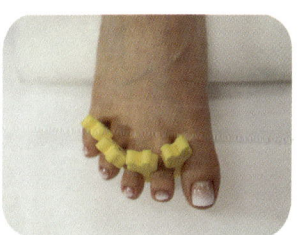
③ 그라데이션화이트

제2과제(35분) 젤 매니큐어

1. 젤 매니큐어

셰 이 프 : 스퀘어, 오프스퀘어 → 라운드

대상부위 : 왼손 1~5지 손톱

세부과제 : ① 선 마블링 – 레드 4줄, 화이트 4줄, 가로선 5줄
② 부채꼴 마블링 – 레드 3줄, 화이트 4줄, 세로선 7줄

배   점 : 20점

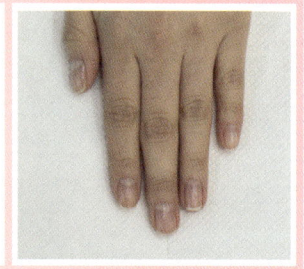

(1) 작업대 세팅

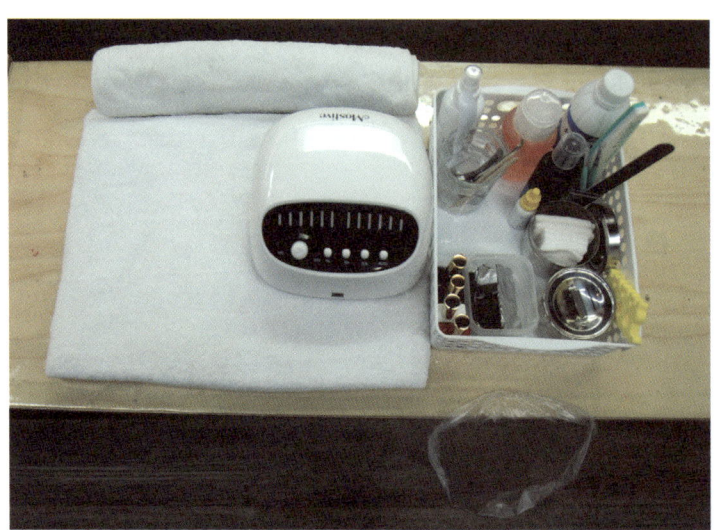

준비물

소독용기(푸셔, 니퍼, 우드스틱, 더스트브러쉬, 클리퍼), 스킨소독제, 탈지면, 멸균거즈, 키친타올, 지혈제, 젤 브러쉬, 젤파레트(호일), 젤램프, 우드파일, 디스크패드, 샌딩블럭, 베이스젤, 화이트젤 폴리쉬, 레드젤 폴리쉬, 탑젤, 젤 클렌져

(2) 선 마블링 시술과정

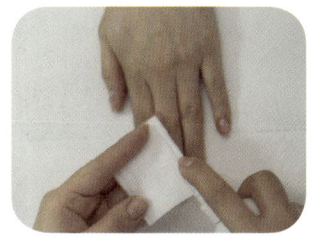

1. 소독하기

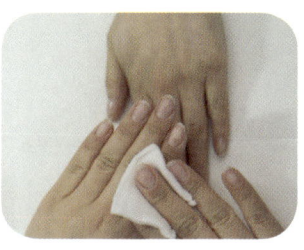

2. 시술자 손 소독

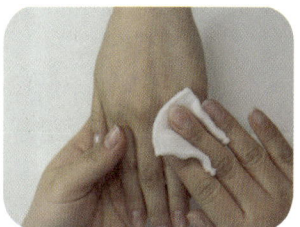

3. 모델 손 소독

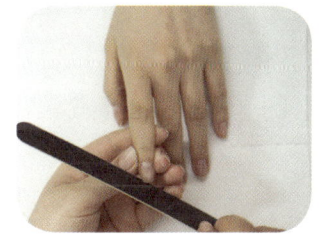

4. 쉐입잡기(라운드)

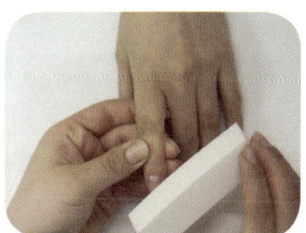

5. 표면 다듬기

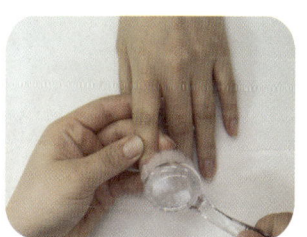

6. 이물질 제거

7. 베이스젤

8. 큐어링

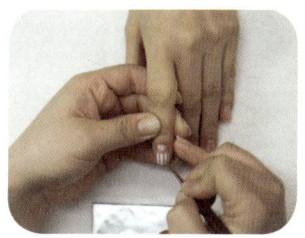

9. 화이트(선마블링)세로선

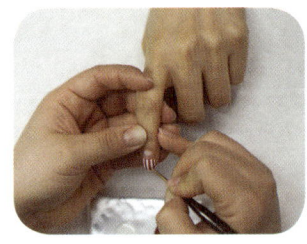
10. 레드(선마블링)세로선

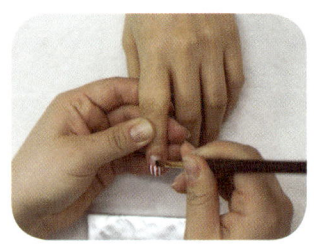
11. 프렌치라인 가로선긋기

12. 지그재그 가로선긋기

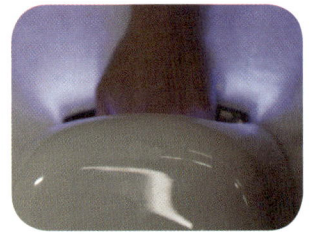
13. 큐어링

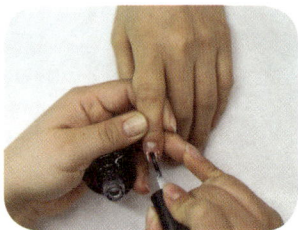
14. 탑젤

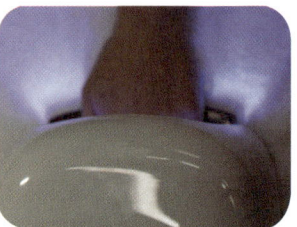
15. 큐어링

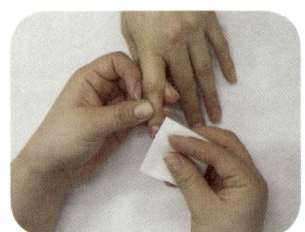
16. 미경화젤 제거 후 마무리

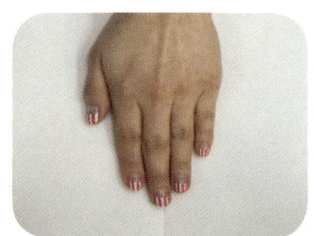
① 선 마블링

(3) 부채꼴 마블링 시술과정

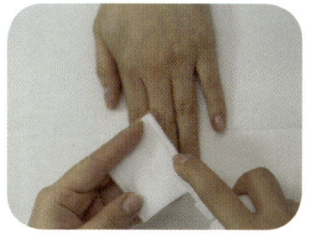
1. 소독하기

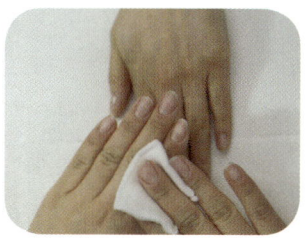
2. 시술자 손 소독

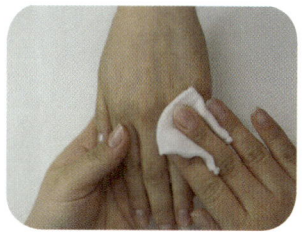
3. 모델 손 소독

4. 쉐입잡기(라운드)

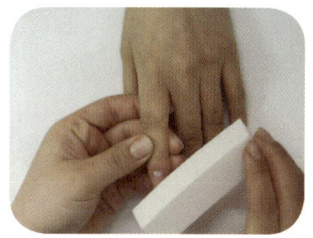
5. 표면 다듬기

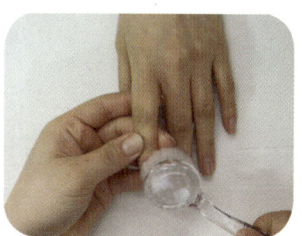
6. 이물질 제거

7. 베이스젤

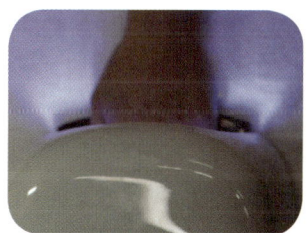
8. 큐어링

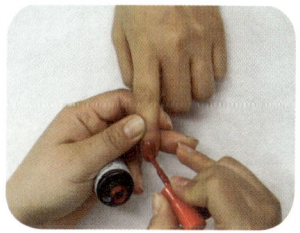
9. 레드풀코트

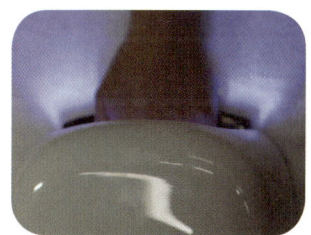
10. 큐어링

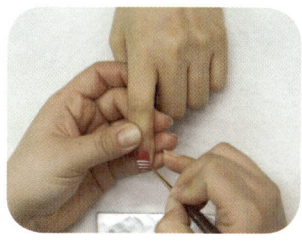
11. 화이트 부채꼴 라인선

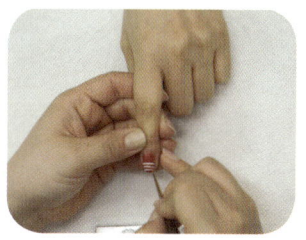
12. 레드 부채꼴 라인선

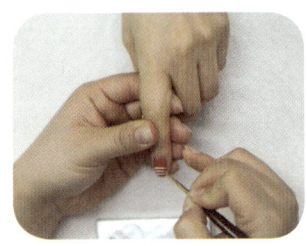
13. 구심점중심으로 세로선긋기

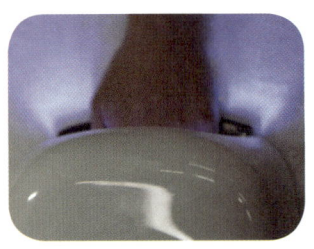
14. 큐어링

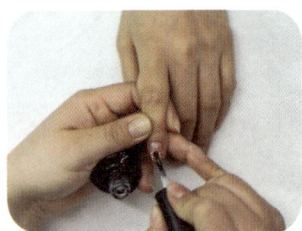
15. 탑젤

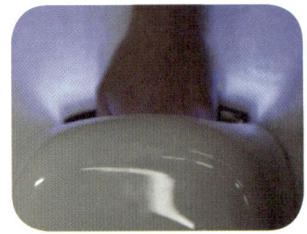
16. 큐어링

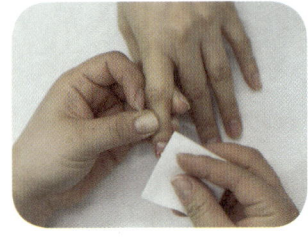
17. 미경화젤 제거 후 마무리

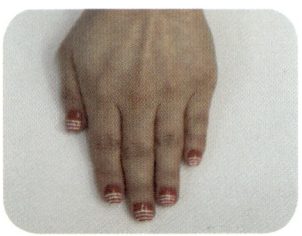
② 부채꼴 마블링

part 4

제3과제(40분) 인조네일

1. 인조네일(내추럴 팁위드랩)

> 셰 이 프 : 스퀘어
>
> 대상부위 : 오른손 3, 4지 손톱
>
> 세부과제 : ① 내추럴 팁위드랩
>   ② 젤원톤 스컬프쳐
>   ③ 아크릴프렌치 스컬프쳐
>   ④ 네일랩 익스텐션(프리엣지 두께 0.5~1mm 미만)
>
> 배　　점 : 30점

(1) 작업대 세팅

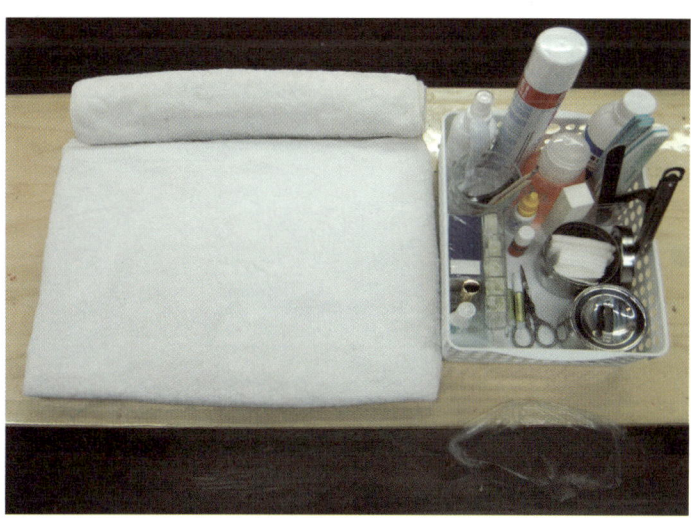

> **준비물**
>
> 소독용기(푸셔, 니퍼, 우드스틱, 더스트브러쉬, 클리퍼), 스킨소독제, 탈지면, 멸균거즈, 키친타올, 지혈제, 폴리쉬 리무버, 우드파일, 파일, 광파일, 디스크패드, 샌딩블럭, 레귤러 팁, 라이트글루, 젤글루, 글루드라이, 실크, 필러파우더, 실크가위, 팁커터기, 큐티클오일

(2) 내추럴 팁위드랩 시술과정

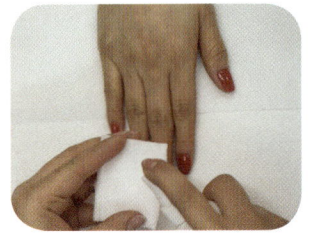

1. 소독하기

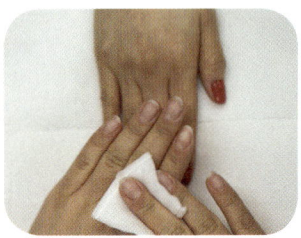

2. 시술자 손 소독

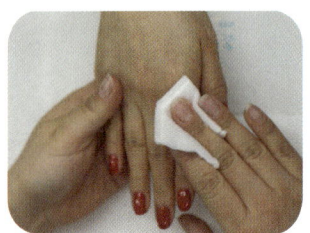

3. 모델 손 소독

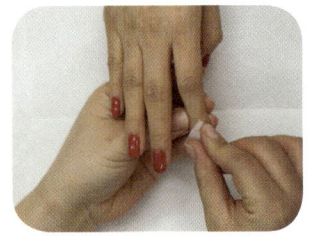

4. 1과제 컬러링 제거

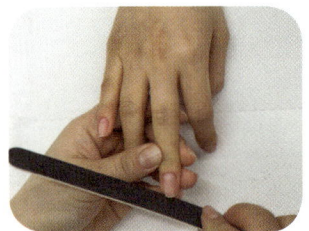

5. 쉐입잡기(1mm 이하)

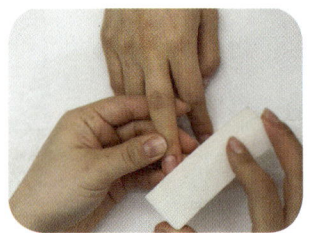

6. 표면 다듬기

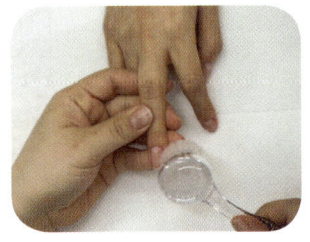

7. 이물질 제거

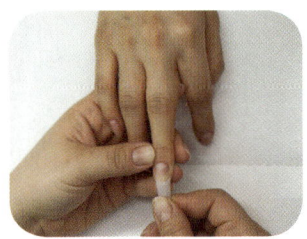

8. 팁 붙이기

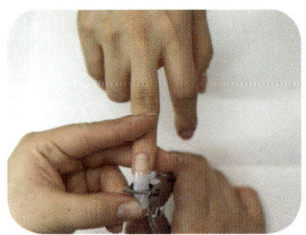

9. 길이 줄이기

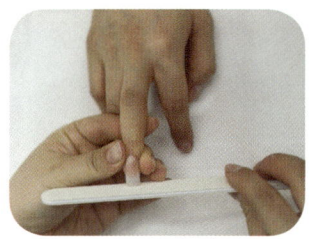
10. 쉐입 및 사이드 정리

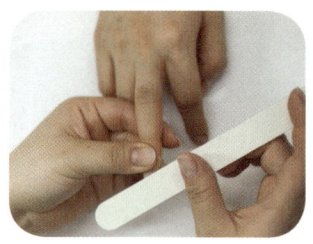
11. 팁 턱 제거

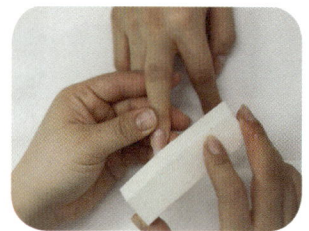
12. 표면 다듬기

13. 라이트글루

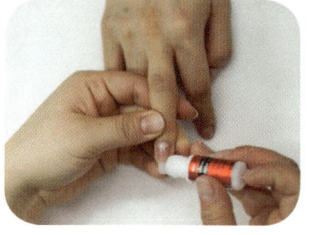
14. 필러파우더 → 글루드라이

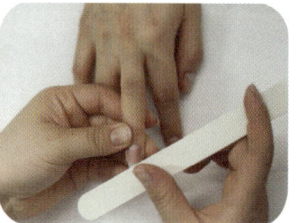
15. 표면 파일링

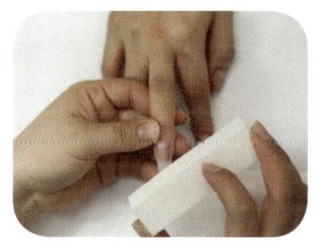
16. 표면 다듬기

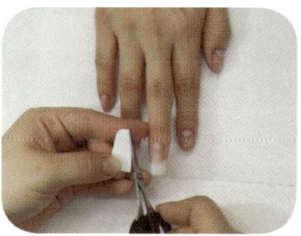
17. 실크재단

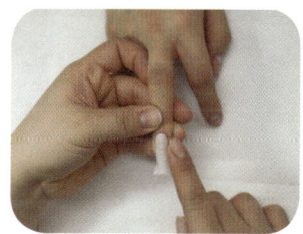
18. 실크부착

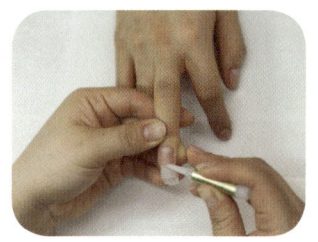
19. 라이트글루

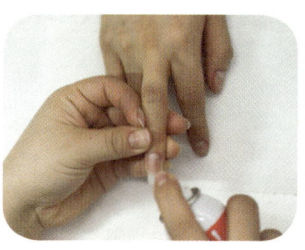
20. 글루드라이

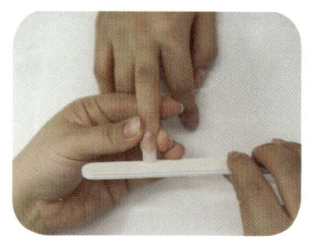
21. 쉐입 및 사이드 정리

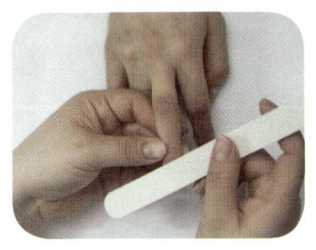
22. 실크턱 제거

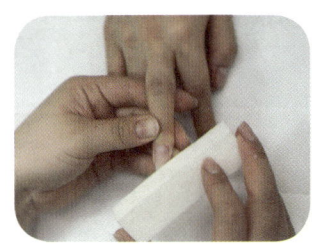
23. 표면 다듬기

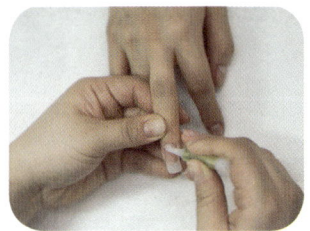
24. 라이트글루

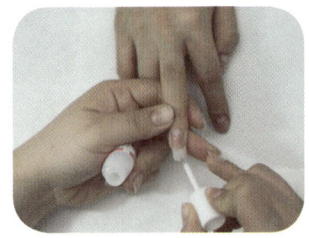
25. 젤글루(견고성↑)
→ 글루드라이

26. 표면 다듬기

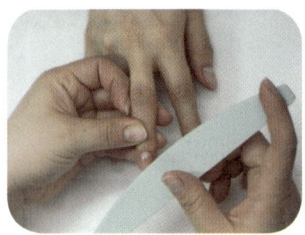
27. 광택내기

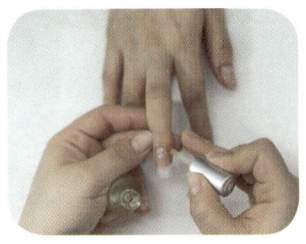
28. 오일바르기

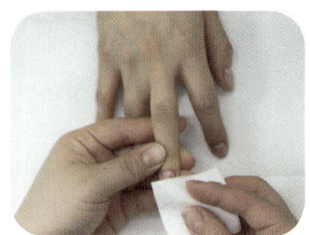
29. 마무리

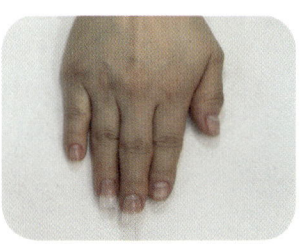
① 내추럴 팁위드랩

2. 인조네일(젤원톤 스컬프쳐)

(1) 작업대 세팅

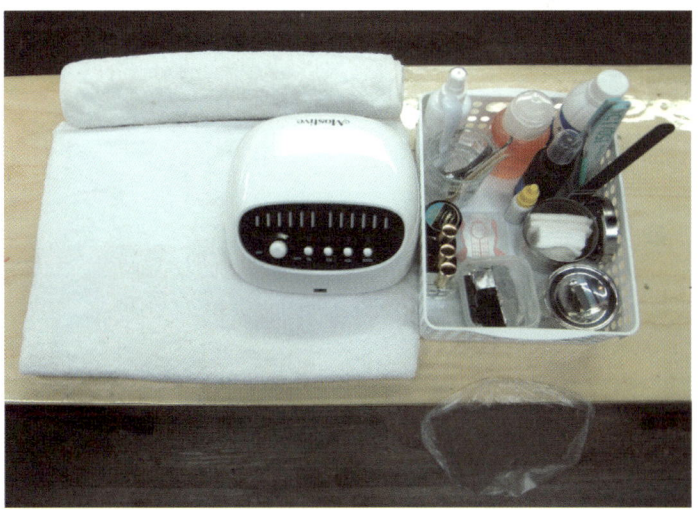

준비물

소독용기(푸셔,니퍼,우드스틱,더스트브러쉬,클리퍼), 스킨소독제, 탈지면, 멸균거즈, 키친타올, 지혈제, 폴리쉬 리무버, 우드파일, 파일, 디스크패드, 샌딩블럭, 클리어젤, 네일폼, 젤브러쉬, 베이스젤, 탑젤, 젤클렌져, 젤램프, 큐티클오일

(2) 젤원톤 스컬프쳐 시술과정

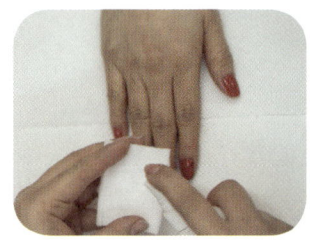 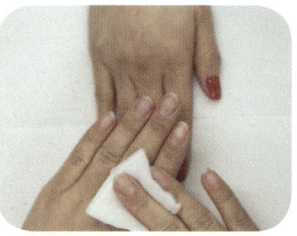 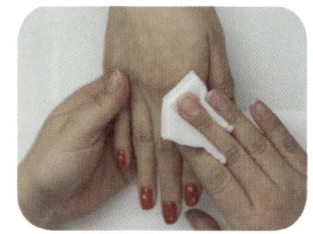

1. 소독하기   2. 시술자 손 소독   3. 모델 손 소독

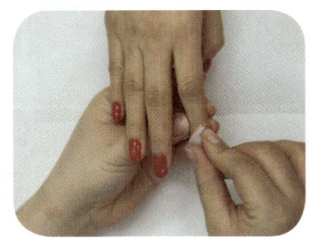
4. 1과제 컬러링 제거

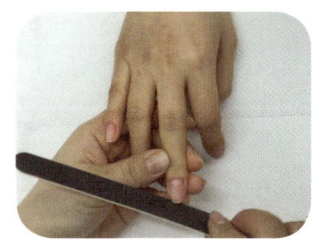
5. 쉐입잡기(1mm 이하)

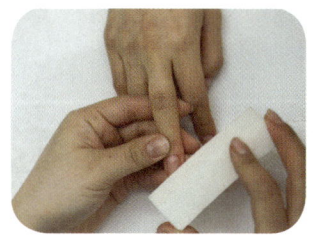
6. 표면 다듬기

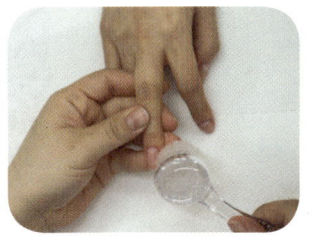
7. 이물질 제거

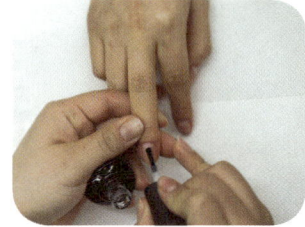
8. 베이스젤

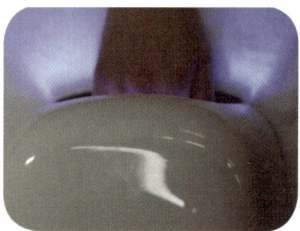
9. 큐어링

10. 폼끼우기

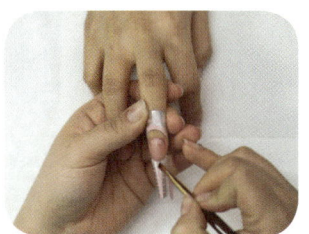
11. 젤 원볼(연장선)

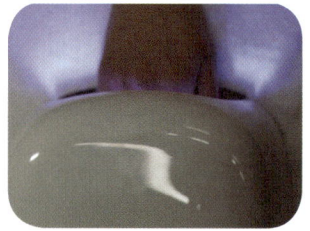
12. 큐어링

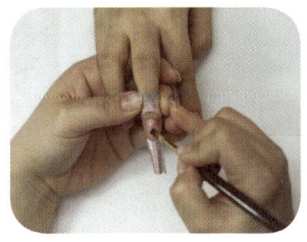
13. 젤 투볼 오버레이

14. 큐어링

15. 미경화젤 제거

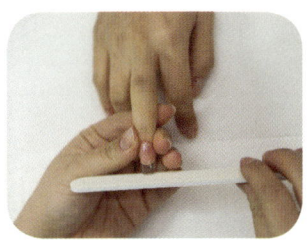
16. 쉐입 및 사이드 정리

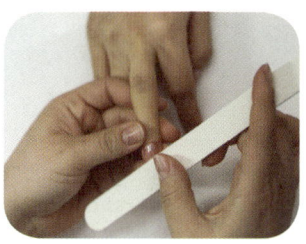
17. 표면 파일링

18. 표면 다듬기

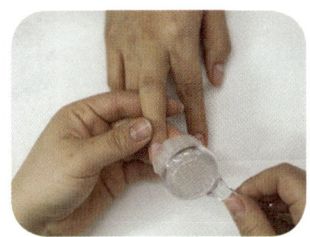
19. 이물질 제거

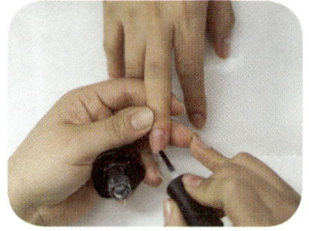
20. 탑젤

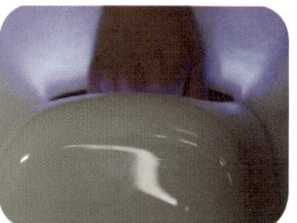
21. 큐어링

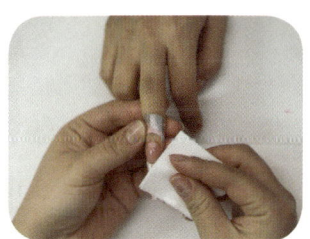
22. 미경화젤 제거

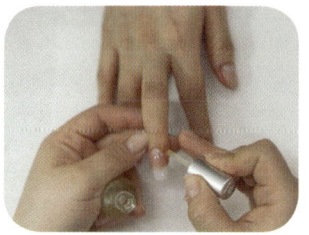
23. 오일 및 마무리

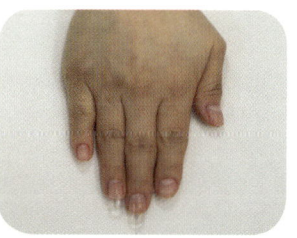
② 젤원톤 스컬프쳐

2. 인조네일(아크릴프렌치 스컬프쳐)

(1) 작업대 세팅

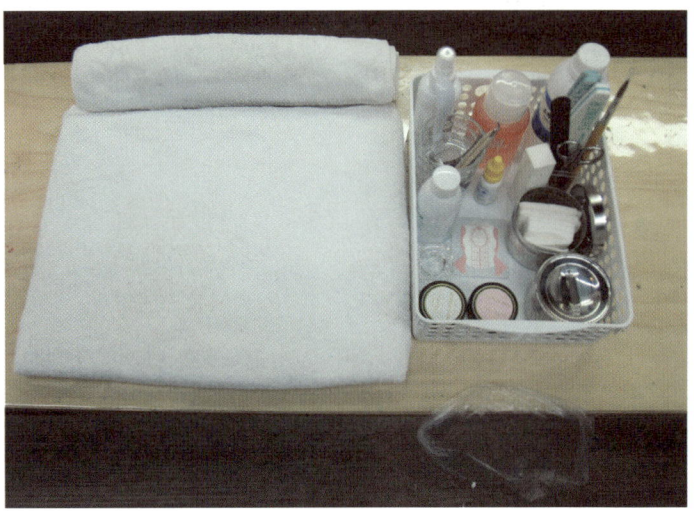

> **준비물**
> 소독용기(푸셔, 니퍼, 우드스틱, 더스트브러쉬, 클리퍼), 스킨소독제, 탈지면, 멸균거즈, 키친타올, 지혈제, 폴리쉬 리무버, 우드파일, 파일, 디스크패드, 샌딩블럭, 화이트파우더, 클리어 or 핑크 파우더, 리퀴드(모노머), 디펜디쉬, 아크릴브러쉬, 네일폼, 큐티클오일

(2) 아크릴프렌치 스컬프쳐 시술과정

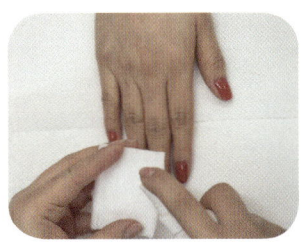
1. 소독하기

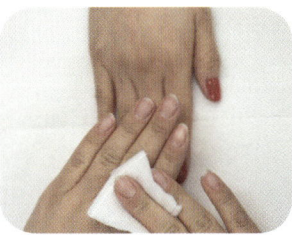
2. 시술자 손 소독

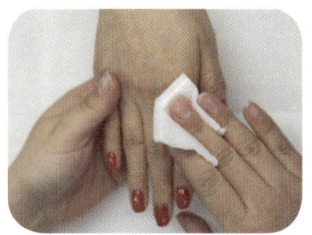
3. 모델 손 소독

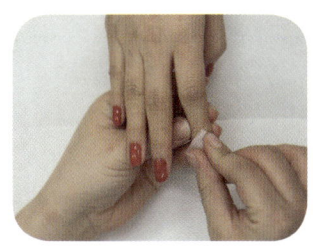
4. 1과제 컬러링 제거

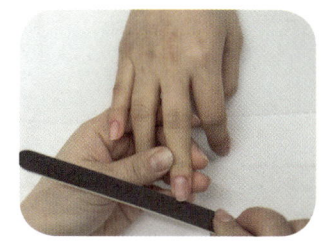
5. 쉐입잡기(1mm이하)

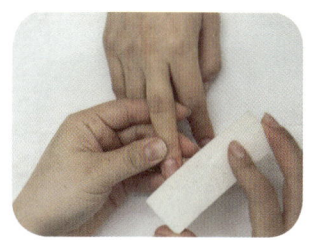
6. 표면 다듬기

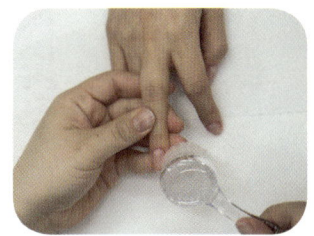
7. 이물질 제거

8. 폼 끼우기

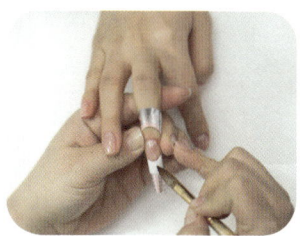
9. 화이트 원볼(연장선)

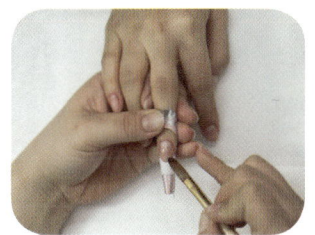
10. 화이트 투볼(스마일라인)

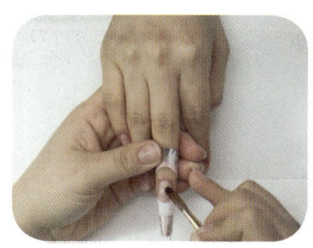
11. 클리어 오버레이

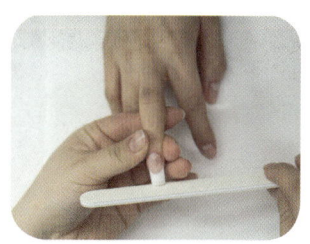
12. 쉐입 및 사이드 정리

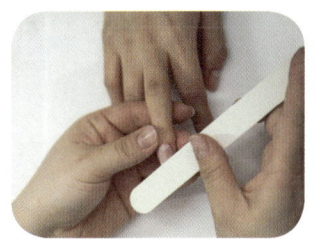
13. 표면 파일링

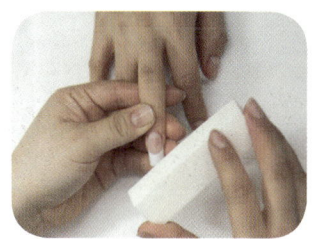
14. 표면 다듬기

15. 광택내기

 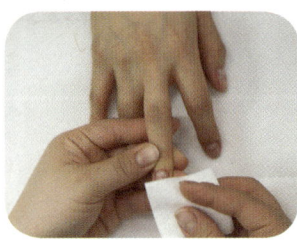 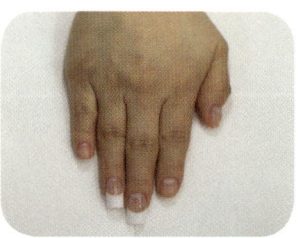

16. 오일바르기　　　17. 마무리　　　③ 아크릴프렌치 스컬프쳐

4. 인조네일(네일랩 익스텐션)

(1) 작업대 세팅

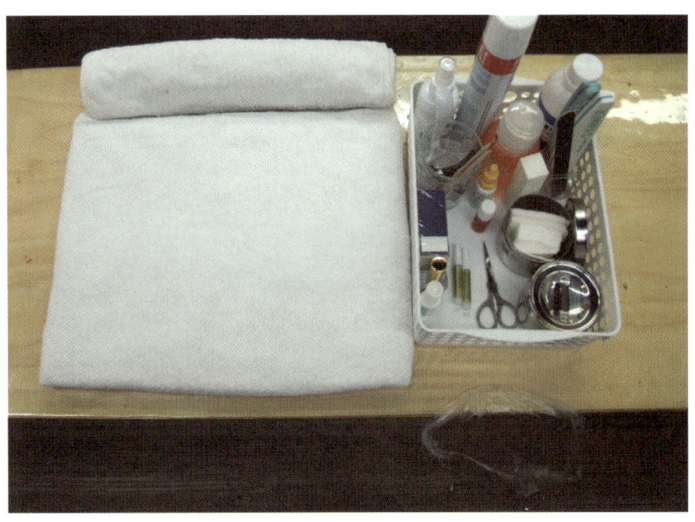

준비물
소독용기(푸셔, 니퍼, 우드스틱, 더스트브러쉬, 클리퍼), 스킨소독제, 탈지면, 멸균거즈, 키친타올, 지혈제, 폴리쉬 리무버, 우드파일, 파일, 광파일, 디스크패드, 샌딩블럭, 라이트글루, 젤글루, 글루드라이, 실크, 필러파우더, 실크가위, 큐티클오일

(2) 네일랩 익스텐션 시술과정

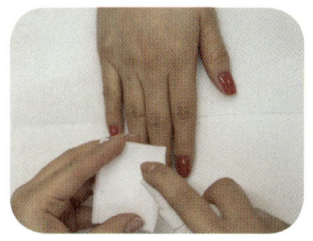
1. 소독하기

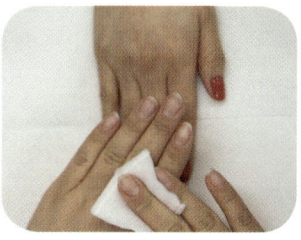
2. 시술자 손 소독

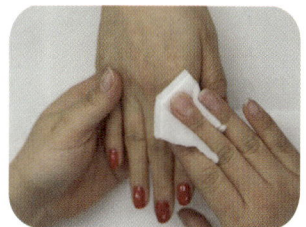
3. 모델 손 소독

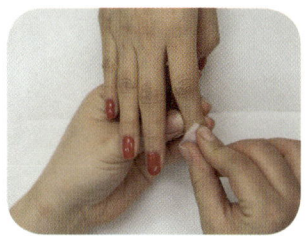
4. 1과제 컬러링 제거

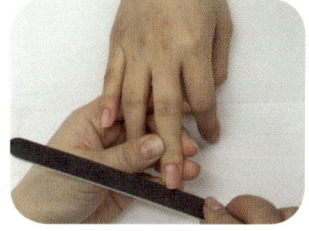
5. 쉐입잡기(1mm이하)

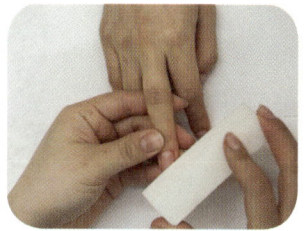
6. 표면 다듬기

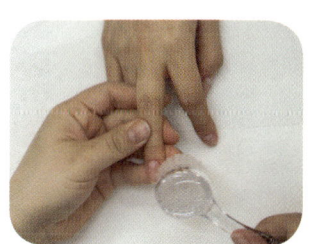
7. 이물질 제거

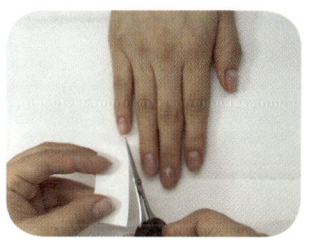
8. 실크재단

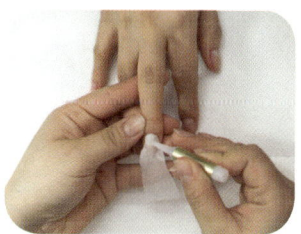
9. 실크부착

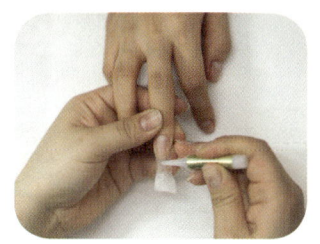
10. 라이트글루

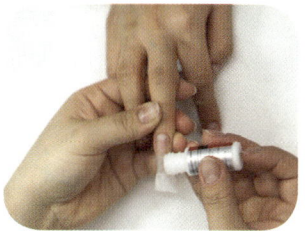
11. 필러파우더

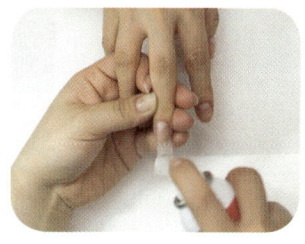
12. 라이트글루 → 글루드라이

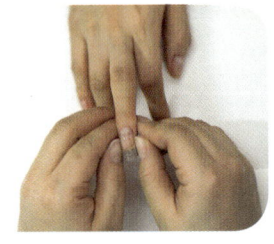
13. 핀칭주기(C커브)

14. 길이줄이기

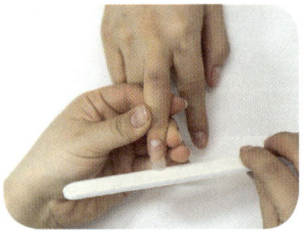
15. 쉐입 및 사이드 정리

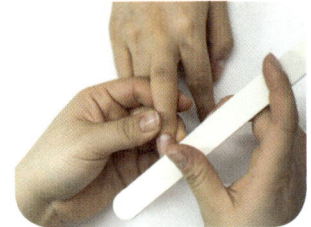
16. 표면 파일링

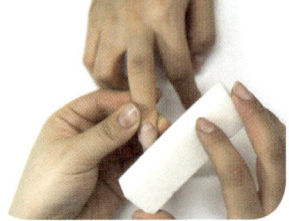
17. 표면 다듬기

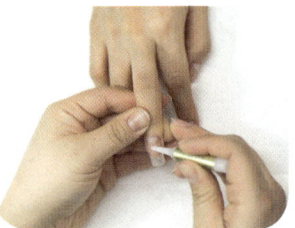
18. 라이트글루

19. 젤글루(견고성↑)
→ 글루드라이

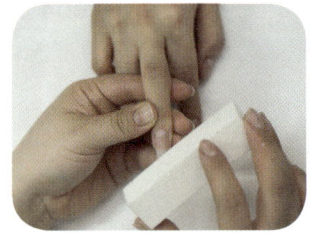
20. 표면 다듬기

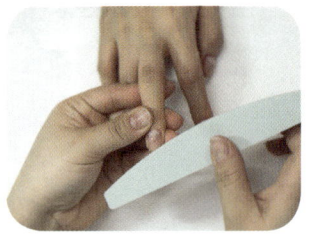
21. 광택내기

22. 오일바르기

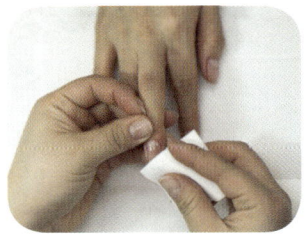
23. 마무리

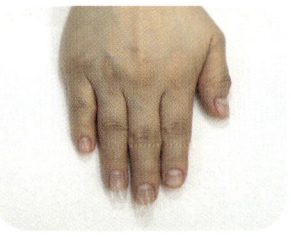
④ 네일랩 익스텐션

제4과제(15분) 인조네일제거

1. 인조네일제거

> 셰 이 프 : 3과제 선택된 인조네일 제거
> 대상부위 : 오른손 3지 손톱
> 세부과제 : 인조네일제거
> 배   점 : 10점

(1) 작업대 세딩

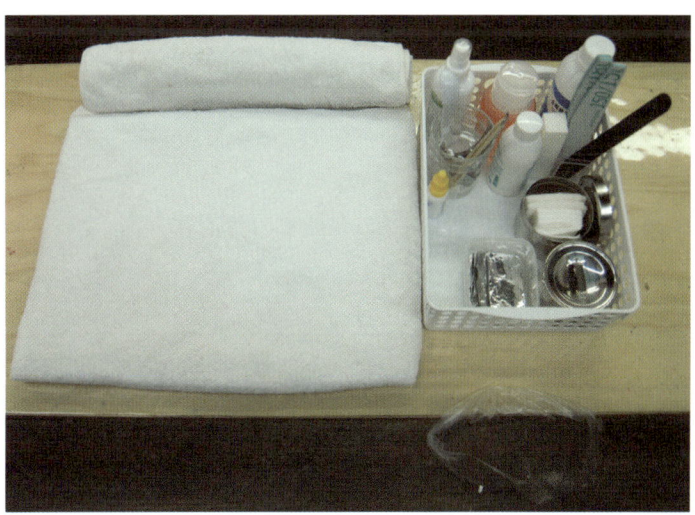

> **준비물**
>
> 소독용기(푸셔, 니퍼, 우드스틱, 더스트브러쉬, 클리퍼), 스킨소독제, 탈지면, 멸균거즈, 키친타올, 지혈제, 폴리쉬 리무버, 우드파일, 파일, 디스크패드, 샌딩블럭, 퓨어아세톤, 알루미늄호일, 큐티클오일

(2) 인조네일제거 시술과정

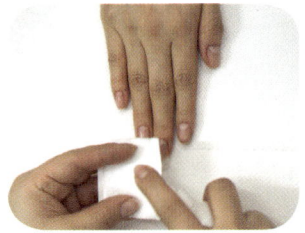
1. 소독하기

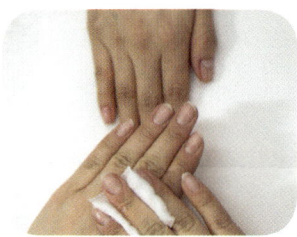
2. 시술자 손 소독

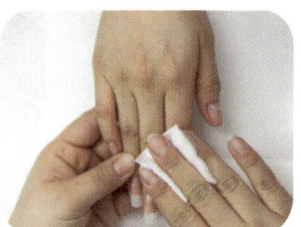
3. 모델 손 소독

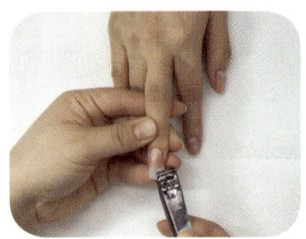
4. 길이줄이기

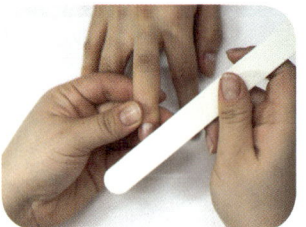
5. 표면파일링

6. 큐티클에 오일 바르기

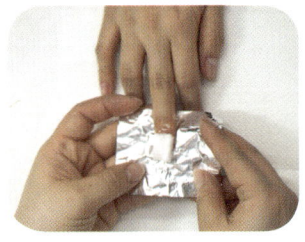
7. 퓨어아세톤 솜 올리기

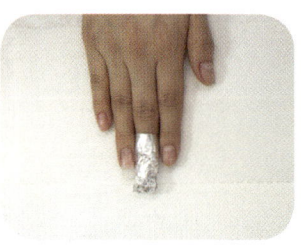
8. 호일 감싸기

9. 잔여물 푸셔로 밀어내기

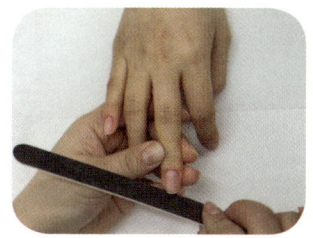 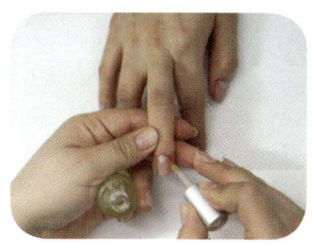 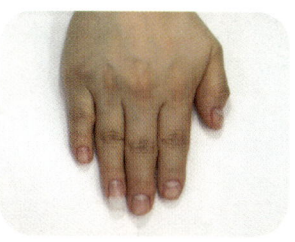

10. 표면 및 쉐입 정리   11. 오일 및 마무리   인조네일 제거

2014년 수시 1회 필기시험
미용사(네일)

1. 세계보건기구에서 규정한 보건행정의 범위에 속하지 않는 것은?
   ① 보건관계 기록의 보존
   ② 환경위생과 감염병 관리
   ③ 보건통계와 만성병 관리
   ④ 모자보건과 보건간호

   보건행정의 범위
   • 환경보건 분야 : 환경위생, 식품위생, 환경오염 및 보전 문제, 산업 환경
   • 질병관리 분야 : 역학 관리, 기생충 질병 관리, 성인병 관리, 감염병 및 비감염병 관리
   • 보건관리 분야 : 보건행정, 보건영양, 인구보건, 가족보건, 모자보건, 의료보건제도, 보건교육, 학교보건, 저인보건, 보건통계, 영유아 보건, 사고관리

2. 공기의 자정작용현상이 아닌 것은?
   ① 산소, 오존, 과산화수소 등에 의한 산화작용
   ② 태양광선 중 자외선에 의한 살균작용
   ③ 식물의 탄소동화작용에 의한 CO_2의 생산 작용
   ④ 공기자체의 희석작용

   강우, 강설 등에 의한 유해가스 및 먼지의 세정작용, 식물의 광합성에 의한 O_2의 생산 작용

3. 법정 감염병 중 제 4군 감염병에 속하는 것은?
   ① 콜레라
   ② 디프테리아
   ③ 황열
   ④ 말라리아

   제4군 : 국내 새로 유입 혹은 국외 유입우려 있는 감염병
   (황열, 페스트, 뎅기열, 두창, 야토병, 큐열, 조류인플루엔자, 신종인플루엔자, 라임병, 바이러스성 출혈열 등)

4. 다음 중 감염병 관리상 가장 중요하게 취급해야 할 대상자는?
   ① 건강보균자
   ② 잠복기환자
   ③ 현성환자
   ④ 회복기보균자

   건강보균자 : 임상증상 없이 건강한 사람과 외관상 구별은 안 되지만 병원체를 보유한 감염자(특별한 증상이 없기 때문에 더욱 주의를 요함)
   (B형 바이러스, 폴리오, 일본뇌염, 디프테리아 등)

5. 절지동물에 의해 매개되는 감염병이 아닌 것은?
   ① 유행성 일본뇌염
   ② 발진티푸스
   ③ 탄저
   ④ 페스트

   • 절지동물 : 모기, 진드기, 파리, 이 등
   • 모기 : 말라리아, 일본뇌염, 사상충증, 황열, 뎅기열 등
   • 파리 : 콜레라, 이질, 장티푸스, 파라티푸스, 식중독 등
   • 이 : 발진티푸스, 재귀열, 참호열, 페스트 등
   • 벼룩 : 페스트(흑사병), 발진열
   • 진드기 : 유행성출혈열, 양충병, 옴, 재귀열 등

6. 다음 기생충 중 송어, 연어 등의 생식으로 주로 감염될 수 있는 것은?
   ① 유구낭충증
   ② 유구조충증
   ③ 무구조충증
   ④ 긴촌충증

   • 유구조충증(갈고리촌충) : 돼지고기

- 무구조충증(민촌충) : 소고기
- 긴촌충증(광절열두조충) : 송어, 연어
- 아니사키스충 : 바다생선의 생식(대구, 오징어, 청어, 조기)
- 간흡충증(간흡충) : 왜우렁이, 담수어, 참붕어
- 폐흡충증 : 다슬기, 가재, 게

7. 영아사망률의 계산공식으로 옳은 것은?

   ① 연간 출생아수 / 인구 × 1000
   ② 그해의 1~4세 사망아수 / 어느 해의 1~4세 인구 × 1000
   ③ 그해의 1세미만의 사망아수 / 어느 해의 연간 출생아수 × 1000
   ④ 그해의 생후 28일 이내의 사망아 수 / 어느 해의 연간 출생아 수 × 1000

8. 호기성 세균이 아닌 것은?

   ① 결핵균
   ② 백일해균
   ③ 파상풍균
   ④ 녹농균

   - 호기성 : 산소를 필요로 하는 균, 산소가 있어야 성장하는 세균
   - 혐기성 : 산소를 필요로 하지 않는 균
   - 편성 호기성(산소가 있되 이용하지 않는 균)
   - 편성 혐기성(산소가 있으면 생육에 방해) : 파상풍균, 보툴리누스균

9. 석탄산 10% 용액 200ml를 2% 용액으로 만들고자 할 때 첨가해야 하는 물의 양은?

   ① 200ml
   ② 400ml
   ③ 800ml
   ④ 1000ml

10. 석탄산 소독에 대한 설명으로 틀린 것은?

    ① 단백질 응고작용이 있다.
    ② 저온에서 살균효과가 떨어진다.
    ③ 금속기구 소독에 부적합하다.
    ④ 포자 및 바이러스에 효과적이다.

    석탄산 소독(화학적 소독)
    1~3%수용액(손소독 시 2%사용)
    세포단백질을 응고시켜 살균
    의류, 용기, 오물, 고무, 빗 소독
    세균포자, 바이러스에 효과 없음
    소독력의 살균지표
    사용범위가 넓음
    고온에서 소독력 증가
    피부점막에 자극성
    금속의 부식성

11. 자비소독법시 일반적으로 사용하는 물의 온도와 시간은?

    ① 150℃에서 15분간
    ② 135℃에서 20분간
    ③ 100℃에서 20분간
    ④ 80℃에서 30분간

    자비소독(물리적 소독법) : 습열법, 끓는 물 100도 이상에서 15~20분간 가열하여 소독하는 방법

12. 다음 중 이·미용실에서 사용하는 타월을 철저하게 소독하지 않았을 때 주로 발생할 수 있는 감염병은?

    ① 장티푸스
    ② 트라코마
    ③ 페스트
    ④ 일본뇌염

    - 트라코마(눈병) : 소독하지 않은 타월로 감염, 심하면 실명
    - 간염 : 소독하지 않은 면도기 등에 감염

13. 소독용 승홍수의 희석 농도로 적합한 것은?

　① 10~20%

　② 5~7%

　③ 2~5%

　④ 0.1~0.5%

　승홍수(화학적 소독법)
　0.1~0.5%수용액
　식염을 더하면 용액이 중성화되어 자극성 완화
　살균력과 독성이 강함
　금속 부식성

14. 세균증식에 가장 적합한 최적 수소이온 농도는?

　① pH 3.5 ~ 5.5

　② pH 6.0 ~ 8.0

　③ pH 8.5 ~ 10.0

　④ pH 10.5 ~ 11.5

　약알칼리에서 가장 증식 잘함

15. 피부의 면역에 관한 설명으로 옳은 것은?

　① 세포성 면역에는 보체, 항체 등이 있다.

　② T 림프구는 항원전달세포에 해당한다.

　③ B 림프구는 면역글로불린이라고 불리는 항체를 생성한다.

　④ 표피에 존재하는 각질형성세포는 면역조절에 작용하지 않는다.

　1. 세포성 면역에는 T 림프구가 있다.
　2. T 림프구는 직접공격세포이다.
　4. 각질형성 세포는 면역조절에 작용한다.

16. 멜라노사이트(Melanocyte)가 주로 분포되어 있는 곳은?

　① 투명층

　② 과립층

　③ 각질층

　④ 기저층

　기저층 : 각질생성 세포, 멜라닌 세포, 머켈세포 분포

17. 다음 중 자외선 B(UV-B)의 파장 범위는?

　① 100 ~ 190nm

　② 200 ~ 280nm

　③ 290 ~ 320nm

　④ 330 ~ 400nm

　• 자외선 A : 330~400, 오존층에 흡수되지 않음
　• 자외선 B : 290~320, 대부분 오존층에 흡수
　• 자외선 C : 200~280, 오존층에서 완전히 흡수, 살균램프
　• 건강선(도너선) : 240~320nm, 살균작용에 사용됨

18. 다음 중 원발진(primary lesions)에 해당하는 피부 질환은?

　① 면포

　② 미란

　③ 가피

　④ 반흔

　• 면포 : 모공을 막고 있는 분비물 및 각질의 덩어리로 코 주위의 검은 여드름 형태
　• 미란 : 농가진이나 다눈 포진 등에서 수포가 터지는 표피 결손 후 생기며 이곳에 가피가 형성될 수도 있고 형성되지 않을 수도 있으나 반흔 없이 치유된다.
　• 가피 : 표피가 소실되거나 손상된 부위에 생기는 혈청과 농 또는 혈액의 마른 덩어리로 보통 세균과 표피 부스러기가 섞여 딱지 형태를 띠고 있다.
　• 반흔 : 흉터 또는 상처로 인한 여진피가 손상된 후 새로운 결체 조직이 생긴 상태.
　• 원발진 : 구진, 결절, 농포, 낭포, 종양, 면포, 소수포, 팽진, 비립종, 헤르페스(포진), 반점
　• 속발진 : 인설, 찰상, 균열, 가피, 미란, 궤양, 반흔, 태선

화, 위축

19. 비타민에 대한 설명 중 틀린 것은?
① 비타민 A가 결핍되면 피부가 건조해지고 거칠어진다.
② 비타민 C는 교원질 형성에 중요한 역할을 한다.
③ 레티노이드는 비타민 A를 통칭하는 용어이다.
④ 비타민 A는 많은 양이 피부에서 합성된다.

피부에서 비타민 D 합성

20. 바이러스성 피부질환은?
① 모낭염
② 절종
③ 용종
④ 단순포진

21. 피부의 기능과 그 설명이 맞지 않은 것은?
① 보호기능 – 피부표면에 산성막은 박테리아의 감염과 미생물의 침입으로부터 피부를 보호한다.
② 흡수기능 – 피부는 외부의 온도를 흡수, 감지한다.
③ 영양분교환기능 – 프로비타민 D가 자외선을 받으면 비타민 D로 전환된다.
④ 저장기능 – 진피조직은 신체 중 가장 큰 저장기관으로 작종 영양분과 수분을 보유하고 있다.

신체 중 가장 큰 저장기관 : 피하지방층이다.

22. 공중위생관리법상 이.미용업자의 변경 신고사항에 해당되지 않는 것은?
① 업소의 소재지 변경
② 영업소의 명칭 또는 상호 변경
③ 대표자의 성명(법인의 경우에 한함)
④ 신고한 영업장 면적의 2분의 1 이하의 변경

3분의 1 이상 증감시 변경 신고

23. 과징금을 기한 내에 납부하지 아니한 경우에 이를 징수하는 방법은?
① 지방세 체납처분의 예에 의하여 징수
② 부가가치세 체납처분의 예에 의하여 징수
③ 법인세 체납처분의 예에 의하여 징수
④ 소득세 체납처분의 예에 의하여 징수

24. 공중위생 영업소의 위생서비스 평가 계획을 수립하는 자는?
① 시·도지사
② 안전행정부장관
③ 대통령
④ 시장·군수·구청장

모든 법령은 보건복지부령으로 행해지나 공중위생감시원 자격, 임명은 대통령령으로 한다.
면허에 관련된 모든 업무는 시장, 군수, 구청장으로 일이 행해지나 위생서비스 평가계획 수립은 시, 도지사가 한다.

25. 이.미용업 영업과 관련하여 과태료 부과대상이 아닌 사람은?
① 위생관리 의무를 위반한 자
② 위생교육을 받지 않은 자
③ 무신고 영업자
④ 관계공무원 출입.검사 방해자

무신고 영업자 : 벌금형, 나머지는 과태료 구분 처분 기준 벌금
– 1년 이하의 징역 또는 1천만원 이하의 벌금 : 영업 신고하지 않은자, 영업정지/사용중지/폐쇄명령을 받고 계속 영업한 자
– 6개월 이하의 징역 또는 500만원 이하의 벌금 : 변경 신

- 고하지 않은자, 지위 승계 신고하지 않은자, 건전한 영업 질서를 위한 준수 사항을 지키지 않은자
- 300만원 이하의 벌금 : 위생관리기준 또는 오염허용긴준을 지키지 않은자, 개선명령에 불복한 자

면허 취소/면허 정지/무면허 자가 이미용 업무를 할 시

과태료
- 300만원 이하의 과태료 : 폐업신고를 하지 않은자, 관계 공무원의 지시에 방해/거부/기피한 자, 개선명령에 위반한 자
- 200만원 이하의 과태료 : 위생관리 의무를 지키지 않은 자, 영업소 외의 장소에서 미용업무를 한 자, 위생교육을 받지 않은 자

26. 이·미용 업소 내에 게시하지 않아도 되는 것은?
① 이·미용업 신고증
② 개설자의 면허증 원본
③ 근무자의 면허증 원본
④ 이·미용요금표

27. 다음 중 이·미용사 면허를 받을 수 없는 자는?
① 교육부장관이 인정하는 고등기술학교에서 6개월 이상 이·미용에 관한 소정의 과정을 이수한 자
② 전문대학에서 이·미용에 관한 학과를 졸업한 자
③ 국가기술자격법에 의한 이·미용사의 자격을 취득한 자
④ 고등학교에서 이·미용에 관한 학과를 졸업한 자. 고등기술학교에서 1년 이상 이·미용 과정 이수자

1. 교육부장관이 인정하는 고등기술학교에서 1년 이상 이·미용에 관한 소정의 과정을 이수한 자

28. 다음 중 공중위생감시원을 두는 곳을 모두 고른 것은?

ㄱ. 특별시   ㄴ. 광역시   ㄷ. 도   ㄹ. 군

① ㄴ, ㄷ
② ㄱ, ㄷ
③ ㄱ, ㄴ, ㄷ
④ ㄱ, ㄴ, ㄷ, ㄹ

29. 피부표면에 물리적인 장벽을 만들어 자외선을 반사하고 분산하는 지외선 차단 성분은?
① 옥틸메톡시신나메이트
② 파라아미노안식향산(PABA)
③ 이산화티탄
④ 벤조페논

1, 2, 4번은 자외선 흡수제이다.
4번은 자외선 흡수제이면서 변색방지의 목적으로도 사용된다. 자외선 산란제는 이산화티탄, 산화아연이 있다.

30. 다량의 유성 성분을 물에 일정기간 동안 안정한 상태로 균일하게 혼합시키는 화장품 제조기술은?
① 유화
② 경화
③ 분산
④ 가용화

화장품 제조 공정
- 분산공정 : 고체입자가 액체속에 균일하게 혼합된 상태(파데, 마스카라 등)
- 유화공정 : 유화장치를 이용하여 유액을 만드는 작업과정 (크림, 에멀전)
- 가용화공정 : 계면활성제에 의해 투명하게 용해되는 상태 (화장수, 향수)

31. 화장품의 원료로써 알코올의 작용에 대한 설명으로 틀린 것은?
① 다른 물질과 혼합해서 그것을 녹이는 성질이 있다.
② 소독작용이 있어 화장수, 양모제 등에 사용한다.
③ 흡수작용이 강하기 때문에 건조의 목적으로 사용한다.
④ 피부에 자극을 줄 수도 있다.

화장품 원료 : 수성원료 & 유성원료
- 수성원료 : 정제수, 알코올(에탄올), (수용성 고분자 화합물), 글리세린(보습 및 습윤제)
- 유성원료 : 오일, 왁스, 계면활성제
- 알코올 : 피부에 시원한 청량감과 수렴효과 부여/살균작용과 소독작용/용매로 다른 원료 녹이는 효과

32. 기초 화장품을 사용하는 목적이 아닌 것은?

① 세안
② 피부정돈
③ 피부보호
④ 피부결점 보완

4번은 메이크업화장품의 기능이다.

33. 네일 에나멜(nail enamel)에 대한 설명으로 틀린 것은?

① 손톱에 광택을 부여하고 아름답게 할 목적으로 사용하는 화장품이다.
② 피막형성제로 톨루엔이 함유되어 있다.
③ 대부분 니트로셀룰로오즈를 주성분으로 한다.
④ 안료가 배합되어 손톱에 아름다운 색채를 부여하기 때문에 네일 컬러(nail color)라고도 한다.

피막형성제 : 니트로셀룰로오즈(1885년 개발)

34. 다음 중 화장품의 4대 요건이 아닌 것은?

① 안전성
② 안정성
③ 유효성
④ 기능성

- 안전성 : 피부에 대한 트러블, 독성 없을 것
- 안정성 : 보관에 따른 변색, 변질, 변취가 없어야 하며 미생물 오염이 없어야 한다.
- 유효성 : 적절한 보습, 노화억제, 자외선 차단제, 세정 등 효과 부여
- 사용성 : 사용이 용이하며, 피부에 잘 스며들 것

35. 다음 중 햇빛에 노출했을 때 색소침착의 우려가 있어 사용 시 유의해야 하는 에센셜 오일은?

① 라벤더
② 티트리
③ 제라늄
④ 레몬

광감성 계열의 에센셜 오일은 낮에 사용 시 빛에 의해 색소침착을 일으킬 수 있다.
광감성 계열의 오일에는 시트러스계의 오일, 레몬, 그레이프 푸릇, 만다린, 버그몬, 오렌지 등이 있다.

36. 신경조직과 관련된 설명으로 옳은 것은?

① 말초신경은 외부나 체내에 가해진 자극에 의해 감각기에 발생한 신경흥분을 중추신경에 전달한다.
② 중추신경계의 체성신경은 12쌍의 뇌신경과 31쌍의 척수신경으로 이루어져 있다.
③ 중추신경계는 뇌신경, 척수신경 및 자율신경으로 구성된다.
④ 말초신경은 교감신경과 부교감신경으로 구성된다.

37. 하이포니키움(하조피)에 대한 설명으로 옳은 것은?

① 네일 매트릭스를 병원균으로부터 보호한다.
② 손톱아래 살과 연결된 끝부분으로 박테리아의 침입을 막아준다.
③ 손톱 측면의 피부로 네일 베드와 연결된다.
④ 매트릭스 윗부분으로 손톱을 성장시킨다.

1- 큐티클, 3- 조벽, 4- 조근

38. 손톱의 생리적인 특성에 대한 설명으로 틀린 것은?

① 일반적으로 1일 평균 0.1mm~0.15mm 정도 자란다.
② 손톱의 성장은 조소피의 조직이 경화되면서 오래된 세포를 밀어내는 현상이다.
③ 손톱의 본체는 각질층이 변형된 것으로 얇은 층이 겹으로 이루어져 단단히 층을 이루고 있다.
④ 주로 경단백질인 케라틴과 이를 조성하는 아미노산 등으로 구성되어 있다.

손톱의 성장은 미 경화된 케라틴이 경화되면서 오래된 세포를 밀어내는 현상이다.

39. 손톱의 구조에 대한 설명으로 옳은 것은?
① 매트릭스(조모) : 손톱의 성장이 진행되는 곳으로 이상이 생기면 손톱의 변형을 가져온다.
② 네일베드(조상) : 손톱의 끝부분에 해당되며 손톱의 모양을 만들 수 있다.
③ 루눌라(반월) : 매트릭스와 네일 베드가 만나는 부분으로 미생물 침입을 막는다.
④ 네일바디(조체) : 손톱 측면으로 손톱과 피부를 밀착시킨다.

- 네일베드(조상) : 혈관과 신경이 있음, 손톱 자라는 양분 공급, 네일 밑에 위치하며 네일 바디 받침
- 루눌라(반월) : 완전히 케라틴 화 되지 않았으며 외부에서 보이는 매트릭스 부분
- 네일 바디(조체, 조판, 네일 플레이트) : 손톱 본체이며 네일 베드를 보호, 신경과 혈관은 없음

40. 네일의 길이와 모양을 자유롭게 조절할 수 있는 것은?
① 프리에지(자유연)
② 네일그루브(조구)
③ 네일폴드(조주름)
④ 에포니키움(조상피)

- 네일그루브(조구) : 손톱을 따라 자라는 네일베드의 양 측면에 패인 홈
- 네일폴드(맨틀, 조주름) : 네일루트가 묻혀 있는 손톱 베이스에서 깊이 접혀있는 피부
- 에포키니움(조상피, 상조피) : 손톱 베이스에 있는 가는 선의 피부

41. 고객을 위한 네일 미용인의 자세가 아닌 것은?
① 고객의 경제 상태 파악
② 고객의 네일 상태 파악
③ 선택 가능한 시술방법 설명
④ 선택 가능한 관리방법 설명

42. 큐티클이 과일 성장하여 손톱위로 자라는 질병은?
① 표피조막(테리지움)
② 교조증(오니코파지)
③ 조갑비대증(오니콕시스)
④ 고랑 파진 손톱(퍼로우 네일)

- 교조증(오니코파지) : 심리적 불안으로 손톱을 물어 뜯는 것
- 조갑비대증(오니콕시스) : 과잉성장으로 손톱이 매우 두꺼워짐
- 퍼로우 / 커러제이션 네일 : 세로나 가로로 고랑 파진 손톱

43. 변색된 손톱(discolored nails)의 특성이 아닌 것은?
① 네일바디에 퍼런 멍이 반점처럼 나타난다.
② 혈액순환이나 심장이 좋지 못한 상태에서 나타날 수 있다.
③ 베이스 코트를 바르지 않고 유색 네일 폴리시를 바를 겨우 나타날 수 있다.
④ 손톱의 색상이 청색, 황색, 검푸른색, 자색 등으로 나타난다.

1번은 혈종(멍든손톱)이다.

44. 건강한 손톱의 특성이 아닌 것은?

① 매끄럽고 광택이 나며 반투명한 핑크빛을 띤다.

② 약 8~12%의 수분을 함유하고 있다.

③ 모양이 고르고 표면이 균일하다.

④ 탄력이 있고 단단하다.

손톱은 표피의 각질층과 투명층의 반투명 각질판으로 아미노산과 시스테인이 많이 포함되어 있으며, 수분은 12~18% 함유.

45. 둘째~다섯째 손가락에 작용을 하며 손허리뼈의 사이를 메워주는 손의 근육은?

① 벌레근(충양근)

② 뒤침근(회의근)

③ 손가락폄근(지신근)

④ 엄지맞섬근(무지대립근)

벌레근(충양근) : 벌레근은 제2~5 손허리손가락관절(중수지절관절)을 굽힘시키고 손가락 뼈사이 관절을 구부리며 동일한 손가락의 먼쪽 손가락뼈사이 관절에 뻗어 있음. 글쓰기와 식사동작에 아주 중요한 역할.

46. 젤 램프기기와 관련한 설명으로 틀린 것은?

① LED램프는 400~700nm 정도의 파장을 사용한다.

② UV램프는 UV-A 파장 정도를 사용한다.

③ 젤 네일에 사용되는 광선은 자외선과 적외선이다.

④ 젤 네일의 광택이 떨어지거나 경화속도가 떨어지면 램프를 교체함이 바람직하다.

적외선은 사용하지 않는다.

47. 메니큐어의 어원으로 손을 지칭하는 라틴어는?

① 패디스(Pedis)

② 마누스(Manus)

③ 큐라(Cura)

④ 매니스(Manis)

마누스(손) + 큐라(케어)

48. 손톱의 특징에 대한 설명으로 틀린 것은?

① 네일바디와 네일루트는 산소를 필요로 한다.

② 지각 신경이 집중되어 있는 반투명의 각질판이다.

③ 손톱의 경도는 함유된 수분의 함량이나 각질의 조성에 따라 다르다.

④ 네일베드의 모세혈관으로부터 산소를 공급받는다. 네일바디는 산소를 필요로 하지 않는다.

49. 네일관리의 유래와 역사에 대한 설명으로 틀린 것은?

① 중국에서는 네일에도 연지를 발라 '조홍'이라 하였다.

② 기원전 시대에는 관목이나 음식물, 실물 등에서 색상을 추출하였다.

③ 고대 이집트에서는 왕족은 짙은색으로 낮은 계층의 사람들은 옅은 색만을 사용하게 하였다.

④ 중세시대에는 색이나 은색 또는 검정이나 흑적색 등의 색상으로 특권층의 신분을 표시했다.

중세시대 : 승리를 기원하는 주술적인 목적과 강인한 위엄을 나타내기 위하여 남성의 네일 관리가 시작된 시기

50. 몸쪽 손목뼈(근위 수근골)가 아닌 것은?

① 손배뼈(주상골)

② 알머리뼈(유두골)

③ 세모뼈(삼각골)

④ 콩알뼈(두상골)

- 근위 수근골(몸에 가까운 쪽) : 손배뼈(주상골), 세모뼈(삼각골), 콩알뼈(두상골), 반달뼈(월상골)
- 원위 수근골(손에 가까운 쪽) : 알머리뼈(유두골), 갈고리뼈(유구골), 큰마름뼈(대능형골), 작은마름뼈(소능형골)

51. 파고드는 발톱을 예방하기 위한 발톱 모양으로 적합한 것은?

① 라운드형

② 스퀘어형

③ 포인트형

④ 오발형

52. 매니큐어 시술에 관한 설명으로 옳은 것은?

① 손톱모양을 만들 때 양쪽 방향으로 파일링한다.

② 큐티클은 상조피 바로 밑 부분까지 깨끗하게 제거한다.

③ 네일 폴리시를 바르기 전에 유분기는 깨끗하게 제거한다.

④ 자연 네일이 약한 고객은 네일 컬러링 후 탑 코트(top coat)를 2회 바른다.

한방향으로 파일링한다.
큐티클은 약간 남기고 제거한다.
탑코트는 1회만 바른다.

53. 아크릴릭 네일의 시술과 보수에 관련한 내용으로 틀린 것은?

① 공기방울이 생긴 인조 네일은 촉촉하게 젖은 브러시의 사용으로 인해 나타날 수 있는 현상이다.

② 노랗게 변색되는 인조 네일은 제품과 시술하는 과정에서 발생한 것으로 보수를 해야 한다.

③ 적절한 온도 이하에서 시술했을 경우 인조 네일에 금이 가거나 깨지는 현상이 나타날 수 있다.

④ 기존에 시술되어진 인조 네일과 새로 자라나온 자연 네일을 자연스럽게 연결해 주어야 한다.

54. 자연 네일의 형태 및 특성에 따른 네일 팁 적용 방법으로 옳은 것은?

① 넓적한 손톱에는 끝이 좁아지는 내로우 팁을 적용한다.

② 아래로 향한 손톱(claw nail)에는 커브 팁을 적용한다.

③ 위로 솟아 오른 손톱(spoon nail)에는 옆선에 커브가 없는 팁을 적용

④ 물어뜯는 손톱에는 팁을 적용할 수 없다.

• 커브가 없는 팁
• 옆선에 커브가 있는 팁
• 적용할 수 있다.

55. 그라데이션 기법의 컬러링에 대한 설명으로 틀린 것은?

① 색상 사용의 제한이 없다.

② 스펀지를 사용하여 시술할 수 있다.

③ UV 젤의 적용 시에도 활용할 수 있다.

④ 일반적으로 큐티클 부분으로 갈수록 컬러링색상이 자연스럽게 진해지는 기법이다.

큐티클 부분으로 갈수록 컬러링 색상이 연해지는 기법

56. 아크릴릭 네일 재료인 프라이머에 대한 설명으로 틀린 것은?

① 손톱 표면의 유·수분을 제거해 주고 건조시켜 주어 아크릴의 접착력을 강하게 해준다.

② 산성 제품으로 피부에 화상을 입힐 수 있으므로 최소량만을 사용한다.

③ 인조 네일 전제에 사용하며 방부제 역할을 해준다.

④ 손톱 표면의 pH 밸런스를 맞춰준다.

프라이머의 역할 : pH 균형조절, 방부역할, 유분기 조절
인조네일이 아니라 자연네일에 소량 도포(한 번 적신 브러시로 5개 손톱 도포 가능)

57. 손톱의 프리에지 부분을 유색 폴리시로 칠해주는 컬러링테크닉은?

① 프렌치 매니큐어

② 핫오일 매니큐어

③ 레귤러 매니큐어

④ 파라핀 매니큐어

- 핫오일 매니큐어 : 핫로션 매니큐어, 핫크림 매니큐어, 건조하고 갈라지는 손톱, 물어뜯는 손톱(오니코파지), 테레지움(교조증) 등에 효과적. 주로 겨울철에 많이 함
- 파라핀 매니큐어 : 유, 수분이 부족한 건조한 네일, 갈라진 피부, 겨울철에 주로 함. 네일을 윤택 & 촉촉, 피부의 모공을 열어 영양 공급과 보습, 혈액순환 촉진, 신진대사 활발

- 소프트젤은 속오프 젤이라고 하며 아세톤에 녹는다.

58. 오렌지 우드스틱의 사용 용도로 적합하지 않은 것은?

① 큐티클을 밀어 올릴 때
② 폴리시의 여분을 닦아 낼 때
③ 네일 주위의 굳은 살을 정리할 때
④ 네일 주위의 이물질을 제거할 때

니퍼 : 네일 주위의 거스러미, 굳은살 제거할 때 사용

59. 투톤 아크릴 스칼프처의 시술에 대한 설명으로 틀린 것은?

① 프렌치 스칼프처(French sculpture)라고도 한다.
② 화이트 파우더 특성상 프리에지가 퍼져 보일 수 있으므로 핀칭에 유의해야 한다.
③ 스트레스 포인트에 화이트 파우더가 얇게 시술되면 떨어지기 쉬우므로 주의한다.
④ 스퀘어 모양을 잡기 위해 파일은 30° 정도 살짝 기울려 파일링 한다.

스퀘어형 : 파일 각도 90°

60. 젤 네일에 관한 설명으로 틀린 것은?

① 아크릴릭에 비해 강한 냄새가 없다.
② 일반 네일 폴리시에 비해 광택이 오래 지속 된다.
③ 소프트 젤(Soft Gel)은 아세톤에 녹지 않는다.
④ 젤 네일은 하드 젤(Hard Gel)과 소프트(Soft Gel)로 구분 된다.

- 젤 네일 제거 시 퓨어 아세톤으로 녹여서 제거한다.

1	2	3	4	5	6	7	8	9	10
③	③	③	①	③	④	③	③	③	④
11	12	13	14	15	16	17	18	19	20
③	②	④	②	③	④	③	①	④	④
21	22	23	24	25	26	27	28	29	30
④	④	①	①	③	③	①	③	③	①
31	32	33	34	35	36	37	38	39	40
③	④	②	④	④	①	②	②	①	①
41	42	43	44	45	46	47	48	49	50
①	①	①	②	①	③	②	①	④	②
51	52	53	54	55	56	57	58	59	60
②	③	①	①	④	③	①	③	④	③

2015년 수시 2회 필기시험
미용사(네일)

1. 다음 중 감염병 유행의 3대 요소는?

   ① 병원체, 숙주, 환경

   ② 환경, 유전, 병원체

   ③ 숙주, 유전, 환경

   ④ 감수성, 환경, 병원체

   감염병 유행의 3대 요소는 : 병인, 숙주, 환경

2. 일반적으로 이·미용업소의 실내 쾌적 습도 범위로 가장 알맞은 것은?

   ① 10 ~ 20%

   ② 20 ~ 40%

   ③ 40 ~ 70%

   ④ 70 ~ 90%

   일반적으로 이·미용업소의 실내 습도는 40~70%이다.

3. 자력으로 의료문제를 해결할 수 없는 생활무능력자 및 저소득층을 대상으로 공적으로 의료를 보장 하는 제도는?

   ① 의료보험

   ② 의료보호

   ③ 실업보험

   ④ 연금보험

   생활무능력자 및 저소득층을 대상으로 공적으로 의료를 보장하는 제도는 의료보호이다.

4. 공중보건학의 범위 중 보건 관련 분야에 속하지 않는 사업은?

   ① 보건통계

   ② 사회 보장 제도

   ③ 보건 행정

   ④ 산업 보건

   산업보건은 환경보건에 속한다.

5. 다음 중 수인성 감염병에 속하는 것은?

   ① 유행성 출혈열

   ② 성홍열

   ③ 세균성 이질

   ④ 탄저병

   수인성 감염병 : 콜레라, 장티푸스, 파라티푸스, 세균성 이질, 소아마비, A형간염 등

6. 인공조명을 할 때 고려 사항 중 틀린 것은?

   ① 광색은 주광색에 가깝고, 유해 가스의 발생이 없어야 한다.

   ② 열의 발생이 적고, 폭발이나 발화의 위험이 없어야 한다.

   ③ 균등한 조도를 위해 직접조명이 되도록 해야 한다.

   ④ 충분한 조도를 위해 빛이 좌상방에서 비춰줘야 한다.

   균등한 조도를 위해서는 간접조명이 되도록 해야 한다.

7. 솔라닌(solanin)이 원인이 되는 식중독과 관계 깊은 것은?

   ① 버섯

   ② 복어

   ③ 감자

   ④ 조개

- 버섯 : 무스카린, 아마니타톡신, 팔린
- 복어 : 테트로도톡신
- 모시조개 : 베네루핀
- 대합 : 삭시톡신

8. 미생물의 발육과 그 작용을 제거하거나 정지시켜 음식물의 부패나 발효를 방지하는 것은?

① 방부
② 소독
③ 살균
④ 살충

- 소독 : 병원성 미생물의 생활력을 파괴하거나 감염력을 없애는 것
- 살균 : 미생물을 여러 물리·화학적 작용에 의해 급속히 죽이는 것

9. 물의 살균에 많이 이용되고 있으며 산화력이 강한 것은?

① 포름알데히드(Formaldehyde)
② 오존(O_3)
③ E.O(Ethylene Oxide)
④ 에탄올(Ethanol)

오존은 반응성이 풍부하고 산화작용이 강하여 물의 살균에 이용된다.

10. 소독제를 수돗물로 희석하여 사용할 경우 가장 주의해야 할 점은?

① 물의 경도
② 물의 온도
③ 물의 취도
④ 물의 탁도

희석하는 물의 경도나 pH(수소이온농도) 등은 소독효과에 영향을 주므로 주의해야 한다.

11. 소독제를 사용할 때 주의 사항이 아닌 것은?

① 취급 방법
② 농도 표시
③ 소독제병의 세균오염
④ 알코올 사용

소독제 사용 시 주의사항 : 취급방법, 농도표시, 소독제의 세균오염 등

12. 다음 중 금속제품 기구소독에 가장 적합하지 않은 것은?

① 알코올
② 역성비누
③ 승홍수
④ 크레졸수

승홍수는 부식성이 있어 금속류 소독에는 적합하지 않다

13. 다음 중 하수도 주위에 흔히 사용되는 소독제는?

① 생석회
② 포르말린
③ 역성비누
④ 과망간산칼륨

생석회는 화장실 분변, 하수도 주위의 소독에 주로 사용된다.

14. 개달전염(介達傳染)과 무관한 것은?

① 의복
② 식품
③ 책상
④ 장난감

개달전염은 환자가 사용 했던 물건 등으로 전염되는 것으로 식품은 해당되지 않는다.

15. 피부구조에서 지방세포가 주로 위치하고 있는 곳은?

   ① 각질층
   ② 진피
   ③ 피하조직
   ④ 투명층

   지방세포는 주로 피하지방층에 위치한다.

16. 다음 중 기미의 생성 유발 요인이 아닌 것은?

   ① 유전적 요인
   ② 임신
   ③ 갱년기 장애
   ④ 갑상선 기능 저하

   기미의 발생 요인으로는 임신, 경구피임 약 복용 후 태양의 광선의 노출, 내분비 이상, 유전적 요인, 갱년기장애 등에 의해서도 발생한다.

17. 외인성 피부질환의 원인과 가장 거리가 먼 것은?

   ① 유전인자
   ② 산화
   ③ 피부건조
   ④ 자외선

   유전인자는 외인성 피부질환과는 관계가 멀다.

18. 다음 중 원발진에 해당하는 피부변화는?

   ① 가피
   ② 미란
   ③ 위축
   ④ 구진

   - 원발진 : 반, 반점, 팽진, 구진, 결절, 수포, 농포, 낭종, 판, 면포, 종양
   - 속발진 : 인설, 가피, 표피박리, 미란, 균열, 궤양, 농양, 변지, 반흔, 위축, 태선화

19. 자외선으로부터 어느 정도 피부를 보호하며 진피조직에 투여하면 피부주름과 처짐 현상에 가장 효과적인 것은?

   ① 콜라겐
   ② 엘라스틴
   ③ 무코다당류
   ④ 멜라닌

   콜라겐은 피부 주름과 처짐 현상에 효과적이다.

20. 정상피부와 비교하여 점막으로 이루어진 피부의 특징으로 옳지 않은 것은?

   ① 혀와 경구개를 제외한 입안의 점막은 과립층을 가지고 있다.
   ② 당김미세섬유사(tonofilament)의 발달이 미약하다.
   ③ 미세융기가 잘 발달되어 있다.
   ④ 세포에 다량의 글리코겐이 존재한다.

   구강점막에는 과립층과 각질층이 없다.

21. 성장기 어린이의 대사성 질환으로 비타민 D 결핍 시 뼈 발육에 변형을 일으키는 것은?

   ① 석회결석
   ② 골막파열증
   ③ 괴혈증
   ④ 구루병

   구루병은 주로 4개월~2세의 아기들에게 발생하는 비타민 D

결핍증으로 머리, 가슴, 팔 다리뼈의 변형과 성장 장애를 일으키는 질환이다.

22. 시·도지사 또는 시장·군수·구청장은 공중위생관리상 필요하다고 인정하는 때에 공중위생영업자 등에 대하여 필요한 조치를 취할 수 있다. 이 조치에 해당하는 것은?

   ① 보고
   ② 청문
   ③ 감독
   ④ 협의

   • 시·도지사 또는 시장·군수·구청장의 권한
   • 공중위생 관리상 필요하다고 인정하는 때에는 공중위생영업장 및 공중위생소유자 등에 대하여 필요한 보고를 하게 함
   • 소속 공무원으로 하여금 영업소·사무소·공중이용시설 등에 출입하여 공중위생업자의 위생관리의무이행 및 공중이용시설의 위생관리실태 등에 대하여 검사하게 함
   • 필요에 따라 공중위생영업장부나 서류 열람가능

23. 법령상 위생교육에 대한 기준으로 ( )안에 적합한 것은?

   공중위생관리법령상 위생교육을 받은 자가 위생교육을 받은 날부터 ( ) 이내에 위생 교육을 받은 업종과 같은 업종의 영업을 하려는 경우에는 해당 영업에 대한 위생교육을 받은 것으로 본다.

   ① 2년
   ② 2년 6월
   ③ 3년
   ④ 3년 6월

   공중위생관리법령상 위생교육을 받은 자가 위생교육을 받은 날부터 2년 이내에 위생 교육을 받은 업종과 같은 업종의 영업을 하려는 경우에는 해당 영업에 대한 위생교육을 받은 것으로 본다.

24. 미용사에게 금지되지 않는 업무는 무엇인가?

   ① 얼굴의 손질 및 화장을 행하는 업무
   ② 의료기기를 사용하는 피부관리 업무
   ③ 의약품을 사용하는 눈썹손질 업무
   ④ 의약품을 사용하는 제모

   미용사는 의약품이나 의료기기를 사용할 수 없다.

25. 다음 중 이·미용업에 있어서 과태료 부과대상이 아닌 사람은?

   ① 위생관리 의무를 지키지 아니한 자
   ② 영업소외의 장소에서 이용 또는 미용업무를 행한 자
   ③ 보건복지부령이 정하는 중요사항을 변경하고도 변경 신고를 하지 아니한 자
   ④ 관계 공무원의 출입·검사를 거부·기피 방해한 자

   보건복지부령이 정하는 중요사항을 변경하고도 변경 신고를 하지 아니한 자는 6월 이하의 징역 또는 600만원 이하의 벌금에 처한다.

26. 손님에게 음란행위를 알선한 사람에 대한 관계행정기관의 장의 요청이 있는 때, 1차 위반에 대하여 행할 수 있는 행정처분으로 영업소와 업주의 대한 처분기준이 바르게 짝지어진 것은?

   ① 영업정지 1월 - 면허정지 1월
   ② 영업정지 1월 - 면허정지 2월
   ③ 영업정지 2월 - 면허정지 2월
   ④ 영업정지 3월 - 면허정지 3월

   손님에게 음란행위를 알선한 사람에 대한 관계행정기관의 장의 요청이 있는 때, 1차 위반에 대하여 영업소 영업정지 2월, 업주는 면허정지 2개월의 행정처분을 받게 된다.

27. 이·미용업 영업장 안의 조명도 기준은?

   ① 50룩스 이상

② 75룩스 이상

③ 100룩스 이상

④ 125룩스 이상

이·미용 영업장 안의 조명은 75룩스 이상이 되도록 유지한다.

28. 이·미용업 영업신고를 하면서 신고인이 확인에 동의하지 아니하는 때에 첨부하여야 하는 서류가 아닌 것은? (단, 신고인이 전자정부법에 따른 행정정보의 공동이용을 통한 확인에 동의하지 아니하는 경우임)

① 영업시설 및 설비개요서

② 교육필증

③ 이·미용사 자격증

④ 면허증

이·미용업 영업신고를 하면서 신고인이 확인에 동의하지 아니하는 때에는 영업시설 및 설비개요서, 면허증, 교육필증(미리 교육을 받은 사람만 해당)을 첨부해야 한다.

29. 동물성 단백질의 일종으로 피부의 탄력유지에 매우 중요한 역할을 하며 피부의 파열을 방지하는 스프링 역할을 하는 것은?

① 아줄렌

② 엘라스틴

③ 콜라겐

④ DNA

엘라스틴은 콜라겐과 함께 결합조직에 존재하는 신축성이 있는 단백질로 피부의 탄력 및 주름장지에 중요한 역할을 한다.

30. 식물의 꽃, 잎, 줄기, 뿌리, 씨, 과피, 수지 등에서 방향성이 높은 물질을 추출한 휘발성 오일은?

① 동물성 오일

② 에센셜 오일

③ 광물성 오일

④ 밍크 오일

에센셜 오일은 식물의 꽃, 잎, 줄기, 뿌리, 씨, 과피, 수지 등 다양한 부위에서 추출한 방향성이 높은 물질이다.

31. 화장품의 피부흡수에 관한 설명으로 옳은 것은?

① 분자량이 적을수록 피부흡수율이 높다.

② 수분이 많을수록 피부흡수율이 높다.

③ 동물성 오일 〈 식물성 오일 〈 광물성 오일 순으로 피부흡수력이 높다.

④ 크림류 〈 로션류 〈 화장수류 순으로 피부흡수력이 높다.

광물성 〉 동물성 〉 식물성 순으로 흡수력이 높다.
유분이 수분 보다 흡수력이 좋다.

32. 여드름 피부에 맞는 화장품 성분으로 가장 거리가 먼 것은?

① 캄퍼

② 로즈마리 추출물

③ 알부틴

④ 하마멜리스

알부틴은 미백의 효과를 가진 화장품 성분으로 여드름 피부에는 적합지 않다.

33. 보습제가 갖추어야 할 조건으로 틀린 것은?

① 다른 성분과 혼용성이 좋을 것

② 모공수축을 위해 휘발성이 있을 것

③ 적절한 보습능력이 있을 것

④ 응고점이 낮을 것

• 적절한 보습능력이 있을 것

- 다른 성분과 혼용성이 좋을 것
- 응고점이 낮을 것
- 피부 친화성이 좋을 것
- 보습력이 환경의 변화에 쉽게 영향을 받지 않을 것
- 휘발성이 없을 것

34. 메이크업 화장품에 주로 사용되는 제조방법은?

① 유화

② 가용화

③ 겔화

④ 분산

분산은 액체속에 고체입자가 계면활성제에 의해 균일하게 혼합되어 있는 상태를 말하며, 메이크업 화장품의 제조에 주로 사용된다. (아이섀도, 마스카라, 아리라이너, 립스틱 등)

35. 화장품법상 기능성 화장품에 속하지 않는 것은?

① 미백에 도움을 주는 제품

② 여드름 완화에 도움을 주는 제품

③ 주름개선에 도움을 주는 제품

④ 자외선으로부터 피부를 보호하는데 도움을 주는 제품

기능성 화장품
- 미백에 도움을 주는 제품
- 주름개선에 도움을 주는 제품
- 자외선으로부터 피부를 보호하는 제품 (차단, 태닝)

36. 손톱이 나빠지는 후천적 요인이 아닌 것은?

① 잘못된 푸셔와 니퍼사용에 의한 손상

② 손톱 강화제 사용 빈도수

③ 과도한 스트레스

④ 잘못된 파일링에 의한 손상

강화제는 손톱의 건강, 보호, 유지 등으로 사용한다.

37. 손톱의 특성이 아닌 것은?

① 손톱은 피부의 일종이며, 머리카락과 같은 케라틴과 칼슘으로 만들어져 있다.

② 손톱의 손상으로 조갑이 탈락되고 회복되는데는 6개월 정도 걸린다.

③ 손톱의 성장은 겨울보다 여름이 잘 자란다.

④ 엄지손톱의 성장이 가장 느리며, 중지 손톱이 가장 빠르다.

손톱은 피부의 일종이며, 머리카락과 같은 케라틴과 단백질로 만들어져 있다.

38. 고객을 응대할 때 네일아티스트의 자세로 틀린 것은?

① 고객에게 알맞은 서비스를 하여야 한다.

② 모든 고객은 공평하게 하여야 한다.

③ 진상고객은 단념하여야 한다.

④ 안전 규정을 준수하고 충실히 하여야 한다.

진상고객이라도 친절하게 끝까지 서비스를 마쳐야 한다.

39. 손톱에 색소가 침착되거나 변색되는 것을 방지하고 네일 표면을 고르게 하여 폴리시의 밀착성을 높이는데 사용되는 네일미용 화장품은?

① 탑 코트

② 베이스 코트

③ 폴리시 리무버

④ 큐티클 오일

- 탑코트는 컬러링의 마지막 단계에 바른다. (폴리시보호 광택효과 유지 등)
- 폴리시 리무버는 폴리시를 지울 때 사용한다.
- 큐티클 오일은 케어 시 또는 손톱의 유·수분 보충 등으로 사용 된다.

40. 애나멜을 바르는 방법으로 손톱을 가늘어 보이게 하는 것은?

① 프리에지

② 루눌라

③ 프렌치

④ 프리 월

프리 월 또는 슬림라인은 손톱을 가늘고 길어 보이게 하기 위해 손톱의 양 측면을 1.5mm 정도 남기고 바르는 방법이다.

41. 골격근에 대한 설명으로 틀린 것은?

① 인체의 약 60%를 차지한다.

② 횡문근이라고도 한다.

③ 수의근이라고도 한다.

④ 대부분이 골격에 부착되어 있다.

체중의 약 40%를 차지 함.

42. 매니큐어를 가장 잘 설명한 것은?

① 네일에나멜을 바르는 것이다.

② 손톱모양을 다듬고 색깔을 칠하는 것이다.

③ 손매뉴얼테크닉과 네일에나멜을 바르는 것이다.

④ 손톱모양을 다듬고 큐티클정리, 컬러링 등을 포함한 관리이다.

매니큐어란 : 손과 손톱을 건강하고 아름답게 꾸미는 미용기술, 손톱 모양 만들기, 케어, 컬러링 손 마사지 등을 모두 포함한다.

43. 매니큐어의 유래에 관한 설명 중 틀린 것은?

① 중국은 특권층의 신분을 드러내기 위해 홍화를 손톱에 바르기 시작했다.

② 매니큐어는 고대 희랍어에서 유래된 말로 마누와 큐라의 합성어이다.

③ 17세기 경 인도의 상류층 여성들은 손톱의 뿌리부분에 신분을 나타내는 목적으로 문신을 했다.

④ 건강을 기원하는 주술적 의미에서 손톱에 빨간색을 물들이게 되었다.

매니큐어는 마누스와 큐라의 합성어로 라틴어에서 유래됨

44. 다음 중 하지의 신경에 속하지 않는 것은?

① 총비골 신경

② 액와신경

③ 복재신경

④ 배측신경

액와신경은 소원근과 삼각근의 운동 및 삼각근 상부에 있는 피부감각을 지배하는 신경으로 손의 신경에 해당한다.

45. 표피성 진균증중 네일몰드는 습기, 열, 공기에 의해 균이 번식되어 발생한다. 이때 몰드가 발생한 수분 함유율이 옳게 표기된 것은?

① 2% ~ 5%

② 7% ~ 10%

③ 12% ~ 18%

④ 23% ~ 25%

건강한 네일의 습도는 12~18%이며 몰드의 경우 23~25% 정도의 습기가 있을 때 번식한다. 전염성이 높다.

46. 손톱의 역할 및 기능과 가장 거리가 먼 것은?

① 물건을 잡거나 성상을 구별하는 기능

② 작은 물건을 들어 올리는 기능

③ 방어와 공격의 기능

④ 몸을 지탱해주는 기능

몸을 지탱해주는 기능은 골격의 기능이다.

47. 네일 재료에 대한 설명으로 적합하지 않은 것은?

① 네일 에나멜 시너 - 에나멜을 묽게 해주기 위해 사용한다.
② 큐티클 오일 - 글리세린을 함유하고 있다.
③ 네일블리치 - 20볼륨 과산화수소를 함유하고 있다.
④ 네일보강제 - 자연네일이 강한 고객에게 사용하면 효과적이다.

네일보강제는 자연네일이 약한 고객에게 사용하면 효과적이다.

48. 뼈의 기능이 아닌 것은?

① 지렛대 역할
② 흡수기능
③ 보호작용
④ 무기질 저장

뼈의 기능 : 보호기능, 저장기능, 지지기능, 운동기능, 조혈기능

49. 매니큐어 시술 시에 미관상 제거의 대상이 되는 손톱을 덮고 있는 각질세포는?

① 네일 큐티클(Nail Cuticle)
② 네일 플레이트(Nail Plate)
③ 네일 프리에지(Nail free edge)
④ 네일 그루브(Nail Groove)

손톱 주위을 덮고 있으며 케어 시 제거하는 각질세포는 큐티클이다.

50. 다음 ( )안의 a와 b에 알맞은 단어를 바르게 짝지은 것은?

(a)는 폴리시 리무버나 아세톤을 담아 펌프식으로 편리하게 사용할 수 있다.
(b)는 아크릴 리퀴드를 덜어 담아 사용할 수 있는 용기이다.

① a - 다크디쉬, b - 작은종지
② a - 디스펜서, b - 다크디쉬
③ a - 다크디쉬, b - 디스펜서
④ a - 디스펜서, b - 디펜디쉬

• 디스펜서는 폴리시 리무버나 아세톤을 담아 펌프식으로 편리하게 사용할 수 있는 용기이며 디펜디쉬는 아크릴 리퀴드를 덜어 담아 사용할 수 있는 용기이다.

51. 페디큐어 시술 과정에서 베이스 코트를 바르기 전 발가락이 서로 닿지 않게 하기 위해 사용하는 도구는?

① 엑티베이터
② 콘커터
③ 클리퍼
④ 토우세퍼레이터

• 엑티베이터 : 글루나 젤을 건조시킬 때 사용하는 활성제이다.
• 콘커터 : 발의 각질관리 시술시 사용하는 도구이다.
• 클리퍼 : 인조네일 제거 및 자연네일의 길이 조절시 사용하는 도구이다.

52. 큐티클 정리 및 제거 시 필요한 도구로 알맞은 것은?

① 파일, 탑코트
② 라운드 패드, 니퍼
③ 샌딩블럭, 핑거볼
④ 푸셔, 니퍼

푸셔를 이용해 큐티클을 밀어 올려 주고 니퍼를 사용해 큐티클을 제거 한다.

53. 네일 팁 접착 방법의 설명으로 틀린 것은?

① 네일 팁 접착 시 자연 네일의 1/2이상 덮지 않는다.

② 올바른 각도의 팁 접착으로 공기가 들어가지 않도록 유의한다.

③ 손톱과 네일 팁 전체에 프라이머를 도포한 후 접착한다.

④ 네일 팁 접착할 때 5~10초 동안 누르면서 기다린 후 팁의 양쪽 꼬리부분을 살짝 눌러준다.

프라이머는 자연네일에만 소량 도포한다.

54. UV 젤 네일 시술 시 리프팅이 일어나는 이유로 적절하지 않은 것은?

① 네일의 유·수분기를 제거하지 않고 시술했다.

② 젤을 프리엣지까지 시술하지 않았다.

③ 젤을 큐티클라인에 닿지 않게 시술했다.

④ 큐어링 시간을 잘 지키지 않았다.

리프팅 방지 요소
- 기본케어에서 유·수분기를 알콜올로 충분히 제거
- 손톱의 먼지 및 이물질을 완전히 제거, 적절한 큐어링(경화)
- 프리에지와 큐티클 사이드 부분까지 충분한 샌딩작업
- 프리에지 까지 젤을 도포

55. 습식매니큐어 시술에 관한 설명 중 틀린 것은?

① 베이스코트를 가능한 얇게 1회 전체에 바른다.

② 벗겨짐을 방지하기 위해 도포한 폴리쉬를 완전히 커버하여 탑코트를 바른다.

③ 프리엣지 부분까지 깔끔하게 바른다.

④ 손톱의 길이 정리는 클리퍼를 사용할 수 없다.

손톱의 길이를 정리 할때는 클리퍼를 사용한다.

56. 아크릴릭 네일의 설명으로 맞는 것은?

① 두꺼운 손톱 구조로만 완성되며 다양한 형태는 만들 수 없다.

② 투톤 스캅춰인 프렌치 스캅춰에 적용할 수 없다.

③ 물어뜯는 손톱에 사용하여서는 안된다.

④ 네일 폼을 사용하여 다양한 형태로 조형이 가능하다.

아크릴릭을 이용한 네일은 폼을 사용하여 다양한 형태로 조형이 가능하며, 투톤 스컬프쳐 등에 적용 할 수 있다. 물어뜯는 손톱에도 적용 한다.

57. 아크릴릭 스캅춰 시술 시 손톱에 부착해 길이를 연장하는데 받침대 역할을 하는 재료로 옳은 것은?

① 네일 폼

② 리퀴드

③ 모노머

④ 아크릴파우더

아크릴릭 스컬프쳐는 네일 폼을 부착해 지지대 역할로 사용하여 길이 연장 등을 시술한다.

58. 다른 쉐입보다 강한 느낌을 주며, 대회용으로 많이 사용되는 손톱모양은?

① 오벌 쉐입

② 라운드 쉐입

③ 스퀘어 쉐입

④ 아몬드형 쉐입

다른 쉐입들 보다 강한 느낌을 주는 쉐입은 스퀘어 쉐입이다.

59. 발톱의 쉐입으로 가장 적절한 것은?

① 라운드형

② 오발형

③ 스퀘어형

④ 아몬드형

발톱에 가장 적합한 쉐입은 스퀘어형이다.

60. 아크릴릭 보수 과정 중 옳지 않은 것은?
   ① 심하게 들뜬 부분은 파일과 니퍼를 적절히 사용하여 세심히 잘라내고 경계가 없도록 파일링한다.
   ② 새로 자라난 손톱 부분에 에칭을 주고 프라이머를 바른다.
   ③ 적절한 양의 비드로 큐티클 부분에 자연스러운 라인을 만든다.
   ④ 새로 비드를 얹은 부위는 파일링이 필요하지 않다.

   새로 얹은 비드 위에도 파일링을 해야한다.

1	2	3	4	5	6	7	8	9	10
①	③	②	④	③	③	③	①	②	①
11	12	13	14	15	16	17	18	19	20
④	③	①	②	③	④	①	④	①	①
21	22	23	24	25	26	27	28	29	30
④	①	①	①	③	④	②	③	②	②
31	32	33	34	35	36	37	38	39	40
①	③	②	④	②	②	④	③	②	④
41	42	43	44	45	46	47	48	49	50
①	④	②	②	④	④	④	②	①	④
51	52	53	54	55	56	57	58	59	60
④	④	③	③	④	①	③	③	④

2015년 수시 4회 필기시험
미용사(네일)

1. 결핵예방접종으로 사용하는 것은?
   ① DPT   ② MMR   ③ PPD   ④ BCG

   출생 후 4주 이내에 맞는 결핵 예방접종은 BCG이다.

2. 장티푸스, 결핵, 파상풍 등의 예방접종으로 얻어지는 면역은?
   ① 인공 능동면역   ② 인공 수동면역
   ③ 자연 능동면역   ④ 자연 수동면역

   • 인공 능동면역 : 백신을 통해 얻는 면역
   • 인공 수동면역 : 면역기 혈청 주사를 통해 얻는 면역
   • 자연 능동면역 : 병을 앓고 난 후 얻는 면역
   • 자연 수동면역 : 모체로부터 얻는 면역

3. 한 나라의 건강수준을 다른 국가들과 비교할 수 있는 지표로 세계보건기구가 것은?
   ① 인구증가율, 평균수명, 비례사망지수
   ② 비례사망지수, 조사망율, 평균수명
   ③ 평균수명, 조사망율, 국민소득
   ④ 의료시설, 평균수명, 주거상태

   한 나라의 건강수준을 다른 국가들과 비교할 수 있는 지표로 세계보건기구가 제시한 것은 비례사망지수, 조사망률, 평균수명 이다.

4. 질병발생의 3대 요소는?
   ① 숙주, 환경, 병명   ② 병인, 숙주, 환경
   ③ 숙주, 체력, 환경   ④ 강정, 체력, 숙주

   감염병 유행의 3대 요소는 병인, 숙주, 환경이다.

5. 상수에서 대장균 검출의 주된 의의는?
   ① 소독의 상태가 불량하다
   ② 환경위생 상태가 불량하다
   ③ 오염의 지표가 된다
   ④ 전염병 발생의 우려가 있다

   음용수의 일반적인 오염지표는 대장균 수이다.

6. 세계보건기구에서 정의하는 보건행정의 범위에 속하지 않는 것은?
   ① 산업행정   ② 모자보건
   ③ 환경위생   ④ 감염병 관리

   보건행정의 범위
   보건관계 기록의 보전, 대중에 대한 보건교육, 환경위생, 감염병 관리, 모자보건, 의료 및 보건간호 이다.

7. 폐흡충 감염이 발생할 수 있는 경우는?
   ① 가재를 생식했을 때   ② 우렁이를 생식했을 때
   ③ 은어를 생식했을 때   ④ 소고기를 생식했을 때

   폐흡충증 : 제1숙주 – 다슬기, 제2숙주 – 가재, 게

8. 미생물의 종류에 해당하지 않는 것은?
   ① 벼룩   ② 효모   ③ 곰팡이   ④ 세균

   미생물의 종류 : 세균, 바이러스, 리케치아, 진균 이다. 벼룩은 곤충에 해당한다.

9. 계면활성제 중 가장 살균력이 강한 것은?
   ① 음이온성   ② 양이온성
   ③ 비이온성   ④ 양쪽이온성

   • 양이온 계면활성제는 살균 및 소독작용이 우수하며 자극성

이 강하다.
• 음이온 계면활성제는 기포형성 및 세정작용이 우수하다.

10. 재질에 관계없이 빗이나 브러시 등의 소독방법으로 가장 적합한 것은?
① 70%알코올 솜으로 닦는다.
② 고압증기 멸균기에 넣어 소독한다.
③ 락스액에 담근 후 씻어낸다.
④ 세제를 풀어 세척한 후 자외선 소독기에 넣는다.

미용실에서 사용하는 빗이나 브러시는 세척 후 자외선 소독기에 넣고 소독한다.

11. 물리적 소독법에 속하지 않는 것은?
① 건열 멸균법   ② 고압증기 멸균법
③ 크레졸 소독법 ④ 자비 소독법

크레졸 소독법은 페놀화합물로 3%수용액을 사용하는 화학적 소독법이다.

12. 소독제인 석탄산의 단점이라 할 수 없는 것은?
① 유기물 접촉 시 소녹력이 약화된다.
② 피부에 자극성이 있다.
③ 금속에 부식성이 있다.
④ 독성과 취기가 강하다.

석탄산은 유기물에 접촉해도 소독력이 약화되지 않는다.

13. 소독제의 구비조건에 해당하지 않는 것은?
① 높은 살균력을 가질 것
② 인체에 해가 없을 것
③ 저렴하고 구입과 사용이 간편할 것
④ 용해성이 낮을 것

용해성이 높아야 한다.

14. 미생물의 증식을 억제하는 영양의 고갈과 건조 등이 불리한 환경 속에서 생존하기 위하여 세균이 생성하는 것은?
① 아포 ② 협막 ③ 세포벽 ④ 점질층

아포형성균은 증식 환경이 적당하지 않을 경우 아포를 형성함으로 써 강한 내성을 지니게 된다.

15. 기계적 손상에 의한 피부질환이 아닌 것은?
① 굳은살 ② 티눈 ③ 종양 ④ 욕창

기계적 손상의 피부질환 : 굳은살, 티눈, 욕창, 마찰성 수포

16. 표피와 진피의 경계선의 형태는?
① 직선 ② 사선 ③ 물결상 ④ 점선

표피와 진피의 경계선의 형태는 물결모양이다.

17. 사람의 피부 표면은 주로 어떤 형태인가?
① 삼각 또는 마름모꼴이 다각형
② 삼각 또는 사각형
③ 삼각 또는 오각형
④ 사각 또는 오각형

피부 표면의 모양은 마름모꼴의 다각형 모양이다.

18. 다음 중 영양소와 그 최종 분해로 연결이 옳은 것은?
① 탄수화물 – 지방산 ② 단백질 – 아미노산
③ 지방 – 포도당   ④ 비타민 – 미네랄

• 탄수화물 = 포도당
• 단백질 = 아미노산

• 지방 = 지방산

19. 건강한 피부를 유지하기 위한 방법이 아닌 것은?
   ① 적당량 수분을 항상 유지해 주어야 한다.
   ② 두꺼운 각질층은 제거해 주어야 한다.
   ③ 일광욕을 많이 해야 건강한 피부가 된다.
   ④ 충분한 수면과 영양을 공급해주어야 한다.

   건강한 피부를 위해 적당한 일광욕이 필요하지만 지나치면 피부건강에 해가 된다.

20. 백반증에 관한 내용 중 틀린 것은?
   ① 멜라닌 세포의 과다한 증식으로 일어난다.
   ② 백색 반점이 피부에 나타난다.
   ③ 후천적 탈색소 질환이다.
   ④ 원형, 타원형 또는 부정형의 흰색반점이 나타난다.

   백반증은 멜라닌 색소의 부족으로 생기는 원형, 타원형, 부정형의 흰색 반점이다.

21. 자외선 지수의 설명으로 옳지 않은 것은?
   ① SPF라 한다.
   ② SPF1이란 대략 1시간을 의미한다.
   ③ 자외선의 강약에 따라 차단제의 효과시간이 변한다.
   ④ 색소침착 부위에 가능하면 1년 내내 차단제를 사용하는 것이 좋다.

   SPF 1은 대략 15분 정도를 의미 한다.

22. 공중위생관리법상 이·미용법 영업장안의 조명도는 얼마 이상이어야 하는가?
   ① 50룩스 ② 75룩스 ③ 100룩스 ④ 125룩스

   공중위생관리법상 이·미용업 영업장 안의 조명도는 75룩스 이상이어야 한다.

23. 공중위생영업자가 영업소 폐쇄명령을 받고도 계속하여 영업을 하는 때에 대한 조치사항으로 옳은 것은?
   ① 당해 영업소가 위법한 영업소임을 알리는 게시물등의 부착
   ② 당해 영업소의 출입자 통제
   ③ 당해 영업소의 출입금지구역 설정
   ④ 당해 영업소의 강제 폐쇄집행

   영업소 폐쇄조치
   • 당해 영업소의 간판 기타 영업표지물 제거
   • 당해 영업소가 위법한 영업소임을 알리는 게시물 부착
   • 영업을 위하여 필수불가결한 기구 또는 시설물을 사용할 수 없게 하는 봉인

24. 다음 중 이·미용사면허를 발급할 수 있는 사람만으로 짝지어진 것은?

   ㉠ 특별·광역시장 ㉡ 도지사 ㉢ 시장 ㉣ 구청장 ㉤ 군수

   ① ㉠㉡ ② ㉠㉡㉢ ③ ㉠㉡㉢㉣ ④ ㉢㉣㉤

   이·미용사 면허를 발급 할 수 있는 사람은 시장, 군수, 구청장이다.

25. 이·미용업 영업신고를 하지 않고 영업을 한 자에 해당하는 벌칙기준은?
   ① 6월 이하의 징역 또는 100만원 이하의 벌금
   ② 6월 이하의 징역 또는 300만원 이하의 벌금
   ③ 1년 이하의 징역 또는 500만원 이하의 벌금
   ④ 1년 이하의 징역 또는 1천만원 이하의 벌금

   이·미용업 영업신고를 하지 않고 영업을 한 자는 1년 이하의 징역 또는 1천만원 이하의 벌금에 처한다.

26. 공중위생관리법상 위생교육에 관한 설명으로 틀린 것은?

① 위생교육은 교육부장관이 허가한 단체가 실시 할 수 있다.
② 공중위생영업의 신고를 하고자 하는 자는 원칙적으로 미리 위생교육을 받아야 한다.
③ 공중위생영업자는 매년 위생교육을 받아야 한다.
④ 위생교육을 받아야 하는 자 중 영업에 직접 종사하지 아니하거나 2이상의 장소에서 영업을 하는 자는 종업원 중 영업장 별로 공중위생에 관한 책임자를 지정하고 그 책임자로 하여금 위생교육을 받게 하여야 한다.

위생교육은 보건복지부장관이 허가한 단체가 실시할 수 있다.

27. 과태료 처분에 불복이 있는 자는 그 처분의 고지를 받은 날부터 얼마의 기간 이내에 처분권자에게 이의를 제기 할 수 있는가?

① 10일 ② 20일 ③ 30일 ④ 3개월

과태료 처분에 불복이 있는 자는 그 처분의 고지를 받은 날부터 30일 이내에 처분권자에게 이의를 제기할 수 있다.

28. 이·미용업자는 신고한 영업장 면적을 얼마 이상 증감하였을 때 변경신고를 하여야 하는가?

① 5분의 1 ② 4분의 1 ③ 3분의 1 ④ 2분의 1

이·미용업자는 신고한 영업장 면적의 3분의 1 이상의 증감이 있을 때 변경신고를 하여야 한다.

29. 라벤더 에센셜 오일의 효능에 대한 설명으로 가장 거리가 먼 것은?

① 재생작용 ② 화상치유작용
③ 이완작용 ④ 모유생성작용

라벤더 에센셜오일의 효능은 여드름 피부, 화상, 습진, 등에 효과가 있다. 피부의 재생 및 이완작용에 도움을 준다.

30. SPF에 대한 설명으로 틀린 것은?

① Sun Protection Factor의 약자로 써 자외선 차단 지수라 불리어 진다.
② 엄밀히 말하면 UV-B 방어효과를 나타내는 지수라고 볼 수 있다.
③ 오존층으로부터 자외선이 차단되는 정도를 알아보기 위한 목적으로 이용된다.
④ 자외선 차단제를 바른 피부에 최소한의 홍반을 일어나게 하는데 필요한 자외선 양을 바르지 않은 피부에 최소한의 홍반을 일어나게 하는데 필요한 자외선 양으로 나눈 값이다.

자외선 차단지수는 피부에 자외선이 차단되는 정도를 알아보기 위한 목적이다.

31. AHA에 대한 설명으로 옳은 것은?

① 물리적으로 각질을 제거하는 기능을 한다.
② 글리콜산은 사탕수수에 함유된 것으로 침투력이 좋다.
③ pH3.5 이상에서 15% 농도가 각질제거의 가장 효과적이다.
④ AHA보다 안전성은 떨어지나 효과가 좋은 BHA가 많이 사용된다.

• AHA는 화학적으로 각질을 제거하는 기능을 한다.
• pH3.5 이상에서 10% 이하의 농도로 사용한다.
• BHA는 AHA보다 각질 제거 능력은 떨어지지만 안정성이 좋아서 많이 사용 된다.

32. 화장품 분류에 관한 설명 중 틀린 것은?

① 샴푸, 헤어린스는 모발용 화장품에 속한다.
② 팩, 마사지 크림은 스페셜 화장품에 속한다.
③ 퍼퓸, 오데코롱 은 방향 화장품에 속한다.
④ 자외선차단제나 태닝제품은 기능성 화장품에 속한다.

팩, 마사지 크림은 기초 화장품에 속한다.

33. 일반적으로 많이 사용하고 있는 화장수의 알코올 함유량은?

① 70%전후 ② 10%전후
③ 30%전후 ④ 50%전후

화장수의 알코올 함유량은 10%전후이다.

34. 손을 대상으로 하는 제품 중 알콜을 주 베이스로 하며, 청결 및 소독을 주된 목적으로 하는 제품은?

① 핸드워시 (hand wash)
② 새니타이져 (sanitizer)
③ 비누 (soap)
④ 핸드 크림 (hand cream)

새티나이저 : 알콜올을 주 베이스로 소독 및 청결을 목적으로 물을 사용하지 않고 손에 직접 발라 사용한다.

35. 피부에 미백을 돕는데 사용되는 화장품 성분이 아닌 것은?

① 플라센타, 비타민 C
② 레몬 추출물, 감초추출물
③ 코직산, 구연산
④ 캄퍼, 카모마일

• 캄퍼: 녹차 추출물로 지성 및 여드름 피부에 효과적
• 카모마일 : 국화과식물로 보습 및 진정 효과

36. 다음 중 네일 팁의 재질이 아닌 것은?

① 아세테이드 ② 플라스틱 ③ 아크릴 ④ 나일론

네일 팁의 재질 : 플라스틱, 나일론, ABS수지, 아세테이드 등

37. 건강한 네일 조건에 대한 설명으로 틀린 것은?

① 건강한 네일은 유연하고 탄력성이 좋아서 튼튼하다.
② 건강한 네일은 네일베드에 단단히 잘 부착되어야 한다.
③ 건강한 네일은 연한 핑크빛을 띠며 내구력이 좋아야 한다.
④ 건강한 네일은 25~30%의 수분과 10%의 유분을 함유해야 한다.

건강한 네일은 12~18%의 수분을 함유하고 있다.

38. 네일 역사에 대한 설명으로 잘못 연결된 것은?

① 1930년대 – 인조네일 개발
② 1950년대 – 패디큐어 등장
③ 1970년대 – 아몬드형 네일유행
④ 1990년대 – 네일시장의 급성장

아몬드형 네일이 유행한 것은 1800년대 이다.

39. 네일 샵에서 시술이 불가능한 손톱 병변에 해당하는 것은?

① 조갑박리증 (오니코리시스)
② 조갑위축증 (오니케트로피아)
③ 조갑비대증 (오니콕시스)
④ 조갑익상편 (테리지움)

조갑박리증은 손톱과 네일 베드 사이에 틈이 생겨 점점 벌어지거나 떨어져 나가는 증상으로 네일 샵에서 시술이 불가능하다.

40. 손과 발의 뼈 구조에 대한 설명으로 틀린 것은?

① 한 손은 손목 뼈 8개, 손 바닥 뼈 5개, 손 가락 뼈 14개로 총 27개의 뼈로 구성되어 있다.
② 한 발은 발목 뼈 7개, 발바닥 뼈 5개, 발가락 뼈 14

개로 총 26개의 뼈로 구성되어 있다.

③ 손목 뼈는 손목을 구성하는 뼈로 8개의 작고 다른 뼈들이 두 줄로 손목에 위치하고 있다.

④ 발목 뼈는 몸의 무게를 지탱하는 5개의 길고 가는 뼈로 체중을 지탱하기 위해 튼튼하고 길다.

- 발목뼈는 거골, 종골, 주상골, 제1설상골, 제2설상골, 제3설상골, 입방골 총 7개의 뼈로 구성되어 있다.
- 중족골은 몸의 무게를 지탱하는 5개의 길고 가는 뼈로 체중을 지탱하기 위해 튼튼하고 길다.

41. 네일 큐티클에 대한 설명으로 옳은 것은?
① 살아있는 각질 세포이다.
② 완전히 제거가 가능하다.
③ 네일 베드에서 자라나온다.
④ 손톱 주위를 덮고 있다.

손톱 주위를 덮고 있는 부위로 신경과 혈관이 없다.

42. 손톱의 구조에 대한 설명으로 가장 거리가 먼 것은?
① 네일 플리이트(조판)는 단단한 각질 구조물로 신경과 혈관이 없다.
② 네일 루트(조근)는 손톱이 자라나기 시작하는 곳이다.
③ 프리엣지(자유연)는 손톱의 끝부분으로 네일 베드와 분리되어 있다.
④ 네일 베드(조상)는 내일 플리이트(조판) 위에 위치하며 손톱의 신진대사를 돕는다.

네일 베드(조상)는 네일 바디(조판)를 받치고 있는 밑부분에 위치하며 손톱의 신진대사와 수분공급을 하는 역할을 한다.

43. 자율시경에 대한 설명으로 틀린 것은?
① 복재신경 – 종아리 뒤 바깥쪽을 내려와 발뒤꿈치의 바깥쪽 위에 분포
② 배측신경 – 발등에 분포
③ 요골신경 – 손등의 외측과 요골에 분포
④ 수지골신경 – 손가락에 분포

복재신경은 하퇴의 내측부터 무릎 아래까지 분포한다.

44. 마누스(Manus)와 큐라(Cura)라는 말에서 유래된 말은?
① 네일 팁 (nail tip) ② 매니큐어 (Manicure)
③ 패디큐어 (Pedicure) ④ 아크릴릭 (Acrylic)

매니큐어는 손을 의미하는 마누스와 관리를 의미하는 큐라의 합성어로 라틴어에서 유래되었다.

45. 다음은 조갑종렬증 (오니코렉시스)에 관한 설명으로 옳은 것은?
① 손톱의 색이 푸르스름하게 변하는 증상이다.
② 멜라닌 색소가 착색되어 일어나는 증상이다.
③ 손톱이 갈라지거나 부서지는 증상이다.
④ 큐티클이 과잉 성장하여 플레이트 위로 자라나는 증상이다.

조갑종렬증은 손톱이 세로로 갈라지거나 찢어지는 증상이며 강 알카리성 비누나 폴리시리무버를 과다사용 시 발생한다.

46. 다음 중 고객관리 카드의 작성 시 기록해야 할 내용과 거리가 먼 것은?
① 손발의 질병 및 이상증상
② 시술시 주의사항
③ 고객이 원하는 서비스의 종류 및 시술내용
④ 고객의 학력여부 및 가족사항

고객관리 카드에는 사적인 내용은 기록하지 않는다.

47. 손목을 굽히고 손가락을 구부리는데 작용하는 근육은?

① 회내근 ② 회외근 ③ 장근 ④ 굴근

굴근은 손목을 굽히고 내외향에 작용하고 손가락을 구부리게 할 수 있게 하는 근육이다.

48. 네일의 구조에서 모세혈관, 림프 및 신경조직이 있는 것은?

① 매트릭스 ② 에포니키움 ③ 큐티클 ④ 네일 바디

매트릭스는 네일 루트 밑에 위치한다. 각질세포의 생산과 성장에 관여하며 모세혈관과 신경이 분포한다.

49. 다음 중 손톱 밑의 구조에 포함되지 않는 것은?

① 반월(루눌라) ② 조모(매트릭스)
③ 조근(네일 루트) ④ 조상(네일 베드)

• 손톱 밑(내부)의 구조 : 조상, 조모, 반월
• 조근은 외부구조이다.

50. 에포니키움과 관련한 설명으로 틀린 것은?

① 네일 매트릭스를 보호한다.
② 에포니키움 위에는 큐티클이 존재한다.
③ 에포니키움 아래편은 끈적한 형질로 되어 있다.
④ 에포니키움의 부상은 영구적인 손상을 초래한다.

• 에포니키움은 표피의 연장이며 네일 베이스에 있는 피부의 가는 선이다. 루눌라의 일부를 덮고 있다.
• 매트릭스를 보호하는 역할을 하며, 에포니키움 아래부분에 큐티클이 존재한다.

51. 푸셔로 큐티클을 밀어 올릴 때 가장 적합한 각도는?

① 15° ② 30° ③ 45° ④ 60°

푸셔사용 시 네일 표면과의 각도는 45°를 유지해야 한다.

52. 팁 위드 랩 시술시 사용하지 않는 재료는?

① 글루 드라이 ② 실크 ③ 젤 글루 ④ 아크릴 파우더

아크릴 파우더는 아크릴릭 연장 시 사용되는 재료이다.

53. 컬러링의 설명으로 틀린 것은?

① 베이스 코트는 폴리시의 착색을 방지한다.
② 폴리시 브러시의 각도는 90°로 잡는 것이 가장 적합하다.
③ 폴리시는 얇게 바르는 것이 빨리 건조하고 색상이 오래 유지된다.
④ 탑코트는 폴리시의 광택을 더해주고 지속력을 높인다.

네일 폴리시를 바를 때 브러시는 네일 표면과의 각도는 45°를 유지해야 한다.

54. 네일 종이 폼의 적용 설명으로 틀린 것은?

① 다양한 스컬프처 네일 시술 시에 사용한다.
② 자연스런 네일 연장을 만들 수 있다.
③ 디자인 UV젤 팁 오버레이 시에 사용한다.
④ 일회용이며 프렌치 스컬프처에 적용한다.

종이폼은 다양한 스컬프처(젤, 아크릴) 네일 시술 시 사용되며, 팁 오버레인 시술 시에는 사용하지 않는다.

55. 패디큐어 시술 순서로 가장 적합한 것은?

① 소독하기 - 폴리시 지우기 - 발톱 모양 만들기 - 큐티클 오일 바르기 - 큐티클 정리하기
② 폴리시 지우기 - 소독하기 - 발톱 표면 정리하기 - 큐티클 오일 바르기 - 큐티클 정리하기
③ 소독하기 - 발톱 표면 정리하기 - 폴리시 지우기 - 발모양 만들기 - 큐티클 정리하기
④ 폴리시 지우기 - 소독하기 - 발톱 모양 만들기 - 큐

티클 오일 바르기 - 큐티클 정리하기

패디큐어 시술 순서
시술자와 모델의 손소독 - 폴리시 지우기 - 발톱모양 만들기 - 표면정리하기 - 큐티클 오일 바르기 - 큐티클 정리 - 소독

56. 프렌치 컬러링에 대한 설명으로 옳은 것은?

① 옐로우 라인에 맞추어 완만한 U자 형태로 컬러링 한다.

② 프리에지의 컬러링의 너비는 규격화 되어 있다.

③ 프리에지의 컬러링 색상은 흰색으로 규격화 되어 있다.

④ 프리에지 부분만을 제외하고 컬러링 한다.

프렌치 컬러링은 프리에지 부분만 컬러링하는 기법으로 엘로우 라인에 맞추어 완만한 U자 형태로 컬러링 한다.

57. 아크릴릭 시술에서 핀칭(Pinching)을 하는 주된 이유는?

① 리프팅(Lifting) 방지에 도움이 된다.

② C커브에 도움이 된다.

③ 하이포인트형성에 도움이 된다.

④ 에칭(Etching)에 도움이된다.

아크릴릭 시술에서 핀칭(Pinching)을 하는 주된 이유는 C 커브를 만들기 위함이다.

58. 아크릴릭 네일의 제거 방법으로 가장 적합한 것은?

① 드릴머신으로 갈아준다.

② 솜에 아세톤을 적셔 호일로 감싸 30분 정도 불린 후 오렌지 우드 스틱으로 밀어서 떼어준다.

③ 100그릿 파일로 파일링하여 제거한다.

④ 솜에 알코올을 적셔 호일로 감싸 30분 정도 불린 후 오렌지 우드 스틱으로 밀어서 떼어준다.

아크릴릭 제거 시 아세톤을 적신 솜을 손톱에 올리고 호일로 감싼뒤 적정시간을 두고 오렌지우드스틱으로 밀어서 제거한다.

59. UV 젤의 특징이 아닌 것은?

① 올리고머 형태의 분자구조를 가지고 있다.

② 탑 젤의 광택은 인조네일 중 가장 좋다.

③ 젤은 농도에 따라 묽기가 약간씩 다르다.

④ UV 젤은 상온에서 경화가 가능하다.

UV젤은 상온에서 경화도지 않으며, 전용 램프를 사용하여 경화(큐어링) 한다.

60. 패디큐어 시술시 굳은살을 제거하는 도구의 명칭은?

① 푸셔 ② 토우 세퍼레이터 ③ 콘 커터 ④ 클리퍼

콘 커터는 발바닥의 굳은살, 각질제거 시 사용하는 도구로 일회용 면도날을 끼워서 사용한다.

1	2	3	4	5	6	7	8	9	10
④	①	②	②	③	①	①	①	②	④
11	12	13	14	15	16	17	18	19	20
③	①	④	①	③	④	②	③	②	①
21	22	23	24	25	26	27	28	29	30
②	②	①	④	④	①	③	③	④	③
31	32	33	34	35	36	37	38	39	40
②	②	②	②	④	②	④	④	①	④
41	42	43	44	45	46	47	48	49	50
④	④	①	③	④	④	①	③	③	②
51	52	53	54	55	56	57	58	59	60
③	④	②	③	①	①	②	②	④	③

2015년 수시 5회 필기시험
미용사(네일)

1. 일명 도시형, 유입형이라고도 하며 생산층 인구가 전체 인구의 50% 이상이 되는 인구구성의 유형은?
   ① 별형〈star form〉 ② 항아리형〈pot form〉
   ③ 농촌형〈guitar form〉 ④ 종형〈bell form〉

   별형은 도시형, 인구 유입형이다. 생산층의 인구가 증가하는 형태의 인구 구성 형태이다.

2. 다음 중 식물에게 가장 피해를 많이 줄 수 있는 기체는?
   ① 일산화탄소 ② 이산화탄소
   ③ 탄화수소   ④ 이산화황

   식물이 이산화황에 오래 노출되면 엽액, 입의 가장자이의 색이 변하게 된다. 해면조직과 표피조직의 세포가 얇아지게 된다.

3. 다음 감염병 중 호흡기계 전염병에 속하는 것은?
   ① 발진티푸스 ② 파라티푸스 ③ 디프테리아 ④ 황열

   호흡기계 감염병 : 백일해, 디프테리아, 결핵, 조류독감 등

4. 사회보장에 종류에 따른 내용의 연결이 옳은 것은?
   ① 사회보험 – 기초생활보장, 의료보장
   ② 사회보험 – 소득보장, 의료보장
   ③ 공적부조 – 기초생활보장, 보건의료서비스
   ④ 공적부조 – 의료보장, 사회복지서비스

   • 사회보험 : 소득보장– 국민연금, 고용보험, 산재보험
              : 의료보장– 건강보험, 산재보험
   • 공적부조 : 최저생활보장, 의료급여 (생활보호, 의료보호)

5. 다음 ( )안에 들어갈 알맞은 것은?

   ( )〈이〉란 감염병 유행지역의 입국자에 대하여 감염병 감염이 의심되는 사람의 강제적 격리로서 "건강격리" 라고도 한다.

   ① 검역 ② 감금 ③ 감시 ④ 전파예방

   감염병 유행지역의 입국자에 대하여 감염병 감염이 의심되는 사람의 강제적 격리를 검역이라 한다.

6. 감염병을 옮기는 질병과 그 매개곤충을 연결한 것으로 옳은 것은?
   ① 말라리아 – 진드기
   ② 발진티푸스 – 모기
   ③ 양충병〈쯔쯔가무시〉– 진드기
   ④ 일본뇌염 – 체체파리

   • 말라리아, 일본뇌염 : 모기
   • 발진티푸스 : 이

7. 영양소의 3대 작용으로 틀린 것은?
   ① 신체의 생리기능 조절 ② 에너지 열량감소
   ③ 신체의 조직구성   ④ 열량공급 작용

   영양소의 3대 작용
   • 열량공급 작용 : 탄수화물, 지방, 단백질
   • 조직구성 작용 : 단백질, 무기질, 물
   • 생리기능조절 작용 : 비타민, 무기질, 물

8. 다음 소독방법 중 완전 멸균으로 가장 빠르고 효과적인 방법은?
   ① 유통증기법 ② 간헐살균법
   ③ 고압증기법 ④ 건열소독

   소독하는 방법으로 가장 빠르고 효과적인 멸균 방법이며 포자

를 형성하는 세균의 멸균하는 방법은 고압증기 멸균법이다.

9. 인체에 질병을 일으키는 병원체 중 대체로 살아있는 세포에서만 증식하고 크기가 가장 작아 전자현미경으로만 관찰 할 수 있는 것은?
   ① 구균   ② 간균   ③ 바이러스   ④ 원생동물

   바이러스는 병원체중 크기가 가장 작고 살아 있는 세포에서만 증식 한다.

10. 이·미용업소 쓰레기통, 하수구 소독으로 효과적인 것은?
    ① 역성비누액, 승홍수   ② 승홍수, 포르말린수
    ③ 생석회, 석회유   ④ 역성비누액, 생석회

    • 하수구 소독 : 생석회 석회유
    • 쓰레기통 : 석회유

11. 이·미용업소에서 공기 중 비말전염으로 가장 쉽게 옮겨질 수 있는 감염병?
    ① 인플루엔자   ② 대장균   ③ 뇌염   ④ 장티푸스

    비말감염이란 기침이나 재채기 등을 통해 침방울이 다른 이의 코나 입으로 들어가 감염되는 것을 말하며 감염병의 종류에는 결핵, 인플루엔자, 백일해, 디프테이아 등이 있다.

12. 소독약의 살균력 지표로 가장 많이 이용되는 것은?
    ① 알코올   ② 크레졸   ③ 석탄산   ④ 포름알데히드

    석탄산은 살균력의 지표로 사용된다.

13. 다음 중 아포(포자)까지 사멸시킬 수 있는 멸균 방법은?
    ① 자외선조사법
    ② 고압증기멸균법
    ③ P.O〈Propylene Oxide〉 가스 멸균법
    ④ 자비소독법

    아포(포자)를 형성하는 균의 가장 좋은 소독 방법은 고압증기 멸균법 이다.

14. 소독제의 구비 조건과 가장 거리가 먼 것은?
    ① 높은 살균력을 가질 것
    ② 인축에 해가 없어야 할 것
    ③ 저렴하고 구입과 사용이 간편할 것
    ④ 냄새가 강할 것

    냄새는 없거나 강하지 않는 것이 좋다.

15. 여드름을 유발하는 호르몬은?
    ① 인슐린〈insulin〉   ② 안드로겐〈androgen〉
    ③ 에스트로겐〈estrogen〉 ④ 티록신〈thyroxine〉

    남성호르몬인 아드로겐은 피지를 증가하게하고 피지의 배출이 원활하지 못할 경우 여드름이 생성된다.

16. 멜라닌 세포가 주로 위치하는 곳은?
    ① 각질층   ② 기저층   ③ 유극층   ④ 망상층

    기저층은 단층으로 각질형성세포와 색소형성세포가 존재한다.

17. 피지, 가질세포, 박테리아가 서로 엉겨서 모공이 막힌 상태를 무엇이라 하는가?
    ① 구진   ② 면포   ③ 반점   ④ 결절

    피지, 각질세포, 박테리아 등이 서로 엉겨서 모공을 막으면서 굳어진 피지 덩어리를 면포라 한다.

18. 사춘기 이후 성호르몬의 영향을 받아 분비되기 시작하는 땀샘으로 체취선이라고 하는 것은?

① 소한선 ② 대한선 ③ 갑상선 ④ 피지선

대한선(아포크린선)은 성호르몬의 영향을 받아 분비되기 시작하는 땀샘으로 액와(겨드랑이), 유두, 배꼽등에 존재한다.

19. 일광화상의 주된 원인이 되는 자외선은?

① UV-A ② UV-B ③ UV-C ④ 가시광선

UV-B 는 파장(290~320nm)이 짧아 피부 깊숙이 침투하지는 못하지만, 과하게 노출될 경우 일광화상을 입을 수 있다.

20. 다음 중 뼈와 치아의 주된 성분이며, 결핍되면 혈액의 응고현상이 나타나는 영양소는?

① 인〈P〉 ② 요오드〈I〉 ③ 칼슘〈Ca〉 ④ 철분〈Fe〉

• 칼슘은 뼈와 치아를 형성하는 영양소이다.
• 결핍시 : 구르병, 골다공증, 충치, 신경과민증 등

21. 노화피부에 대한 전형적인 증세는?

① 피지가 과다 분비되어 번들거린다.
② 항상 촉촉하고 매끈하다.
③ 수분이 80% 이상이다.
④ 유분과 수분이 부족하다.

노화피부는 유·수분 부족으로 건조하고 탄력이 떨어진다.

22. 위생관리법상 이·미용 기구의 소독기준 및 방법으로 틀린 것은?

① 건열 멸균소독 : 섭씨 100℃ 이상의 건조한 열에 10분 이상 쐬여준다.
② 증기소독 : 섭씨 100℃ 이상의 습한 열에 20분 이상 쐬여준다.
③ 열탕소독 : 섭씨 100℃ 이상의 물속에 10분 이상 끓여준다.
④ 석탄산수소독 : 석탄산수〈석탄산 3%, 물97%의 수용액〉에 10분 이상 담가둔다.

건열멸균소독 : 섭씨 100℃ 이상의 건조한 열에 20분 이상 쐬여준다.

23. 공중위생업자가 매년 받아야 하는 위생교육 시간은?

① 5시간 ② 4시간 ③ 3시간 ④ 2시간

공중위생업자가 받아야 하는 위생교육 시간은 매년 3시간이다.

24. 면허의 정지명령을 받은 자가 반납한 면허증은 정지기간 동안 누가 보관하는가?

① 관할 시·도지사 ② 관할 시장·군수·구청장
③ 보건복지부장관 ④ 관할 경찰서장

면허의 정지 명령을 받은 자는 면허증을 관할 시장·군수·구청장에게 제출해야 한다.

25. 과태료의 부과·징수 절차에 관한 설명으로 틀린 것은?

① 시장·군수·구청장이 부과·징수 한다.
② 과태료 처분의 고지를 받은 날부터 30일 이내에 이의를 제기 할 수 있다.
③ 과태료 처분을 받을 자가 이의를 제기한 경우 처분권자는 보건복지장관에게 이를 통보한다.
④ 기간 내 이의제기 없이 과태료를 납부하지 아니한 때에는 지방세 체납 처분의 예에 따른다.

과태료 처분을 받은 자가 이의를 제기한 때에는 시장·군수·구청장은 지체 없이 관할 법원에 그 사실을 통보하여야 한다.

26. 다음 중 청문의 대상이 아닌 때는?

① 면허취소 처분을 하고자 하는 때
② 면허정지 처분을 하고자 하는 때

③ 영업소폐쇄명령의 처분을 하고자 하는 때

④ 벌금으로 처벌하고자 하는 때

청문의 대상 : 면허취소, 면허정지, 공중위생업의 정지, 일부 시설의 사용 중지, 영업소 폐쇄명령

27. 신고를 하지 아니하고 영업소의 소재지를 변경한 때에 대한 1차 위반 시 행정처분 기준은?

① 영업장 폐쇄명령　② 영업정지 6월

③ 영업정지 3월　　④ 영업정지 2월

신고를 하지 아니하고 영업소의 소재지를 변경한 때에는 영업장 폐쇄명령 처분에 해당한다.

28. 이·미용업 영업신고 신청 시 필요한 구비서류에 해당하는 것은?

① 이·미용사 자격증 원본　② 면허증 원본

③ 호적등본 및 주민등록증　④ 건축물 대장

영업신고 시 필요서류
• 영업시설 및 설비개요서
• 교육필증(미리교육을 받은 사람만 해당함)
• 면허증

29. 화장수에 대한 설명 중 올바르지 않은 것은?

① 수렴화장수는 아스트린젠트라고 불린다.

② 수렴화장수는 지성, 복합성 피부에 효과적으로 사용된다.

③ 유연화장수는 건성 또는 노화피부에 효과적으로 사용된다.

④ 유연화장수는 모공을 수축시켜 피부결을 섬세하게 정리해 준다.

수렴화장수 : 모공 수축 효과

30. 아줄렌〈Azulene〉은 어디에서 얻어지는가?

① 카모마일〈Camomile〉

② 로얄젤리〈Royal Jelly〉

③ 아르니카〈Arnica〉

④ 조류〈Algae〉

아줄렌은 카모마일을 증류하여 추출한 것이다.
효능 : 진정, 알레르기, 염증 등

31. 향수에 대한 설명으로 옳은 것은?

① 퍼퓸〈perfume extract〉 – 알콜올 70%와 향수원액을 30% 포함하며, 향이 3일 정도 지속된다.

② 오드퍼퓸〈eau de perfume〉 – 알코올 95%이상, 향수 2~3%로 향이 30분 정도 지속된다.

③ 샤워코롱〈shower cologne〉 – 알코올 80%와 물및향수원액 15%가 함유된것으로 5시간정도 향이 지속된다.

④ 헤어토닉〈hair tonic〉 – 알코올85~95%와 향수원액 8%가량이 함유된 것으로 향이 2~3시간정도 지속된다.

• 오드퍼퓸 : 알코올 80%, 향수원액 15%, 5시간 정도의 지속력
• 오드 토일렛 : 알코올 85~95%, 향수원액 8%, 2~3시간 정도의 지속력
• 오드 코롱 : 알코올 95%이상, 향수원액 2~3%, 30분 ~1시간 정도의 지속력

32. 린스의 기능으로 틀린 것은?

① 정전기를 방지한다.

② 모발의 표면을 보호한다.

③ 자연스러운 광택을 준다.

④ 세정력이 강하다.

세정력은 샴푸의 주 기능에 해당한다.

33. 화장품 성분 중 기초화장품이나 메이크업 화장품에 널리 사용되는 고형의 유성성분으로 화학적으로 고급지방산에 고급알코올이 결합된 에스테르이며, 화장품의 굳기를 증가시켜주는 원료에 속하는 것은?

① 왁스〈wax〉
② 폴리에틸렌글리콜〈polyethylene glycol〉
③ 피자마유〈caster oil〉
④ 바셀린〈vaseline〉

다양한(기초, 메이크업 등) 화장품의 종류에 사용되는 고형의 유성 성분은 왁스 이다.

34. 화장품의 4대 요건에 속하지 않는 것은?

① 안전성   ② 안정성   ③ 치유성   ④ 유효성

화장품의 4대 요건 : 안정성, 안전성, 유효성, 사용성

35. 다음 중 미백 기능과 가장 거리가 먼 것은?

① 비타민C   ② 코직산   ③ 캠퍼   ④ 감초

코직산은 여드름 피부에 효과가 좋은 성분이다.

36. 네일미용의 역사에 대한 설명으로 틀린 것은?

① 최초의 네일미용은 기원전 3000년 경에 이집트에서 시작되었다.
② 고대 이집트에서는 헤나를 이용하여 붉은 오렌지색으로 손톱을 물들었다.
③ 그리스에서는 계란 흰자와 아라비아산 고목나무 수액을 섞어 손톱에 칠했다.
④ 15세기 중국의 명 왕조에서는 흑색과 적색으로 손톱에 칠하여 장식하였다.

고대 중국에서 계란 흰자와 아라비아산 고목나무 수액을 섞어 손톱에 칠했다.

37. 손톱의 구조 중 조근에 대한 설명으로 가장 적합한 것은?

① 손톱의 모양을 만든다.
② 연분홍의 반달모양이다.
③ 손톱이 자라나기 시작하는 곳이다.
④ 손톱의 수분공급을 한다.

조근은 새로운 세포가 만들어져서 손톱의 성장이 시작되는 부분이다.

38. 네일 샵〈shop〉의 안전관리를 위한 대처방법으로 가장 적합하지 않은 것은?

① 화학물질을 사용 할 때에는 반드시 뚜껑이 있는 용기를 이용한다.
② 작업시 마스크를 착용하여 가루의 흡입을 막는다.
③ 작업공간에서는 음식물이나 음료, 흡연을 금한다.
④ 가능하면 스프레이 형태의 화학물질을 사용한다.

스프레이 형태의 화학물질을 사용하면 공기중으로 분사되여 호흡기로 들어가기 때문에 사용하지 않도록 한다.

39. 손톱의 구조에서 자유연〈프리에지〉 밑부분의 피부를 무엇이라 하는가?

① 하조피〈하이포니키움〉   ② 조구〈네일 그루브〉
③ 큐티클   ④ 조상연〈페리오니키움〉

자유연〈프리에지〉 밑부분의 피부를 하조피, 하이포니키움이라 한다.

40. 다음 중 손톱의 역할과 가장 거리가 먼 것은?

① 손끝과 발끝을 외부 자극으로부터 보호한다.
② 미적·장식적 기능이 있다.
③ 방어와 공격의 기능이 있다.
④ 분비의 기능이 있다.

분비의 기능은 피부의 기능이다.

41. 다음 중 손가락의 수지골 뼈의 명칭이 아닌 것은?

① 기절골 ② 밀절골 ③ 중절골 ④ 요골

요골은 팔 아래 뼈 중 바깥쪽에 있는 뼈를 말한다.

42. 다음 중 네일 미용 시술이 가능한 경우는?

① 사상균증 ② 조갑구만증 ③ 조갑탈락증 ④ 행네일

행네일(거스러미 손톱)은 네일의 가장자리 부분이 갈라지는 증상으로 핫크림 매니큐어나 파라핀 매니큐어 등으로 샵에서 시술이 가능하다.

43. 네일 도구의 명칭으로 틀린 것은?

① 큐티클 니퍼 : 손톱 위에 거스러미가 생긴 살을 제거 할 때 사용한다.
② 아크릴릭 브러시 : 아크릴릭 파우더로 볼을 만들어 인조손톱을 만들 때 사용한다.
③ 클리퍼 : 인조팁을 잘라 길이를 조절 할 때 사용한다.
④ 아크릴릭 폼지 : 팁없이 아크릴릭 파우더만을 가지고 네일을 연장할 때 사용하는 일종의 받침대 역할을 한다.

인조 팁을 잘라 길이를 조절 할 때에는 팁 커터를 사용한다.

44. 손가락과 손가락 사이가 붙지 않고 벌어지게 하는 외향에 작용하는 손등의 근육은?

① 외전근 ② 내전근 ③ 대립근 ④ 회외근

손가락 사이를 벌어지게 하는 손등의 근육 이름은 외전근이다.

45. 네일미용 관리 중 고객관리에 대한 응대로 지켜야 할 사항이 아닌 것은?

① 시술의 우선순위에 대한 논쟁을 막기 위해서 예약 고객을 우선으로 한다.
② 고객이 도착하기 전에 필요한 물건과 도구를 준비해야 한다.
③ 관리 중에는 고객과 대화를 나누지 않는다.
④ 고객에게 소지품과 옷 보관함을 제공하고 바뀌는 일이 없도록 한다.

적당한 대화로 편안한 분위기 조성 및 시술의 서비스 품질도 높일 수 있다.

46. 고객관리에 대한 설명으로 옳은 것은?

① 피부에 습진이 있는 고객은 처치를 하면서 서비스를 한다.
② 진한 메이크업을 하고 고객을 응대 한다.
③ 네일 제품으로 인한 알레르기 반응이 생길 수 있으므로 원인이 되는 제품의 사용을 멈추도록 한다.
④ 문제성 피부를 지닌 고객에게 주어진 업무수행을 자유롭게 한다.

미용인은 의료 시술에 해당하는 처치 및 문제성 피부 진단 할 수 없으며, 진하지 않은 화장과 단정한 차림으로 고객을 대하여야 한다.

47. 다음 중 발의 근육에 해당하는 것은?

① 비복근 ② 대퇴근 ③ 장골근 ④ 족배근

• 비복근은 종아리에 위치하는 근육이다.
• 대퇴근은 다리 허벅지 위치하는 근육이다.
• 장골근은 허리와 엉덩이 부위에 위치하는 근육이다.

48. 화학물질로부터 자신과 고객을 보호하는 방법으로 틀린 것은?

① 화학물질은 피부에 닿아도 되기 때문에 신경쓰지 않아도 된다.
② 통풍이 잘 되는 작업장에서 작업을 한다.
③ 공중 스프레이 제품보다 찍어 바르거나 솔로 바르는 제품을 선택한다.

④ 콘택트 렌즈의 사용을 제한 한다.

화학물질은 피부에 닿지 않도록 주의 하면서 시술해야 한다.

49. 한국의 네일미용의 역사에 관한 설명 중 틀린 것은?

① 우리나라 네일 장식의 시작은 봉선화 꽃물을 들이는 것이라 할 수 있다.

② 한국의 네일 산업이 본격화되기 시작한 것은 1960년대 중반으로 미국과 일본의 영향으로 네일 산업이 급 성장하면서 대중화 되기 시작했다.

③ 1990년대부터 대중화되어왔고 1998년에는 민간 자격증이 도입되었다.

④ 화장품 회사에서 다양한 색상의 팔리시를 판매하면서 일반인들이 네일에 대해 관심을 갖기 시작했다.

한국의 네일 산업이 본격화되기 시작한 것은 1990년대이다.

50. 네일 질환 중 교조증〈오니코파지, Onychophagy〉의 원인과 관리방법 중 가장 적합한 것은?

① 유전에 의하여 손톱의 끝이 두껍게 자라는 것이 원인으로 매니큐어나 패디큐어가 증상을 완화시킨다.

② 멜라닌 색소가 착색되어 일어나는 증상이 원인이며 손톱이 자라면서 없어지기도 한다.

③ 손톱을 심하게 물어뜯을 경우 원인이 되며 인조손톱을 붙여서 교정 할 수 있다.

④ 식습관이나 질병에서 비롯된 증상이 원인이 되며 부드러운 파일을 사용하여 관리 한다.

교조증〈오니코파지, Onychophagy〉은 인조네일 시술로 교정에 도움을 줄 수 있다.

51. 습식매니큐어 시술에 관한 설명으로 틀린 것은?

① 고객의 취향과 기호에 맞게 손톱모양을 잡는다.

② 자연손톱 파일링 시 한 방향으로 시술한다.

③ 손톱질환이 심각한 경우 의사의 진료를 권한다

④ 큐티클은 죽은 각질피부이므로 반드시 모두 제거하는 것이 좋다.

큐티클을 모두 제거하면 감염의 위험이 있음으로 1mm정도 남기고 제거한다.

52. 폴리시를 바르는 방법 중 손톱이 길고 가늘게 보이도록 하기 위해 양쪽 사이드 부위를 남겨두는 컬러링 방법은?

① 프리에지〈free edge〉 ② 풀코트〈full coat〉

③ 슬림라인〈slim line〉 ④ 루눌라〈lunula〉

슬림라인〈slim line〉은 손톱이 가늘고 길어 보이게 컬러링 하는 방법으로 양 사이드를 약간 남기고 컬러링 한다.

53. UV-젤 네일의 설명으로 옳지 않은 것은?

① 젤은 끈끈한 점성을 가지고 있다.

② 파우더와 믹스되었을 때 단단해진다.

③ 네일 리무버로 제게되지 않는다.

④ 투명도와 광택이 뛰어나다.

파우더와 젤의 믹스는 가능 하지만 파우더와 젤이 믹스되어 단단해 지지는 않는다. 큐어링 부 단단해짐

54. 아크릴릭 시술 시 바르는 프라이머에 대한 설명 중 틀린 것은?

① 단백질을 화학작용으로 녹여 준다.

② 아크릴릭 네일이 손톱에 잘 부착 되도록 도와준다.

③ 피부에 닿으면 화상을 입힐 수 있다.

④ 충분한 양으로 여러 번 도포해야 한다.

프라이머는 피부에 닿으면 화상을 입을 수도 있기 때문에 소량 도포한다.

55. 네일 팁 오버레이의 시술과정에 대한 설명으로 틀린

것은?

① 네일 팁 접착시 자연손톱의 길이의 1/2이상 덮지 않는다
② 자연손톱이 넓은 경우, 좁게 보이게 하기 위하여 작은 사이즈의 네일 팁을 붙인다.
③ 네일 팁의 접착력을 높여주기 위해 자연손톱의 에칭 작업을 한다.
④ 프리프라이머를 자연손톱에만 도포 한다.

네일 팁을 선택할 때에는 자연손톱과 동일하거나 비슷한 팁을 선택 한다.

56. 아크릴릭 네일의 보수 관정에 대한 설명으로 가장 거리가 먼 것은?

① 들뜬 부분의 경계를 파일링한다
② 아크릴릭 표면이 단단하게 굳은 후에 파일링한다.
③ 새로 자라난 자연 손톱 부분에 프라이머를 바른다
④ 들뜬 부분에 오일 도포 후 큐티클을 정리한다

들뜬 부분에 오일을 도포하면 리프팅의 원인이 된다.

57. 패디파일의 사용 방향으로 가장 적합한 것은?

① 바깥쪽에서 안쪽으로   ② 왼쪽에서 오른쪽으로
③ 족문 방향으로   ④ 사선 방향으로

패디파일 및 콘커터의 사용 방향은 족문의 결 방향이다.

58. 큐티클을 정리하는 도구의 명칭으로 가장 적합한 것은?

① 핑거볼 ② 니퍼 ③ 핀셋 ④ 클리퍼

큐티클 정리 시 푸셔로 밀어올리고 니퍼로 제거한다.

59. 페디큐어의 시술방법으로 맞는 것은?

① 파고드는 발톱의 예방을 위하여 발톱의 모양 〈shape〉은 일자형으로 한다.
② 혈압이 높거나 심장병이 있는 고객은 마사지를 더 강하게 해 준다.
③ 모든 각질 제거에는 콘커터를 사용하여 완벽하게 제거한다.
④ 발톱의 모양은 무조건 고객이 원하는 형태로 잡아준다.

내성발톱을 예방하기 위해 발톱의 모양은 일자형으로 잘라야 한다.

60. 네일 팁에 대한 설명으로 틀린 것은?

① 네일 팁 접착시 손톱의 1/2이상 커버해서는 안 된다
② 네일 팁은 손톱의 크기에 너무 크거나 작지 않은 가장 잘 맞는 사이즈의 팁을 사용한다
③ 웰 부분의 형태에 따라 풀 웰〈full well〉과 하프 웰〈half well〉이 있다
④ 자연 손톱이 크고 납작한 경우 커브타입의 팁이 좋다.

자연 네일이 크고 납작한 경우에는 끝이 좁은 내로우 팁을 사용한다.

1	2	3	4	5	6	7	8	9	10
①	④	③	②	①	③	②	③	③	③
11	12	13	14	15	16	17	18	19	20
①	③	②	④	②	②	②	②	②	③
21	22	23	24	25	26	27	28	29	30
④	①	③	②	③	④	①	②	④	①
31	32	33	34	35	36	37	38	39	40
①	④	④	②	②	②	④	①	①	④
41	42	43	44	45	46	47	48	49	50
④	④	③	①	③	④	①	②	③	③
51	52	53	54	55	56	57	58	59	60
④	③	②	④	②	④	③	②	①	④

2016년 수시 1회 필기시험
미용사(네일)

1. 야채를 고온에서 요리할 때 가장 파괴되기 쉬운 비타민은?

   ① 비타민A   ② 비타민C   ③ 비타민D   ④ 비타민K

   고온에서 쉽게 파괴되는 비타민은 비타민C 이다.

2. 다음 중 병원소에 해당하지 않는 것은?

   ① 흙   ② 물   ③ 가축   ④ 보균자

   병원소의 종류
   - 인간 병원소 : 환자, 보균자 등
   - 동물 병원소 : 개, 소, 말 , 돼지 등
   - 토양 병원소 : 오염된 토양, 파상풍 등

3. 일반폐기물 처리방법 중 가장 위생적인 방법은?

   ① 매립법   ② 소각법   ③ 투기법   ④ 비료화법

   소각법은 태우는 것을 말하며, 가장 위생적인 처리방법 이다.

4. 인구통계에서 5~9세 인구란?

   ① 만4세 이상~만8세 미만 인구
   ② 만5세 이상~만10세 미만 인구
   ③ 만4세 이상~만9세 미만 인구
   ④ 4세 이상~9세 이하 인구

   인구통계에서 5~9세 인구는 만5세~만9세 인구를 말한다.

5. 모유수유에 대한 설명으로 옳지 않은 것은?

   ① 수유 전 산모의 손을 씻어 감염을 예방하여야 한다.
   ② 모유수유를 하면 배란을 촉진시켜 임신을 예방하는 효과가 없다.
   ③ 모유에는 림프구, 대식세포 등의 백혈구가 들어 있어 각종 감염으로부터 장을 보호하고 설사를 예방하는 데 큰 효과를 갖고 있다.
   ④ 초유는 영양가가 높고 면역체가 있으므로 아이에게 반드시 먹이도록 한다.

   모유수유를 하면 배란이 억제되어 피임 효과가 있다.

6. 감염병 감염 후 얻어지는 면역의 종류는?

   ① 인공능동면역   ② 인공수동면
   ③ 자연능동면역   ④ 자연수동면역

   - 자연 능동면역 : 병을 앓고 난후 얻어지는 면역
   - 인공 능동면역 : 예방접종으로 얻어지는 면역
   - 자연 수동면역 : 모체로부터 얻어지는 면역
   - 인공 수동면역 : 항독소 등 인공제제를 접종하여 얻어지는 면역

7. 다음 중 출생 후 아기에게 가장 먼저 실시하게 되는 예방접종은?

   ① 파상풍   ② B형 간염   ③ 홍역   ④ 폴리오

   - 파상풍 : 생후 2개월
   - B형간염 : 생후 1~2개월
   - 홍역 : 생후 12~15개월
   - 폴리오 : 생후 2개월

8. 바이러스(Virus)의 특성으로 가장 거리가 먼 것은?

   ① 생체 내에서만 증식이 가능하다.
   ② 일반적으로 병원체 중에서 가장 작다.
   ③ 황열 바이러스가 인간질병 최초의 바이러스이다.
   ④ 항생제에 감수성이 있다.

   바이러스는 항생제에 감수성이 없다.

9. 소독제의 적정 농도로 틀린 것은?

　① 석탄산 1~3%　② 승홍수 0.1%

　③ 크레졸수 1~3%　④ 알코올 1~3%

알코올의 사용 농도는 70% 이다.

10. 병원성·비병원성 미생물 및 포자를 가진 미생물 모두를 사멸 또는 제거하는 것은?

　① 소독　② 멸균　③ 방부　④ 정균

병원성·비병원성 미생물 및 포자를 가진 미생물 모두를 사멸 또는 제거하는 것은 멸균이며 무균상태임을 말한다.

11. 다음 중 이·미용업소에서 가장 쉽게 옮겨질 수 있는 질병은?

　① 소아마비　② 뇌염

　③ 비활동성 결핵　④ 전염성 안질

12. 다음 중 음용수 소독에 사용되는 소독제는?

　① 석탄산　② 액체염소　③ 승홍　④ 알코올

음용수 소독에는 염소를 사용한다.
(잔류염소가 0.1~0.2ppm이 되게 해서 사용함)

13. 다음 중 미생물학의 대상에 속하지 않는 것은?

　① 세균(bacteria)　② 바이러스(virus)

　③ 원충(protoza)　④ 원시동물

원시동물은 미생물에 포함되지 않는다.

14. 소독제의 사용 및 보존상의 주의 점으로 틀린 것은?

　① 일반적으로 소독제는 밀폐시켜 일광이 직사되지 않는 곳에 보존해야 한다.

　② 부식과 상관이 없으므로 보관 장소의 제한이 없다.

　③ 승홍이나 석탄산 같은 것은 인체에 유해하므로 특별히 주의 취급하여야 한다.

　④ 염소제는 일광과 열에 의해 분해되지 않도록 냉암소에 보존하는 것이 좋다.

· 소독제는 밀폐시켜 일광이 직사되지 않는 곳에 보존해야 한다.
· 사용하다 남은 소독제는 변질의 우려가 있어 보관하지 않는다.

15. 리보플라빈이라고도 하며 녹색 채소류, 밀의 배아, 효모, 계란, 우유 등에 함유되어있고 결핍되면 피부염을 일으키는 것은?

　① 비타민 B2　② 비타민 E

　③ 비타민 K　④ 비타민 A

리보플라빈이라고 불리우는 비타민 B2는 녹색 채소류, 밀의 배아, 효모, 계란, 우유 등에 함유되어 있고 결핍 시 피부병, 구순염, 백내장 등의 원인이 된다.

16. 다음 태양광선 중 파장이 가장 짧은 것은?

　① UV-A　② UV-B　③ UV-C　④ 가시광선

· UV A : 320~400nm
· UV B : 320~290mn
· UV C : 290~200nm

17. 멜라닌 색소결핍의 선천적 질환으로 쉽게 일광화상을 입는 피부병변은?

　① 주근깨　② 기미

　③ 백색증　④ 노인성 반점(검버섯)

백색증은 멜라닌 색소 결핍증으로 일광화상과는 거리가 멀다.

18. 진균에 의한 피부병이 아닌 것은?

① 족부백선　② 대상포진
③ 무좀　　　④ 두부백선

대상포진은 바이러스성 질환이다.

19. 피부에 대한 자외선의 영향으로 피부의 급성반응과 가장 거리가 먼 것은?

① 홍반반응　　② 화상
③ 비타민D합성　④ 광노화

광노화는 햇빛, 바람, 추위 등의 요인으로 시간이 지남에 따라 노화되는 현상이다.

20. 얼굴에서 피지선이 가장 발달된 곳은?

① 이마 부분　② 코 옆 부분
③ 턱 부분　　④ 뺨 부분

피지선은 손, 발바닥을 제외 한 전신에 분포하는데 얼굴 주위에서는 코 옆 부분이 가장 발달되어 있다.

21. 에크린 땀샘(소한선)이 가장 많이 분포된 곳은?

① 발바닥　② 입술　③ 음부　④ 유두

소한선은 손, 발바닥에 많이 분포되어 있으며 입술과 생식기를 제외한 전신에 분포한다.

22. 이·미용 업소내에 반드시 게시하지 않아도 무방한 것은?

① 이·미용업 신고증　② 개설자의 면허증 원본
③ 최종지불요금표　　④ 이·미용사 자격증

- 영업장에 게시해야 할 사항
- 이·미용업 신고증
- 개설자의 면허증 원본
- 최종지불요금표

23. 다음 중 이·미요업의 시설 및 설비기준으로 옳은 것은?

① 소독기, 자외선 살균기 등의 소독 장비를 갖추어야 한다.
② 영업소 안에는 별실, 기타 이와 유사한 시설을 설치할 수 있다.
③ 응접장소와 작업장소를 구획하는 경우에는 커튼, 칸막이 기타 이와 유사한 장애물의 설치가 가능하며 외부에서 내부를 확인할 수 없어야 한다.
④ 탈의실, 욕실, 욕조 및 샤워기를 설치하여야 한다.

- 영업소 안에는 별실, 기타 이와 유사한 시설을 설치해서는 안 된다.
- 응접장소와 작업장소를 구획하는 경우에는 커튼, 칸막이 기타 이와 유사한 장애물의 설치를 할 수 없다.
- 탈의실, 욕실, 욕조 및 샤워기를 설치에 관한 규정 사항은 없다.

24. 풍속관련법령 등 다른 법령에 의하여 관계행정기관장의 요청이 있을 때 공중위생영업자를 처벌할 수 있는 자는?

① 시·도지사　　　② 시장·군수·구청장
③ 보건복지부장관　④ 행정자치부장관

시장·군수·구청장은 공중위생영업자가 성매매알선 등 행위의 처벌에 관한 법률, 풍속영업의 규제에 관한 법률, 청소년보호법, 의료법에 위반하여 관계행정기관의 장의 요청이 있을 때에는 6월 이내의 기간을 정하여 영업의 정지 또는 일부 시설의 사용중지를 명하거나 영업소폐쇄 등을 명할 수 있다.

25. 1차 위반 시의 행정처분이 면허취소가 아닌 것은?

① 국가기술자격법에 따라 이·미용사 자격이 취소된 때
② 이중으로 면허를 취득한 때
③ 면허정지처분을 받고 그 정지기간 중 업무를 행한 때
④ 국가기술자격법에 의하여 이.미용사 자격 정지처분을 받을 때

국가기술자격법에 의하여 이.미용사 자격정지처분을 받았을 때 1차 위반 시 면허정지처분

26. 다음 중 영업소 외에서 이용 또는 미용업무를 할 수 있는 경우는?

ㄱ. 중병에 걸려 영업소에 나올 수 없는 자의 경우
ㄴ. 혼례 기타 의식에 참여하는 자에 대한 경우
ㄷ. 이용장의 감독을 받은 보조원이 업무를 하는 경우
ㄹ. 미용사가 손님유치를 위하여 통행이 빈번한 장소에서 업무를 하는 경우

① ㄷ　　② ㄱ, ㄴ
③ ㄱ, ㄴ, ㄷ　　④ ㄱ, ㄴ, ㄷ, ㄹ

- 영업소 외에서 이용 또는 미용업무를 할 수 있는 경우
- 중병에 걸려 영업소에 나올 수 없는 자의 경우
- 혼례 기타 의식에 참여하는 자에 대한 경우
- 특별한 사정이 있다고 시장.군수.구청장이 인정한 경우

27. 공중위생영업의 승계에 대한 설명으로 틀린 것은?

① 공중위생영업자가 그 공중위생영업을 양도하거나 사망한 때 또는 법인의 합병이 있는 때에는 그 양수인, 상속인 또는 합병 후 존속하는 법인이나 합병에 의하여 설립되는 법인은 그 **공중위생영업자의 지위를 승계한다.**
② 이용업 또는 미용업의 경우에는 규정에 의한 면허를 소지한 자에 한하여 공중위생영업자의 지위를 승계할 수 있다.
③ 민사집행법에 의한 경매, 채무자 회생 및 파산에 관한 법률에 의한 환가나 국세징수법, 관세법 또는 지방세기본법에 의한 압류재산의 매각 그 밖에 이에 준하는 절차에 따라 공중위생영업 관련시설 및 설비의 전부를 인수한 자는 이 법에 의한 그 공중위생영업자의 지위를 승계한다.
④ 공중위생영업자의 지위를 승계한 자는 1월 이내에 보건복지부령이 정하는 바에 따라 보건복지부장관에게 신고하여야 한다.

공중위생영업자의 지위를 승계한 자는 1월 이내에 보건복지부령이 정하는 바에 따라 시장.군수.구청장에게 신고해야 한다.

28. 처분기준이 2백만원 이하의 과태료가 아닌 것은?

① 규정을 위반하여 영업소 이외 장소에서 이.미용업무를 행한 자
② 위생교육을 받지 아니한 자
③ 위생 관리 의무를 지키지 아니한 자
④ 관계 공무원의 출입, 검사, 기타 조치를 거부, 방해 또는 기피한 자

관계 공무원의 출입, 검사, 기타 조치를 거부, 방해 또는 기피한 자는 300만원 이하의 과태료가 부과된다.

29. 향수의 부향률이 높은 순에서 낮은 순으로 바르게 정렬된 것은?

① 퍼퓸(Perfume) 〉 오데퍼퓸(Eau de Perfume) 〉 오데토일렛(Eau de Toilet) 〉 오데코롱(Eau de Cologne)
② 퍼퓸(Perfume) 〉 오데토일렛(Eau de Toilet) 〉 오데 퍼퓸(Eau de Perfume) 〉 오데코롱(Eau de Cologne)
③ 오데코롱(Eau de Cologne) 〉 오데퍼퓸(Eau de Perfume)〉오데토일렛(Eaudeoilet)〉퍼퓸(Perfume)
④ 오데코롱(Eau de Cologne) 〉 오데 토일렛(Eau de Toilet) 〉 오데 퍼퓸(Eau de Perfume) 〉 퍼퓸(Perfume)

퍼퓸(15~30%) 〉 오데 퍼퓸(9~12%) 〉 오데 토일렛(6~8%) 〉 오데코롱(3~5%) 〉 샤워코롱 (1~3%) (% = 부향률 표시)

30. 화장품의 요건 중 제품이 일정기간 동안 변질되거나 분리되지 않는 것을 의미하는 것은 무엇인가?

① 안전성　② 안정성　③ 사용성　④ 유효성

- 안정성 : 피부에 사용했을 때 알레르기 반응이나 자극 독성이 없을 것
- 안전성 : 제품 자체에 변색, 변취, 오염이 없을 것
- 사용성 : 사용감이 좋으며 발림성, 흡수성이 좋을 것
- 유효성 : 제품의 효능, 효과가 적절히 있을 것

31. 자외선 차단 성분의 기능이 아닌 것은?

① 노화를 막는다.   ② 과색소를 막는다.

③ 일광화상을 막는다.   ④ 미백작용을 한다.

자외선 차단 성분의 기능으로 광노화, 피부노화, 과색소 침착, 일광화상의 방지 기능을 한다.

32. 다음 중 화장수의 역할이 아닌 것은?

① 피부의 수렴작용을 한다.

② 피부 노폐물의 분비를 촉진시킨다.

③ 각질층에 수분을 공급한다.

④ 피부의 pH 균형을 유지시킨다.

- 화장수의 기능
- 수렴, 유연 작용
- 각질층에 수분을 공급
- pH균형을 유지
- 클렌징 잔여물 제거
- 청량감 부여

33. 양모에서 추출한 동물성 왁스는?

① 라놀린   ② 스쿠알렌

③ 레시틴   ④ 리바이탈

- 스쿠알렌 : 상어의 간유에서 추출
- 레시틴 : 난황, 콩기름 간, 뇌 등 복합지질이다

34. 세정제(cleanser)에 대한 설명으로 옳지 않은 것은?

① 가능한 피부의 생리적 균형에 영향을 미치지 않는 제품을 사용하는 것이 바람직하다.

② 대부분의 비누는 알칼리성의 성질을 가지고 있어서 피부의 산, 염기 균형에 영향을 미치게 된다.

③ 피부노화를 일으키는 활성산소로부터 피부를 보호하기 위해 비타민 C, 비타민 E를 사용한 기능성 세정제를 사용할 수도 있다.

④ 세정제는 피지선에서 분비되는 피지와 피부장벽의 구성요소인 지질성분을 제거하기 위하여 사용된다.

세정제는 노폐물 및 화장품의 잔여물 제거 등을 하기 위해 사용한다.

35. 바디샴푸(Body shampoo)가 갖추어야 할 이상적인 성질과 가장 거리가 먼 것은?

① 각질의 제거능력

② 적절한 세정력

③ 풍부한 거품과 거품의 지속성

④ 피부에 대한 높은 안정성

바디샴푸는 세정력의 성질을 갖추어야 한다. 각질의 제거 기능은 포함 되지 않는다.

36. 파일의 거칠기 정도를 구분하는 기준은?

① 파일의 두께   ② 그리트(Grit) 숫자

③ 소프트(Soft) 숫자   ④ 파일의 길이

파일의 거칠기 정도를 구분하는 기준은 그리트(Grit) 이며 숫자가 낮을수록 거칠다.

37. 부드럽고 가늘며 하얗게 되어 네일 끝이 굴곡진 상태의 증상으로 질병, 다이어트, 신경성 등에서 기인되는 네일 병변으로 옳은 것은?

① 위축된 네일(onychatrophia)

② 파란 네일(onychocyanosis)

③ 계란껍질 네일(onychomalacia)

④ 거스러미 네일(hang nail)

조갑연화증, 계란껍질 네일(onychomalacia) 이라고도 불리우며 네일이 부드럽고 가늘며 하얗게 되어 네일 끝이 굴곡지며 휘여지는 상태의 증상이다.

38. 인체를 구성하는 생태학적 단계로 바르게 나열한 것은?

① 세포-조직-기관-계통-인체
② 세포-기관-조직-계통-인체
③ 세포-계통-조직-기관-인체
④ 인체-계통-기관-세포-조직

인체의 기본단위 세포 - 세포들이 모여조직 - 일정 기능을 가진 기관 - 계통(신경계, 골격계, 등) - 인체

39. 네일의 역사에 대한 설명으로 틀린 것은?

① 최초의 네일 관리는 기원전 3000년경에 이집트와 중국의 상류층에서 시작되었다.
② 고대 이집트에서는 헤나라는 관목에서 빨간색과 오렌지색을 추출하였다.
③ 고대 이집트에서는 남자들도 네일 관리를 하였다.
④ 네일 관리는 지금까지 5000년에 걸쳐 변화되어왔다.

BC 3000년대 고대 이집트는 사회적 신분을 나타내기 위해 헤나, 붉은 오랜지색 염료로 손톱을 염색 하였다.

40. 고객의 홈 케어 용도로 큐티클 오일을 사용 시 주된 사용 목적으로 옳은 것은?

① 네일 표면에 광택을 주기 위해서
② 네일과 네일주변의 피부에 트리트먼트 효과를 주기 위해서
③ 네일 표면에 변색과 오염을 방지하기 위해서
④ 찢어진 손톱을 보강하기 위해서

큐티클 오일은 네일과 네일주변의 피부에 트리트먼트 효과를 주기 위해서 사용한다.

41. 폴리시 바르는 방법 중 네일을 가늘어 보이게 하는 것은?

① 프리엣지 ② 루눌라 ③ 프렌치 ④ 프리 월

프리 월 (슬림라인)의 네일을 가늘어 보이게 하기 위한 컬러링 방법이다.

42. 다음 중 네일의 병변과 그 원인의 연결이 잘못된 것은?

① 모반점(니버스) - 네일의 멜라닌색소 작용
② 과잉성장으로 두꺼운 네일 - 유전, 질병, 감염
③ 고랑 파진 네일 - 아연 결핍, 과도한 푸셔링, 순환계 이상
④ 붉거나 검붉은 네일 - 비타민, 레시틴 부족, 만성질환 등

비타민, 레시틴 부족, 만성질환 등으로 생길 수 있는 네일의 질환은 잘 찢어지고 네일이 얇아지는 질환이다

43. 네일 매트릭스에 대한 설명 중 틀린 것은?

① 손.발톱의 세포가 생성되는 곳이다.
② 네일 매트릭스의 세로 길이는 네일 플레이트 두께를 결정한다.
③ 네일 매트릭스의 가로 길이는 네일 베드의 길이를 결정한다.
④ 네일 매트릭스는 네일 세포를 생성시 필요한 산소를 모세혈관을 통해서 공급

네일 매트릭스의 크기, 세로길이, 두께에 따라 네일 플레이트의 두께 및 가로길이가 결정 된다.

44. 다음 중 손의 중간근(중수근)에 속하는 것은?

① 엄지맞섬근(무지대립근)
② 엄지모음근(무지내전근)
③ 벌레근(충양근)
④ 작은원근(소원근)

중간근(중수근)에는 배측골간근, 장측골간근, 충양근이 있다.

45. 다음 중 뼈의 구조가 아닌 것은?
① 골막   ② 골질   ③ 골수   ④ 골조직

뼈의 구조 : 골막, 골조직, 골수강, 골단

46. 건강한 손톱의 조건으로 틀린 것은?
① 12~18%의 수분을 함유하여야 한다.
② 네일 베드에 단단히 부착되어 있어야 한다.
③ 루눌라(반월)가 선명하고 커야 한다.
④ 유연성과 강도가 있어야 한다.

루눌라(반월)의 크기와는 관계가 없다.

47. 일반적인 손.발톱의 성장에 관한 설명 중 틀린 것은?
① 소지 손톱이 가장 빠르게 자란다.
② 여성보다 남성의 경우 성장 속도가 빠르다.
③ 여름철에 더 빨리 자란다.
④ 발톱의 성장 속도는 손톱의 성장 속도보다 1/2정도 늦다.

손톱의 성장 속도는 중지가 가장 빠르고 소지가 가장 느리다.

48. 다음 중 소독방법에 대한 설명으로 틀린 것은?
① 과산화수소3% 용액을 피부 상처의 소독에 사용한다.
② 포르말린1~15% 수용액을 도구 소독에 사용한다.
③ 크레졸3% 물97% 수용액을 도구 소독에 사용한다.
④ 알코올30%의 용액을 손, 피부 상처에 사용한다.

알코올의 사용 농도는 70%이다.

49. 한국 네일 미용의 역사와 가장 거리가 먼 것은?
① 고려시대부터 주술적 의미로 시작하였다.
② 1990년대부터 네일 산업이 점차 대중화되어 갔다.
③ 1998년 민간자격시험 제도가 도입 및 시행되었다.
④ 상류층 여성들은 손톱 뿌리부분에 문신바늘로 색소를 주입하여 상류층임을 과시하였다.

상류층 여성들은 손톱 뿌리부분에 문신바늘로 색소를 주입하여 상류층임을 과시하였던 시대는 17세기 인도이다.

50. 네일 도구를 제대로 위생처리 하지 않고 사용했을 때 생기는 질병으로 시술할 수 없는 손톱의 병변은?
① 오니코렉시스(조갑종렬증)   ② 오니키아(조갑염)
③ 에그쉘(조갑연화증)   ④ 니버스(모반점)

오니키아(조갑염)는 네일 샵에서 시술이 불가능한 질환이다.

51. 젤 큐어링 시 발생하는 히팅 현상과 관련한 내용으로 가장 거리가 먼 것은?
① 손톱이 얇거나 상처가 있을 경우에 히팅 현상이 나타날 수 있다.
② 젤 시술이 두껍게 되었을 경우에 히팅 현상이 나타날 수 있다.
③ 히팅 현상 발생 시 경화가 잘 되도록 잠시 참는다.
④ 젤 시술 시 얇게 여러 번 발라 큐어링하여 히팅 현상에 대처한다.

• 히팅 현상은 큐어링 시 열감을 느끼는 것으로 히팅 현상 발생 시 램프에서 손을 뺀다.
• 젤을 얇게 도포 후 큐어링을 하는 것을 반복하면 히팅 현상

예방에 도움이 된다.

52. 스마일 라인에 대한 설명 중 틀린 것은?
   ① 손톱의 상태에 따라 라인의 깊이를 조절할 수 있다.
   ② 깨끗하고 선명한 라인을 만들어야 한다.
   ③ 좌우대칭의 밸런스보다 자연스러움을 강조해야 한다.
   ④ 빠른 시간에 시술해서 얼룩지지 않도록 해야 한다.

   스마일 라인은 좌우대칭의 밸런스 맞추어야 한다.

53. 프라이머의 특징이 아닌 것은?
   ① 아크릴릭 시술 시 자연손톱에 잘 부착되도록 돕는다.
   ② 피부에 닿으면 화상을 입힐 수 있다.
   ③ 자연손톱 표면의 단백질을 녹인다.
   ④ 알칼리 성분으로 자연손톱을 강하게 한다.

   프라이머는 강한 산성이다. 피부에 닿지 않도록 주의하며 소량 도포한다.

54. 가장 기본적인 네일 관리법으로 손톱모양 만들기, 큐티클 정리, 마사지, 컬러링 등을 포함하는 네일 관리법은?
   ① 습식매니큐어   ② 패디아트
   ③ UV젤네일   ④ 아크릴 오버레이

   습식매니큐어는 가장 기본적인 네일 관리법으로 손톱모양 만들기, 큐티클 정리, 마사지, 컬러링 등을 포함하는 네일 관리법이다.

55. 다음 중 원톤 스캅춰 제거에 대한 설명으로 틀린 것은?
   ① 니퍼로 뜯는 행위는 자연손톱에 손상을 주므로 피한다.
   ② 표면에 에칭을 주어 아크릴릭 제거가 수월하도록 한다.
   ③ 100% 아세톤을 사용하여 아크릴릭을 녹여준다.
   ④ 파일링만으로 제거하는 것이 원칙이다.

   적당한 파일링으로 제거의 원활함을 돕는다.

56. 페디큐어 과정에서 필요한 재료로 가장 거리가 먼 것은?
   ① 니퍼   ② 콘커터
   ③ 액티베이터   ④ 토우세퍼레이터

   액티베이터는 글루 드라이어라고도 하며 빠르게 굳도록 하는 활성성분이다.

57. 자연손톱에 인조 팁을 붙일 때 유지하는 가장 적합한 각도는?
   ① 35° ② 45° ③ 90° ④ 95°

   인조 팁을 붙일 때에는 45° 각도를 유지하여 기포가 생성되지 않도록 붙인다.

58. 원톤 스컬프쳐의 완성 시 인조네일의 아름다운 구소 설명으로 틀린 것은?
   ① 옆선이 네일의 사이드 월 부분과 자연스럽게 연결 되어야 한다.
   ② 컨벡스와 컨케이브의 균형이 균일해야 한다.
   ③ 하이포인트의 위치가 스트레스 포인트 부근에 위치해야 한다.
   ④ 인조네일의 길이는 길어야 아름답다.

   인조네일의 길이는 적당한 길이를 유지하는 것이 좋다.

59. 네일 폼의 사용에 관한 설명으로 옳지 않은 것은?
   ① 측면에서 볼 때 네일 폼은 항상 20° 하향 하도록 장

착한다.

② 자연 네일과 네일 폼 사이가 벌어지지 않도록 장착한다.

③ 하이포니키움이 손상되지 않도록 주의하며 장착한다.

④ 네일 폼이 틀어지지 않도록 균형을 잘 조절하여 장착한다.

측면에서 볼 때 네일 폼은 수평이 유지되도록 장착한다.

60. 페디큐어의 정의로 옳은 것은?

① 발톱을 관리하는 것을 말한다.

② 발과 발톱을 관리, 손질하는 것을 말한다.

③ 발을 관리하는 것을 말한다.

④ 손상된 발톱을 교정하는 것을 말한다.

- 패디큐어는 발과 발톱을 건강하고 아름답게 관리하는 것을 말한다.
- 각질관리, 굳은살 제거, 큐티클정리, 발 마사지, 아트 등을 모두 포함한다.

1	2	3	4	5	6	7	8	9	10
②	②	②	②	②	③	②	④	④	②
11	12	13	14	15	16	17	18	19	20
④	②	④	②	①	③	③	②	④	②
21	22	23	24	25	26	27	28	29	30
①	④	①	②	④	②	④	④	①	②
31	32	33	34	35	36	37	38	39	40
④	②	①	④	①	②	③	①	③	②
41	42	43	44	45	46	47	48	49	50
④	④	③	③	②	③	①	④	④	②
51	52	53	54	55	56	57	58	59	60
③	③	④	①	④	③	②	④	①	②

2016년 수시 2회 필기시험
미용사(네일)

1. 자연적 환경요소에 속하지 않는 것은?

   ① 기온   ② 기습   ③ 소음   ④ 위생시설

   자연적인 환경요소 : 기온, 기습 기류, 소음 등

2. 역학에 대한 내용으로 옳은 것은?

   ① 인간 개인을 대상으로 질병발생 현상을 설명하는 학문 분야이다.
   ② 원인과 경과보다 결과중심으로 해석하여 질병발생을 예방한다.
   ③ 질병발생 현상을 생물학과 환경적으로 이분하여 설명한다.
   ④ 인간집단을 대상으로 질병발생과 그 원인을 탐구하는 학문이다.

   인간집단을 대상으로 질병발생의 원인과 과정, 분포 및 경향, 결과를 기술적, 분석적, 실험적으로 연구하고 질병을 예방 근절하기 위한 학문이다.

3. 파리가 매개할 수 있는 질병과 거리가 먼 것은?

   ① 아메바성 이질   ② 장티푸스
   ③ 발진티푸스   ④ 콜레라

   발진티푸스의 병원체는 리케치아 이며 이를 통해 전파된다.

4. 인구구성 중 14세 이하가 65세 이상 인구의 2배 정도이며 출생률과 사망률이 모두 낮은 형은?

   ① 피라미드형(pyramid form) ② 종형(bell from)
   ③ 항아리형(pot form)   ④ 별형(accessive form)

   종형(bell from)은 낮은 출생률과 사망률로 인구 정지형 이라고도 한다.

5. 식생활이 탄수화물이 주가 되며, 단백질과 무기질이 부족한 음식물을 장기적으로 섭취함으로써 발생되는 단백질 결핍증은?

   ① 펠라그라(pellagra)   ② 각기병
   ③ 콰시오르코르증(kwashiorkor) ④ 괴혈병

   콰시오르코르증(kwashiorkor) 단백질 결핍증으로 대표적인 증상은 팔다리는 영양결핍으로 마른상태이지만 배는 복수가 차서 불룩 나온 상태가 된다.

6. 제1군 감염병에 해당하는 것은?

   ① 콜레라, 장티푸스   ② 파라티푸스, 홍역
   ③ 세균성이질, 폴리오 ④ A형 간염, 결핵

   제1군 감염병 : 콜레라, 장티푸스, 파라티푸스, 세균성 이질, 장출혈성 대장균 감염증, A형 간염

7. 흡연이 인체에 미치는 영향으로 가장 적합한 것은?

   ① 구강암, 식도암 등의 원인이 된다.
   ② 피부혈관을 이완시켜서 피부온도를 상승시킨다.
   ③ 소화촉진, 식용증진 등에 영향을 미친다.
   ④ 폐기종에는 영향이 없다.

   구강암, 식도암, 폐암 등의 다양한 질병의 원인이 된다.

8. 대장균이 사멸되지 않는 경우는?

   ① 고압증기멸균   ② 저온소독
   ③ 방사선멸균   ④ 간열멸균

   저온소독의 대상 : 결핵균, 살모넬라균, 구균 등 아포를 형성할 수 없는 균을 대상으로 하며 대장균 사멸은 불가능하다.

9. 다음 중 자외선 소독기의 사용으로 소독효과를 기대할 수 없는 경우는?

   ① 여러개의 머리빗   ② 날이 열린 가위
   ③ 염색용 보올   ④ 여러 장의 겹쳐진 타월

   자외선 소독은 자외선 빛을 이용하는 소독으로 빛이 닿지 않는 부위는 소독되지 않는다.

10. 다음 중 가위를 끓이거나 증기소독한 후 처리방법으로 가장 적합하지 않은 것은?

    ① 소독 후 수분을 잘 닦아 낸다.
    ② 수분제거 후 얇게 기름칠을 한다.
    ③ 자외선 소독기에 넣어 보관한다.
    ④ 소독 후 탄산나트륨을 발라둔다.

    탄산나트륨(탄산소다)의 주용도는 산도조절제로 강한 알카리성을 띠며 단백질을 녹인다. 알코올에는 분해되지 않는다.

11. 다음 중 미생물의 종류에 해당하지 않는 것은?

    ① 진균   ② 바이러스
    ③ 박테리아   ④ 편모

    편모 : 운동성 세포기관, 세균표면의 섬유상 구조를 갖는 운동기관

12. 금속성 식기, 면 종류의 의류, 도자기의 소독에 적합한 소독방법은?

    ① 화염멸균법   ② 건열멸균법
    ③ 소각소독법   ④ 자비소독법

    자비소독법 :100℃의 끓는 물에서 15~20분 가열, 완전 멸균 불가능, 식기류, 자기류, 의류

13. 100℃에서 30분간 가열하는 처리를 24시간마다 3회 반복하는 멸균법은?

    ① 고압증기멸균법   ② 건열멸균법
    ③ 고온멸균법   ④ 간헐멸균법

    간헐멸균법 : 코흐 증기 멸균기 이용, 금속제품, 사기제품, 물, 수술기구, 유통증기 소독법이 부적당한 경우 아포를 형성하는 균 멸균

14. 여러 가지 물리화학적 방법으로 병원성 미생물을 가능한 한 제거하여 사람에게 감염의 위험이 없도록 하는 것은?

    ① 멸균   ② 소독   ③ 방부   ④ 살충

    • 소독 : 여러 물리·화학적으로 병원 미생물의 감염력을 없애거나 약화시키는 것
    • 세균의 아포까지 죽일 수 없는 약한 살균 작용이다.

15. 피지선에 대한 설명으로 틀린 것은?

    ① 피지를 분비하는 선으로 진피 중에 위치한다.
    ② 피지선은 손바닥에는 없다.
    ③ 피지의 1일 분비량은 10~20g 정도이다.
    ④ 피지선이 많은 부위는 코 주위이다.

    1일 피지 분비량은 1~2g 정도이다.

16. 다음 중 입모근과 가장 관현이 있는 것은 ?

    ① 수분 조절   ② 체온 조절
    ③ 피지 조절   ④ 호르몬 조절

    모공 아래쪽에 위치하는 불수의근으로 교감신경의 지배를 받아 추위나 공포를 느낄 때 털을 꼿꼿이 서게 한다.

17. 적외선이 피부에 미치는 작용이 아닌 것은?

    ① 온열 작용   ② 비타민 D 형성 작용

③ 세포증식 작용 ④ 모세혈관 확장 작용

비타민 D 형성 작용은 자외선의 작용이다.

18. 얼굴에 있어 T-존 부위는 번들거리고, 볼 부위는 당기는 피부 유형은?

① 건성피부 ② 정상(중성)피부
③ 지성피부 ④ 복합성피부

두 가지 이상의 증상을 동반하는 피부 유형을 복합성피부라 한다.

19. 다음 중 기미의 유형이 아닌 것은?

① 표피형 기미 ② 진피형 기미
③ 피하조직형 기미 ④ 혼합형 기미

기미의 유형 : 표피에 침착되는 표피형, 진피까지 침착되는 진피형, 표피와 진피에 침착되는 혼합형이 있다.

20. 지용성 비타민이 아닌 것은?

① Vitamin D ② Vitamin A
③ Vitamin E ④ Vitamin B

대표적인 지용성 비타민 : Vitamin A, Vitamin D, Vitamin E, Vitamin K

21. 단순포진이 나타나는 증상으로 가장 거리가 먼 것은?

① 통증이 심하여 다른 부위로 통증이 퍼진다.
② 홍반이 나타나고 곧이어 수포가 생긴다.
③ 상체에 나타나는 경우 얼굴과 손가락에 잘 나타난다.
④ 하체에 나타나는 경우 성기와 둔부에 잘 나타난다.

단순포진은 상체에 나타나는 경우 주로 입술주위에 생기는 수포성 질환으로 흉터 없이 치유되나 재발이 잘 된다.

22. 공중위생관리법에서 사용하는 용어의 정의로 틀린 것은?

① "공중위생영업"이라 함은 다수인을 대상으로 위생관리서비스를 제공하는 영업으로서 숙박업·목욕장업·이용업·미용업·세탁업·위생관리용역업을 말한다.
② "숙박업"이라 함은 손님이 잠을 자고 머물 수 있도록 시설 및 설비 등의 서비스를 제공하는 영업을 말한다.
③ "위생관리용역업"이라 함은 공중이 이용하는 건축물·시설물 등의 청결유지와 실내공기 정화를 위한 청소 등을 대행하는 영업을 말한다.
④ "미용업"이라 함은 손님이 머리카락 또는 수염을 깎거나 다듬는 등의 방법으로 손님의 용모를 단정하게 하는 영업을 말한다.

"이용업"이라 함은 손님이 머리카락 또는 수염을 깎거나 다듬는 등의 방법으로 손님의 용모를 단정하게 하는 영업을 말한다.

23. 공중위생관리법상의 규정에 위반하여 위생교육을 받지 아니한 때 부과되는 과태료의 기준은?

① 300만원 이하 ② 500만원 이하
③ 400만원 이하 ④ 200만원 이하

• 위생교육은 시장·군수·구청장이 실시하며 매년 3시간이다.
• 공중위생관리법상의 규정에 위반하여 위생교육을 받지 아니한 때 부과되는 과태료는 200만원이다.

24. 이·미용사의 면허가 취소되거나 면허의 정지명령을 받은 자는 누구에게 면허증을 반납하여야 하는가?

① 보건복지부장관 ② 시·도지사
③ 시장·군수·구청장 ④ 보건소장

면허 취소, 정지명령을 받은 자는 지체없이 시장·군수·구청장에게 면허증을 반납해야한다.

25. 개선을 명할 수 있는 경우에 해당하지 않는 사람은?

① 공중위생영업의 종류별 시설 및 설비기준을 위반한 공중위생업자
② 위생관리의무 등을 위반한 공중위생영업자
③ 공중위생영업자의 지위를 승계한 자로서 이에 관한 신고를 하지 아니한 자
④ 위생관리 의무를 위반한 공중위생시설의 소유자 등

공중위생영업자의 지위를 승계한 자로서 이에 관한 신고를 하지 아니한 자는 6개월 이하의 징역 또는 500만 원 이하의 벌금이다. 벌칙 (징역 또는 벌금)(법 제20조)

26. 이·미용업자의 위생관리 기준에 대한 내용 중 틀린 것은?

① 요금표 외의 요금을 받지 않을 것
② 의료행위를 하지 않을 것
③ 의료용구를 사용하지 않을 것
④ 1회용 면도날은 손님 1인에 한하여 사용할 것

- 이·미용업자의 위생관리 기준에 대한 내용 중 요금표 항목
- 영업소 내부에 최종 지불요금표(부가가치세, 재료비, 봉사료 등 포함)를 게시 또는 부착
- 신고한 영업장의 면적이 66㎡ 이상인 영업소의 경우 영업소 외부에도 손님이 보기 쉬운 곳에 "옥외 광고물 등 관리법"에 적합하게 최종 지불요금표를 게시 또는 부착하고 이 경우 최종 지불요금표엔 일부 항목 (5개 이상)만을 표시할 수 있다.

27. 위생서비스 평가 결과 위생서비스의 수준이 우수하다고 인정되는 영업소에 대하여 포상을 실시할 수 있는 자에 해당하지 않는 것은?

① 구청장   ② 시·도지사
③ 군수   ④ 보건소장

- 위생 서비스 수준의 평가 (법 제13조, 시행규칙 제20조)
- 시·도지사 의 주체로 공주위생 영업소의 위생관리 수준 향상을 위해 위생서비스 평가 계획을 수립하여 시장·군수·구청장에게 통보한다.

28. 손님에게 도박 그밖에 사행행위를 하게 한때에 대한 1차 위반 시 행정처분 기준은?

① 영업정지 1월   ② 영업정지 2월
③ 영어정지 3월   ④ 영업장 폐쇄명령

법 제11조 1항 : 손님에게 도박 그밖에 사행행위를 하게 한때에 대한 1차 위반 시 행정처분은 영업정지 1개월이다.

29. 에멀전의 형태를 가장 잘 설명한 것은?

① 지방과 물이 불균일하게 섞인 것이다.
② 두 가지 액체가 같은 농도의 한 액체로 섞여 있다.
③ 고형의 물질이 아주 곱게 혼합되어 균일한 것처럼 보인다.
④ 두 가지 또는 그 이상의 액상물질이 균일하게 혼합되어 있는 것이다.

- 유화(에멀전)은 물에 오일 성분이 계면활성제에 의해 우유빛(백탄화)으로 섞여 있는 상태를 말한다.
- 종류 : O/W에멀전, W/O에멀전, W/O/W 에멀전

30. 다음 중 피부 상재균의 증식을 억제하는 항균기능을 가지고 있고, 발생한 체취를 억제하는 기능을 가진 것은?

① 바디샴푸   ② 데오도란트
③ 샤워코롱   ④ 오데토일렛

액취 방지제 : 체취 방지 및 항균 기능 화장품 (데오드란트)

31. 기능성화장품에 사용되는 원료와 그 기능의 연결이 틀린 것은?

① 비타민C – 미백효과

② AHA(Alpha-hydroxy acid) – 각질제거

③ DHA(dihydoroxy acetone) – 자외선차단

④ 레티노이드(retinoid) – 콜라겐과 엘라스틴의 회복을 촉진

DHA(dihydoroxy acetone) – 오메가 3지방산

32. 방부제가 갖추어야 할 조건이 아닌 것은?
① 독특한 색상과 냄새를 지녀야 한다.
② 적용농도에서 피부에 자극을 주어서는 안된다.
③ 방부제로 인하여 효과가 상실되거나 변해서는 안 된다.
④ 일정 기간 동안 효과가 있어야 한다.

독특한 색상과 냄새는 없는 것이 좋다.

33. 화장품법상 화장품이 인체에 사용되는 목적 중 틀린 것은?
① 인체를 청결하게 한다.
② 인체를 미화한다.
③ 인체의 매력을 증진시킨다.
④ 인체의 융모를 치료 한다.

인체에 대한 작용이 경미해야 하며, 치료는 의약품의 기능이다.

34. 에션셜 오일의 보관 방법에 관한 내용으로 틀린 것은?
① 뚜껑을 닫아 보관해야 한다.
② 직상광선을 피하는 것이 좋다.
③ 통풍이 잘되는 곳에 보관해야한다.
④ 투명하고 공기가 통할 수 있는 용기에 보관하여야 한다.

직사광선, 외부의 이물질 등으로 인해 내용물이 변질 될수 있음으로 불투명하고 밀폐된 용기에 보관한다.

35. 기초화장품의 기능이 아닌 것은?
① 피부세정   ② 피부정돈
③ 피부보호   ④ 피부 결점 커버

피부 결점 커버의 기능은 메이크업 화장품의 기능이다.

36. 발 허리뼈(중족골) 관절을 굴곡 시키고 외측 4개 발가락의 지골간 관절을 신전시키는 발의 근육은?
① 벌레근(충양근)
② 새끼벌림근 (소지외전근)
③ 짧은새끼굽힘근(단소지굴근)
④ 짧은엄지굽힘근(단무지굴근)

발 허리뼈(중족골) 관절을 굴곡 시키고 외측 4개 발가락의 지골간 관절을 신전시키는 발의 근육 이름은 충양근(벌래근)이다.

37. 한국 네일미용에서 부녀자와 자녀들 사이에서 염지갑화(染指甲化)라고 하는 봉선화 물들이기 풍습이 이루어졌던 시기로 옳은 것은?
① 신라시대   ② 고구려시대
③ 고려시대   ④ 조선시대

한국 네일 역사의 시초로 고려시대의 여성들이 염지갑화(染指甲化)라는 봉선화과의 한해살이 풀로 손톱에 물을 들이기 시작했다.

38. 네일 매트릭스(nail matrix)에 대한 설명으로 옳은 것은?
① 네일 베드를 보호하는 기능을 한다.
② 네일 바디를 받쳐주는 역할을 한다.

③ 모세혈관, 림프, 신경조직이 있다.
④ 손톱이 자라기 시작하는 곳이다.

매트릭스 : 네일 루트 밑에 위치하며 케라틴 세포의 생산과 성장을 조절하며 신경조직, 모세혈관, 림프가 존재한다.

39. 손톱의 성장과 관련한 내용 중 틀린 것은?
① 겨울보다 여름이 빨리 자란다.
② 임신기간 동안에는 호르몬의 변화로 손톱이 빨리 자란다.
③ 피부유형 중 지성피부의 손톱이 더 빨리 자란다.
④ 연령이 젊을수록 손톱이 더 빨리 자란다.

피부유형과는 거리가 멀다.

40. 손톱의 특성에 대한 설명으로 가장 거리가 먼 것은?
① 조체(네일바디)는 약 5% 수분을 함유하고 있다.
② 아미노산과 시스테인이 많이 함유되어 있다.
③ 조상(네일 베드)은 혈관에서 산소를 공급 받는다.
④ 피부의 부속물로 신경, 혈관, 철이 없으며 반투명의 각질판이다.

건강한 네일의 조체(네일바디)는 약 12~18% 수분을 함유하고 있다.

41. 손톱과 발톱을 너무 짧게 자를 경우 발생할 수 있는 것은?
① 오니코렉시스
② 오니코아트로피
③ 오니코파이마
④ 오니코크립토시스

오니코크립토시스는 내성발톱이라고도 하며 증상은 발톱이 살의 안쪽으로 말려들어가 파고드는 질환이다. 이 질환의 원인으로 손톱과 발톱을 너무 짧게 자를 경우, 꽉 조이는 신발을 신을 경우 발생할 수 있다.

42. 다음 중 손의 근육이 아닌 것은?
① 바깥쪽뼈사이근(장측골간근)
② 등쪽뼈사이근(배측골간근)
③ 새끼맞섬근(소지대립근)
④ 반힘줄근(반건양근)

반힘줄근(반견양근) : 넓적다리 뒤쪽에 위치하는 근육이다.

43. 자연네일이 매끄럽게 되도록 손톱 표면의 거칠음과 기복을 제거하는데 사용하는 도구로 가장 적합한 것은?
① 100그릿 네일 파일
② 에머리 보드
③ 네일 클리퍼
④ 샌딩파일

자연 네일이 매끄럽게 되도록 손톱 표면의 거칠음과 유분을 제거할 때 사용된다.

44. 네일 미용관리 후 고객이 불만족 할 경우 네일 미용인이 우선적으로 해야 할 방법으로 가장 적합한 것은?
① 만족할 수 있는 주변의 네일샵 소개
② 불만족 부분을 파악하고 해결방안 모색
③ 샵 입장에서의 불만족 해소
④ 할인이나 서비스 티켓으로 상황 마무리

고개의 요구를 정확히 파악하고 만족스러운 서비스를 제공한다.

45. 손톱의 주요한 기능 및 역할 과 가장 거리가 먼 것은?
① 물건을 잡거나 긁을 때 또는 성상을 구별하는 기능이 있다.
② 방어와 공격의 기능이 있다.
③ 노폐물의 분비 기능이 있다.

④ 손끝을 보호한다.

노폐물의 분비 기능은 피부의 기능이다.

46. 외국의 네일미용 변천과 관련하여 그 시기와 내용의 연결이 옳은 것은?
① 1885년 : 폴리시의 필름형성제인 니트로 셀룰로즈가 개발되었다.
② 1892년 : 손톱끝이 뽀족한 아몬드형 네일이 유행하였다.
③ 1917년 : 도구를 이용한 케어가 시작되었으며 유럽에서 네일 관리가 본격적으로 시작되었다.
④ 1960년 : 인조손톱 시술이 본격적으로 시작되었으며 네일관리와 아트가 유행하기 시작하였다.

• 1800년대 : 손톱끝이 뽀족한 아몬드형 네일이 유행하였다.
• 1917년 : 도구나 기구를 사용하지 않는 닥터 코르니 네일 홈 케어 제품이 보그(Vouge) 잡지에 소개 되었다.
• 1960년 : 실크와 린넨을 이용한 래핑이 사용 되었다.

47. 손톱 밑의 구조가 아닌 것은?
① 조근(네일루트)   ② 반월(루눌라)
③ 조모(매트릭스)   ④ 조상(네일 베드)

손톱의 외부구조 : 조상, 조근, 자유연, 스트레스포인트

48. 손톱의 이상증상 중 손톱을 심하게 물어뜯어 생기는 증상으로 인조손톱관리나 매니큐어를 통해 습관을 개선 할 수 있는 것은?
① 고랑진 손톱   ② 교조증
③ 조갑위축증   ④ 조내생증

교조증 : 네일을 물어뜯는 습관으로 인한 증상으로 인조 네일의 시술로 습관을 고치는데 도움을 줄 수 있다.

49. 손가락 마디에 있는 뼈로서 총 14개로 구성되어 있는 뼈는?
① 손가락뼈(수지골)   ② 손목뼈(수근골)
③ 노뼈(요골)   ④ 자뼈(척골)

• 수지골 : 한 손 14개, 양 손 28개
• 중수골 : 한 손 5개, 양 손 10개
• 수근골 : 한 손 8개, 양 손 16개

50. 손톱에 대한 설명 중 옳은 것은?
① 손톱에는 혈관이 있다.
② 손톱의 주성분은 인이다.
③ 손톱의 주성분은 단백질이며, 죽은세포로 구성되어 있다.
④ 손톱에는 신경과 근육이 존재한다.

손톱의 주성분은 단백질이며, 죽은세포로 구성되어 있으며 산소를 필요로 하지 않는다.

51. 인조네일을 보수하는 이유로 틀린 것은?
① 깨끗한 네일미용의 유지
② 녹황색균의 방지
③ 인조네일의 견고성 유지
④ 인조네일의 원활한 제거

• 인조네일을 보수
• 깨끗한 네일미용의 유지, 인조네일의 견고성(리프팅 방지) 유지, 녹황색균(곰팡이, 세균 등)의 방지

52. 페디큐어 컬러링 시 작업 공간 확보를 위해 발가락 사이에 끼워주는 도구는?
① 패디파일   ② 푸셔
③ 토우세퍼레이터   ④ 콘커터

토우세퍼레이터 : 폴리시를 바를 때 발가락 사이에 끼워 발가락을 분리 고정 시켜주는 역할을 한다.

53. 자연네일을 오버레이하여 보강할 때 사용할 수 없는 재료는?
① 실크　② 아크릴　③ 젤　④ 파일

파일 : 네일 길이를 조절하거나 표면을 다듬을 때 사용한다.

54. 남성 매니큐어 시 자연 네일의 손톱모양 중 가장 적합한 형태는?
① 오발형　② 아몬드형
③ 둥근형　④ 사각형

남성들이 선호하는 네일 모양은 둥근형의 라운드 형태이다.

55. 패디큐어 작업과정 중 괄호에 해당하는 것은?

> 손·발소독 - 팔리시제거 - 길이 및 모양잡기
> - (　　　) - 큐티클정리 - 각질제거하기

① 매뉴얼테크닉　② 족욕기에 발 담그기
③ 페디파일링　④ 톱코트 바르기

패디큐어 작업 시 순서
손·발소독 - 팔리시제거 - 길이 및 모양잡기 -족욕기에 발 담그기 (분무기 사용) - 큐티클정리 - 각질제거하기

56. 라이트 큐어드 젤(Light Cured gel)dp 대한 설명이 옳은 것은?
① 공기 중에 노출되면 자연스럽게 응고된다.
② 특수한 빛에 노출시켜 젤을 응고 시키는 방법이다.
③ 경화 시 실내온도와 습도에 민감하게 반응한다.
④ 글루 사용 후 글루드라이를 분사시켜 말리는 방법이다.

• 라이트 큐어드 젤 : 특수광선이나 할로겐 램프의 빛을 이용하여 굳게(경화)하는 것이다.
• 노 라이트 큐어드 젤 : 응고제를 뿌리거나(글루드라이어와 엑티베이터),바름으로 하여 굳게하는 것이다.

57. 네일 팁 작업에서 팁을 접착하는 올바른 방법은?
① 자연네일보다 한사이즈 정도 작은 팁을 접착한다.
② 큐티클에 최대한 가깝게 부착한다.
③ 45° 각도록 네일 팁을 접착한다.
④ 자연네일의 절반 이상을 덮도록 한다.

팁 부착 시 : 자연네일과 같은 사이즈의 팁을 네일의 절반 이상이 되지않도록 45각도로 팁을 접착 한다.

58. 베이스코트와 톱코트의 주된 기능에 대한 설명으로 가장 거리가 먼 것은?
① 베이스코트는 손톱에 색소가 착색되는 것을 방지한다.
② 베이스코트는 팔리시가 곱게 발리는 것을 도와준다.
③ 톱코트는 팔리시에 광택을 더하여 컬러를 돋보이게 한다.
④ 톱코트는 손톱에 영양을 주어 손톱을 튼튼하게 해준다.

네일 보강제(영양제) : 손톱에 영양을 주어 손톱을 튼튼하게 해준다.

59. 습식매니큐어 작업 과정에서 가장 먼저 해야 할 절차는?
① 컬러 지우기　② 손톱모양 만들기
③ 손 소독하기　④ 핑거볼에 손 담그기

손·발 소독 - 팔리시제거 - 길이 및 모양잡기 -핑거볼

담그기 – 큐티클정리 – 각질제거하기

60. 아크릴 프렌치 스컬프처 시술시 형성되는 스마일라인의 설명으로 틀린 것은?
① 선명한 라인 형성   ② 일자리 라인 형성
③ 균일한 라인 형성   ④ 좌우 라인 대칭

아크릴 프렌치 스컬프처 시술시 형성되는 스마일라인은 U자 라인 형성이다.

1	2	3	4	5	6	7	8	9	10
④	④	③	②	③	①	①	②	④	④
11	12	13	14	15	16	17	18	19	20
④	④	④	②	③	②	②	④	③	④
21	22	23	24	25	26	27	28	29	30
①	④	④	③	③	①	④	①	④	②
31	32	33	34	35	36	37	38	39	40
③	①	④	④	④	①	③	③	③	①
41	42	43	44	45	46	47	48	49	50
④	④	④	②	③	①	①	②	①	③
51	52	53	54	55	56	57	58	59	60
④	③	④	③	②	②	③	④	③	②